ゼロからはじめる AutoCAD

STEP 1 作図・基本編

株式会社オズクリエイション 著

電気書院

はじめに

本書は、AutoCAD の習得用テキストです。
これから 2 次元 CAD をはじめる 機械設計者、教育機関関係者、学生の方を対象にしています。

【本書で学べること】

- ◆ 2D CAD の基礎
- ◆ AutoCAD の基本操作
- ◆ CAD による機械製図手法

等を学んでいただき、AutoCAD を効果的に活用する技能を習得していただけます。
本書では、AutoCAD をうまく使いこなせることを柱として、基本的なテクニックを習得することに重点を置いています。

【本書の特徴】

- ◆ 本書は操作手順を中心に構成されています。
- ◆ 視覚的にわかりやすいように AutoCAD の画像や図解、吹き出し等で操作手順を説明しています。
- ◆ 本書の使用している画面は、**Windows 版 AutoCAD 2020** を使用する場合に表示されるものです。

【前提条件】

- ◆ 基礎的な機械製図の知識を有していること。
- ◆ Windows の基本操作ができること。

【寸法について】

- ◆ 図面の投影図、寸法、記号などは本書の目的に沿って作成しています。
- ◆ JIS 機械製図規格に従って作成しています。

【事前準備】

- ◆ 専用 WEB サイトよりダウンロードした CAD データを使用して課題を作成していきます。
- ◆ AutoCAD がインストールされているパソコンを用意してください。

⚠ 本書には、AutoCAD のインストーラおよびライセンスは付属しておりません。

本書は、AutoCAD を使用した 2D CAD 入門書です。

間違いがないよう注意して作成しましたが、万一間違いを発見されました場合は、
ご容赦いただきますと同時に、ご連絡くださいますようお願いいたします。

内容は予告なく変更することがあります。

本書に関する連絡先は以下のとおりです。

株式会社オズクリエイション

（Technology＋Dream＋Future）Creation＝O's Creation

〒115-0042　東京都北区志茂 1-34-20 日看ビル 3F

TEL：03-6454-4068　FAX：03-6454-4078

メールアドレス：info@osc-inc.co.jp

URL：http://osc-inc.co.jp/

目次

Chapter1
スタートアップ

本書の使用方法、AutoCAD の概要、本書で使用する CAD データのダウンロード方法について説明します。

本書について

- 本書の特徴
- 本書で使用するアイコン、表記

AutoCAD とは

- AutoCAD 製品
- AutoCAD／AutoCAD LT 機能比較
- 動作環境

AutoCAD データのダウンロード

1.1　本書について

本書の特徴、表記するアイコン、表記方法について説明します。

1.1.1　本書の特徴

AutoCAD および AutoCAD に関連する操作は、すべて本書に示す手順に従って行ってください。

下図のように操作する順番は ① クリック のように吹き出しで指示されています。

はマウスの操作を意味しており、クリック、ドラッグ、ダブルクリックなどがあります。

AutoCAD のキャプチャ画像は、作図ウィンドウの背景色を white（白色）に設定変更したものです。

（※作図ウィンドウの既定の背景色は Black（黒色）です。）

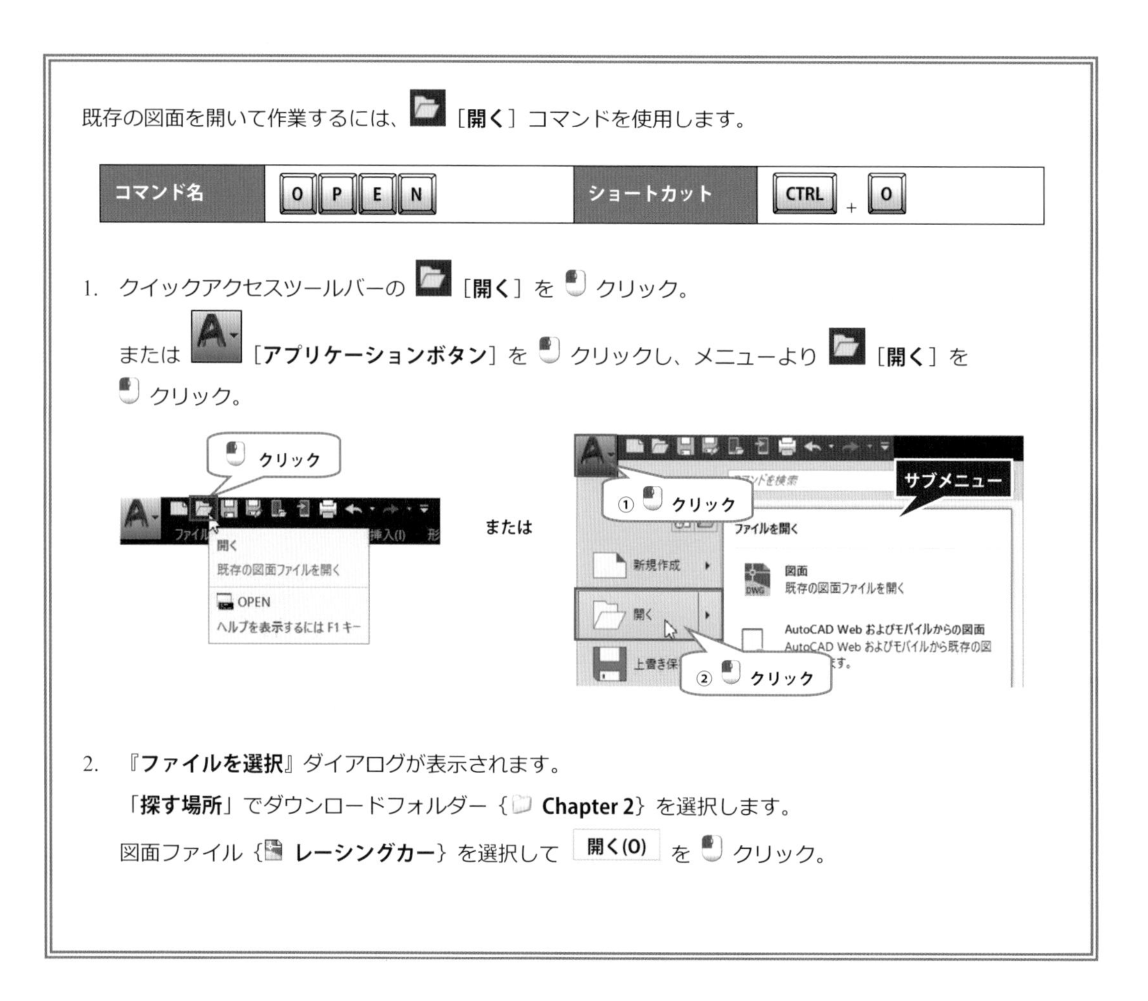

既存の図面を開いて作業するには、［**開く**］コマンドを使用します。

コマンド名	O P E N	ショートカット	CTRL + O

1. クイックアクセスツールバーの［**開く**］を クリック。

   または［**アプリケーションボタン**］を クリックし、メニューより［**開く**］を クリック。

2. 『**ファイルを選択**』ダイアログが表示されます。

   「**探す場所**」でダウンロードフォルダー｛**Chapter 2**｝を選択します。

   図面ファイル｛**レーシングカー**｝を選択して 開く(O) を クリック。

1.1.2 本書で使用するアイコン、表記

本書では、下表で示すアイコン、表記で操作方法などを説明します。

アイコン、表記	説 明
POINT	覚えておくと便利なこと、説明の補足事項を詳しく説明しています。
⚠	操作する上で注意していただきたいことを説明します。
×2	マウスの左ボタンに関するアイコンです。 はクリック、 ×2 はダブルクリック、 はドラッグです。 はドラッグ状態からのドロップです。
	マウスの右ボタンに関するアイコンです。 は右クリック、 は右ドラッグ、 はドラッグ状態からのドロップです。
×2	マウスの中ボタンに関するアイコンです。 は中クリック、 ×2 は中ボタンのダブルクリック、 は中ドラッグ、 はホイールの回転（ロールアップ／ロールダウン）です。
ENTER CTRL SHIFT ↑ F1 1 1ぬ	キーボードキーのアイコンです。指定されたキーを押します。
学習と**作成**という……	重要な言葉や文は太字で表記します。
［**ファイル（F）**］＞ ［**開く（O）**］を……	アイコンに続いてコマンド名を［　］に閉じて太字で表記します。 メニューバーのメニュー名も同様に［　］に閉じて太字で表記します。
｛ **Chapter 1**｝にある……	フォルダーとファイル名は｛　｝に閉じてアイコンと共に表記します。 ファイルの種類によりアイコンは異なります。
『**開く**』ダイアログが表示され……	ダイアログ名およびパレット名は『　』に閉じて太字で表記します。
【**ホーム**】タブを クリック……	タブ名は【　】に閉じて太字で表記します。
「**間隔**」には＜1 0＞と入力……	数値は＜　＞に閉じてキーアイコンまたは太字で表記します。
【**列**】パネルの「**間隔**」には……	パネル名は【　】に閉じて太字で表記します。 パラメータ名は「　」に閉じて太字で表記します。
参照	関連するワードの参照ページを示します。

1.2　AutoCADとは

AutoCAD (オートキャド)／AutoCAD LT とは、**米国オートデスク社**が開発・販売している **2 次元・3 次元の汎用 CAD ソフトウェア**です。1982 年に 2D／3D の汎用 CAD としてバージョン 1.0 が発売されました。

データフォーマットと API を公開することで AutoCAD をベースにさまざまなアプリケーションが開発されているのが特徴で、2D CAD においてはトップシェアを誇っています。

業種向けの多くのソフトをラインナップしており、**Windows 版**のほかに **Mac 版**も用意されています。

言語は十数か国に翻訳され世界中で利用されています。

2016 年よりライセンスの供給方法を従来の永久ライセンスから期間限定の**サブスクリプション方式**に移行しています。

2018 年（AutoCAD 2019）より AutoCAD の派生製品である「**AutoCAD Architecture**」「**AutoCAD Electrical**」「**AutoCAD Mechanical**」「**AutoCAD MEP**」「**AutoCAD Map 3D**」「**AutoCAD Plant 3D**」「**AutoCAD Raster Design**」は **AutoCAD 本体に統合**されました。

1.2.1　AutoCAD製品

AutoCAD を含むオートデスク CAD ソフトウェアには、次のような製品があります。

製品名	特　　徴
AutoCAD	2D および 3D CAD ソフトウェア。 AutoCAD 本体には下記の業種別ツールセットと各種アプリが含まれています。 AutoCAD Architecture　(建築設計、旧 Autodesk Architectural Desktop) AutoCAD Electrical　(電気制御設計) AutoCAD Map 3D　(地理空間情報) AutoCAD Mechanical　(機械設計) AutoCAD MEP　(設備設計、旧 Autodesk Building Systems) AutoCAD Plant 3D　(3D 工場設計) AutoCAD Raster Design　(ラスター画像処理) AutoCAD モバイル アプリ AutoCAD Web アプリ
AutoCAD LT	2D CAD ソフトウェア。AutoCAD の機能限定版です。
AutoCAD LT WITH CALS TOOLS	電子納品（SXF）の作成のためのツール。
AutoCAD Revit LT Suite	AutoCAD LT と Revit LT のセット版。 Revit LT は、3D ビルディングインフォメーションモデリングソフトウェア。
AutoCAD モバイルアプリ	モバイルデバイスで DWG™ ファイルを表示、作成、編集、共有できます。 AutoCAD 製品で無償バージョンが利用可能。

POINT　**サブスクリプション方式**

サブスクリプション方式は、ユーザーがソフトウェアを購入するのではなく、ソフトウェアを**利用した期間に応じて料金を支払う方式**のことです。AutoCAD 製品は 1 か月、1 年、3 年の期間で契約プランを用意しています。契約期間内のバージョンアップには追加料金はかかりません。

1.2.2 AutoCAD／AutoCAD LT 機能比較

２つの大きな違いは、AutoCAD は 2D CAD＆3D CAD、AutoCAD LT は 2D CAD という点です。
AutoCAD と AutoCAD LT を機能比較した表を下記に示します。(※一部の機能を抜粋)

機　能	AutoCAD	AutoCAD LT
2D 作図	✓	✓
3D モデリング	✓	×
レンダリング	✓	×
表へのデータ書き出し	✓	×
パラメトリック拘束	✓	×
3D モデルの読み込み	✓	×
業種別ツールセット	✓	×
AutoCAD モバイルアプリ	✓	✓
AutoCAD Web アプリ	✓	✓
Autodesk App Store の利用	✓	×
CAD 標準仕様を適用して準拠しているか確認	✓	×
アドオンアプリや API を使用してカスタマイズ	✓	×
PDF ファイルをアタッチして読み込み	✓	✓

1.2.3 動作環境

AutoCAD 2020（Windows）の動作環境は以下のとおりです。(※バージョンにより動作環境が異なります。)

機　能	AutoCAD LT
オペレーティング システム	Microsoft Windows 7 SP1 64BIT (※更新プログラム KB4019990 のインストールが必要) Microsoft Windows 8.1 64BIT (※更新プログラム KB2919355 をインストール済み) Microsoft Windows 10 64BIT (※バージョン 1803 以降)
プロセッサ	基本： 2.5～2.9 GHz プロセッサ おすすめ： 3+ GHz プロセッサ マルチプロセッサ：アプリケーションでサポート
メモリ	推奨: 16GB／最小: 8GB
画面解像度	True Color 対応 1920 x 1080 (※高解像度および 4K ディスプレイ:最大 3840 x 2160)
ディスプレイ カード	最小: 帯域幅 29 GB/秒の 1 GB GPU (DirectX 11 互換) 推奨: 帯域幅 106 GB/秒の 4 GB GPU (DirectX 11 互換)
ディスク空き容量	6.0 GB
ブラウザ	Google Chrome™ (AutoCAD Web アプリ用)
.NET Framework (ドットネット フレームワーク)	バージョン 4.7 以降 (※OS が対応している場合は DirectX 11 を推奨)
ポインティング デバイス	マイクロソフト社製マウスまたは互換製品

⚠ Microsoft が Windows バージョンのサポートを終了した場合、
その Windows バージョンの AutoCAD のサポートも終了するので注意してください。

1.3　AutoCAD データのダウンロード

本書で使用する CAD データを下記の手順にてダウンロードしてください。

1. ブラウザにてダウンロードサイト「http://www.osc-inc.co.jp/Zero_Autocad」へアクセスします。

2. **ユーザー名** <osuser2> と**パスワード** <Te3kDMqQ> を入力し、ログイン をクリック。

（※ブラウザにより表示されるウィンドウが異なります。下図は Google Chrome でアクセスしたときに表示されるウィンドウです。）

ログイン

http://www.osc-inc.co.jp
このサイトへの接続ではプライバシーが保護されません

ユーザー名　osuser　① 入力

パスワード　••••••••　② 入力

ログイン　③ クリック

3. ダウンロード専用ページを表示します。
ダウンロードする AutoCAD のバージョンの ボタン を クリックすると、
本書で使用するファイル｛ **Autocad-1.ZIP**｝がダウンロードされます。

4. ダウンロードファイルは通常｛ **ダウンロード**｝フォルダーに保存されます。
圧縮ファイル｛ **Autocad-1.ZIP**｝は解凍して使用してください。

Chapter2
基本操作（1）

この章では、AutoCAD の初歩的な基本操作などを説明します。

AutoCAD の起動と終了
- AutoCAD の起動
- AutoCAD の終了

コンテンツ
- 作成コンテンツ
- 学習コンテンツ

ユーザーインターフェース
- 図面を開始
- 各部の名称

新規図面を作成

既存図面を開く

図面を保存
- 図面に名前を付けて保存
- 図面を上書き保存

図面を閉じる

マウス中ボタンの使い方
- 拡大・縮小
- 画面移動
- 全体表示

マウス左ボタンの使い方（選択方法）
- クリックして選択
- 矩形で範囲選択
- 投げ縄選択

マウス右ボタンの使い方（削除）

ナビゲーションバーの使用

ナビゲーションホイール

再作図

作図ウィンドウの画面分割
- ビューポートの環境設定
- ビューポートの基本的な操作

2.1　AutoCAD の起動と終了

AutoCAD の**起動方法**と**終了方法**を説明します。

2.1.1　AutoCAD の起動

一般の Windows ソフトウェア同様にデスクトップのショートカットアイコン を ×2 ダブルクリックします。または**スタートメニュー**より［**AutoCAD 2020**］を ×2 ダブルクリックします。

画面に下図の**スプラッシュ**が表示された後に AutoCAD 2020 が起動します。

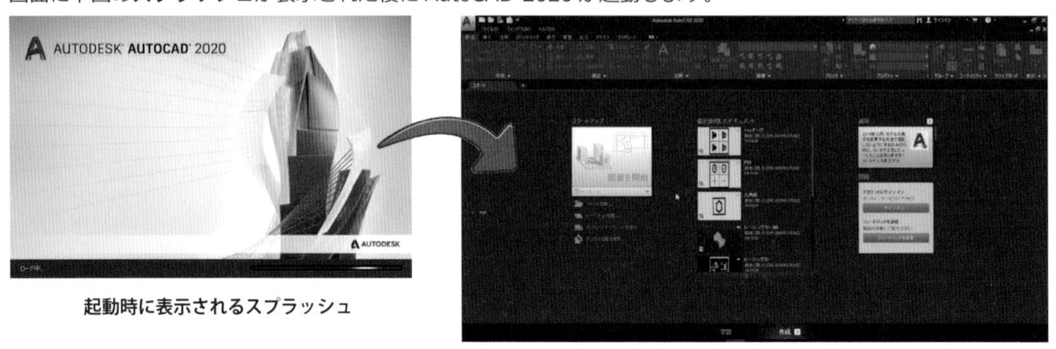

起動時に表示されるスプラッシュ

起動後のウィンドウ

2.1.2　AutoCAD の終了

以下の方法で AutoCAD を終了します。

方法 1

AutoCAD ウィンドウ右上にある［**クローズボックス**］を クリックします。

方法 2

AutoCAD ウィンドウの左上にある ［**アプリケーションボタン**］を クリックすると表示されるメニューより［**Autodesk AutoCAD 2020 を終了**］を クリックします。

方法 3

ALT を押しながら F4 を押します。

POINT **未保存の図面がある場合**

編集中で**未保存**の図面がある場合は、下図のメッセージボックスを表示します。

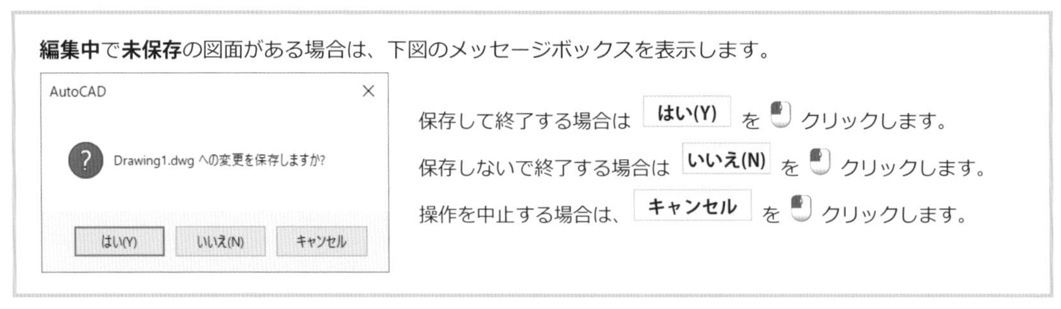

保存して終了する場合は はい(Y) を クリックします。

保存しないで終了する場合は いいえ(N) を クリックします。

操作を中止する場合は、キャンセル を クリックします。

2.2　コンテンツ

コンテンツは、AutoCAD 起動時または図面が 1 つも開かれていない場合に表示される画面です。
学習と**作成**という 2 つのコンテンツで構成されています。

2.2.1　作成コンテンツ

標準の設定では、作成コンテンツを最初に表示します。

「スタートアップ」「最近使用したドキュメント」「通知」「接続」という 4 つのメニューがあります。

スタートアップ

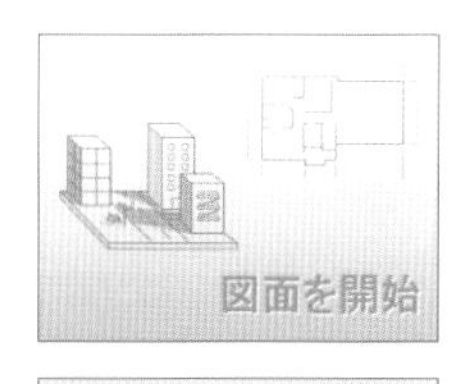
［**図面を開始**］は、**最後に使用したテンプレート**で**新規図面**を作成します。

［**テンプレート**］は、リストから**テンプレート**を選択して**新規図面**を作成します。

［**ファイルを開く**］は、**既存の図面ファイル**を開きます。

［**シーセットを開く**］は、**既存のシーセットファイル**を開きます。

（※「**シートセット**」と呼ばれる複数の図面を管理する機能で使用するファイルです。）

［**オンラインテンプレートを追加**］は、ブラウザより**テンプレートファイル**を**ダウンロード**して追加します。

［**サンプル図面を参照**］は、インストールされた**サンプル図面**を開きます。

最近使用したドキュメント

最近使用した図面をサムネイル表示しており、サムネイル画像を クリックすると図面を開きます。
表示されるサムネイル画像は随時更新されますが、サムネイル画像ごとに表示された**ピンボタン**「 」を クリックすると、後から保存するファイルに関係なくリストに固定して表示できます。

通知／接続

「**通知**」には**アップデートなどに関するメッセージ**を表示します。

「**接続**」の [サインイン...] は、オンラインサービス「**A360**」をデスクトップアプリと共に使用します。
A360 は、設計データを統合ワークスペース内で表示、共有、レビュー、検索、整理などの機能を搭載した
コラボレーションツールです。モバイルアプリからのアクセスも可能です。

A360 を利用するには **Autodesk アカウント**の登録時に設定した電子メールとパスワードが必要です。

[サインイン...] を クリックすると『**サインイン**』ウィンドウが表示されます。
「**電子メール**」を 入力して [次へ] を クリックします。
『**サインイン**』ウィンドウが切り替わるので「**パスワード**」を 入力して [サインイン] を
クリックします。サインインに成功すると、AutoCAD ウィンドウ右上にアカウント名とメッセージが表示されます。

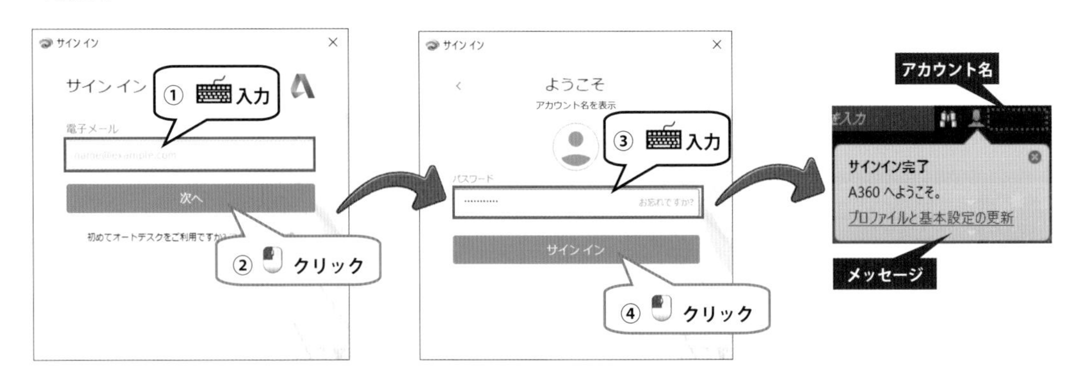

AutoCAD と A360 を共に使用するには、ブラウザで A360 にアクセスしてサインインする必要があります。
「**https://a360.autodesk.com/**」にアクセスし、[サインイン] を クリックします
「**電子メール**」と「**パスワード**」を 入力してサインインします。

「**接続**」の フィードバックを送信 は、ブラウザでオートデスク社の**製品フィードバックページ**を表示します。

 *POINT* **Autodesk アカウント**

新規に **Autodesk アカウント**を作成するには下記の手順で行います。

1. ブラウザにて Autodesk アカウントページ「**https://accounts.autodesk.com/**」にアクセスします。
2. アカウントを作成 を クリックします。

3. 「**名**」「**姓**」「**電子メール**」「**パスワード**」を 入力します。
「**Autodesk の使用条件に同意し、プライバシーステートメントを了承します**。」をチェック ON にして アカウントを作成 を クリックします。
自動的にサインインして、ブラウザでプロファイル画面を表示します。

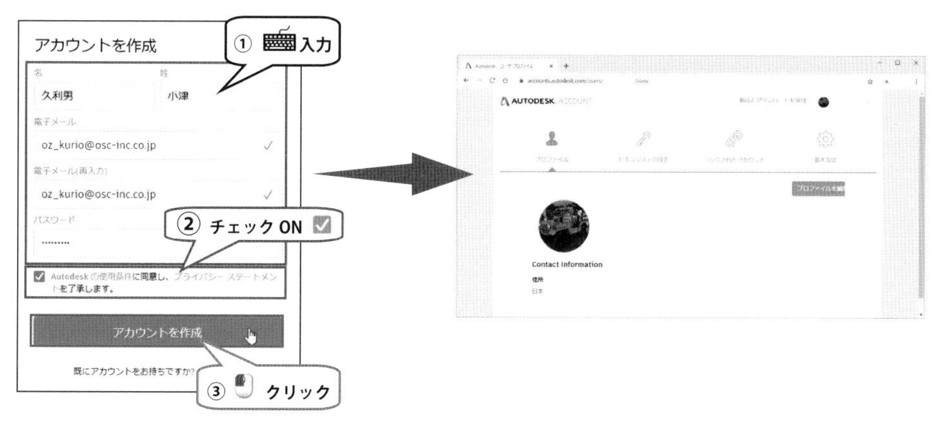

2.2.2 学習コンテンツ

AutoCAD ウィンドウ中央下にある［**学習**］を クリックすると、画面をスライドして**学習コンテンツ**を表示します。学習コンテンツには、AutoCAD の**習得に役立つツール**が用意されています。

「新機能」「スタートアップビデオ」「学習のヒント」「オンラインリソース」という 4 つのメニューがあります。**学習のヒント**は 24 時間ごとに**自動更新**されます。

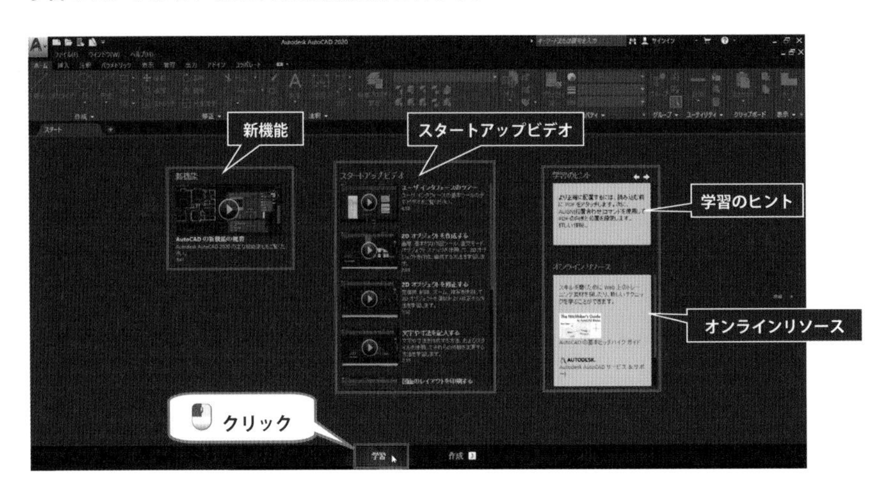

を クリックすると内蔵プレーヤーでビデオが**再生**されます。

を クリックするとプレーヤーを**終了**します。

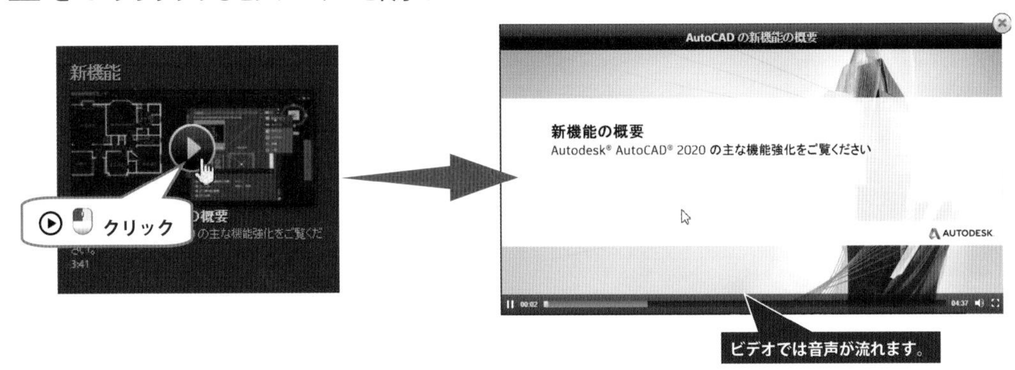

POINT Autodesk デスクトップアプリ

Autodesk 製品（Windows ベースの製品）をインストールと同時にインストールされ、タスクバー上に常駐します。修正モジュール、Service Pack、製品アップデートの通知、動画などのコンテンツを提供します。

2.3　ユーザーインターフェース

標準では**ダーク調**で、作図空間とそれを取り囲むツールとのコントラストが最小化された目の負担を軽減するような設定になっています。

メニューバー［**ツール（T）**］＞ ［**オプション（N）**］にて表示色をカスタマイズできます。

2.3.1　図面を開始

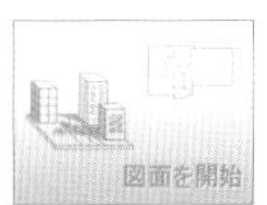

［**図面を開始**］は**最後に使用したテンプレート**を使用して**新規図面**を作成します。

1. AutoCAD ウィンドウ中央下にある［**作成**］を クリックし、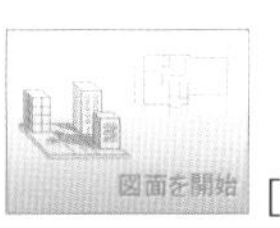［**図面を開始**］を クリック。

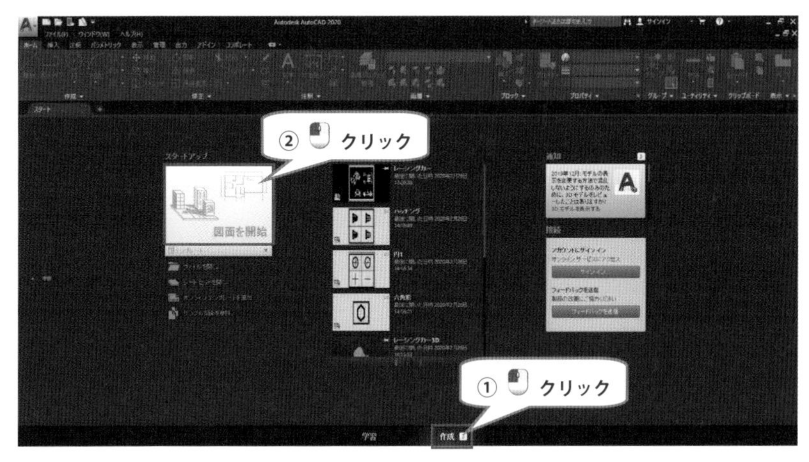

2. 最後に使用したテンプレートを使用して新規図面が作図ウィンドウに表示されます。

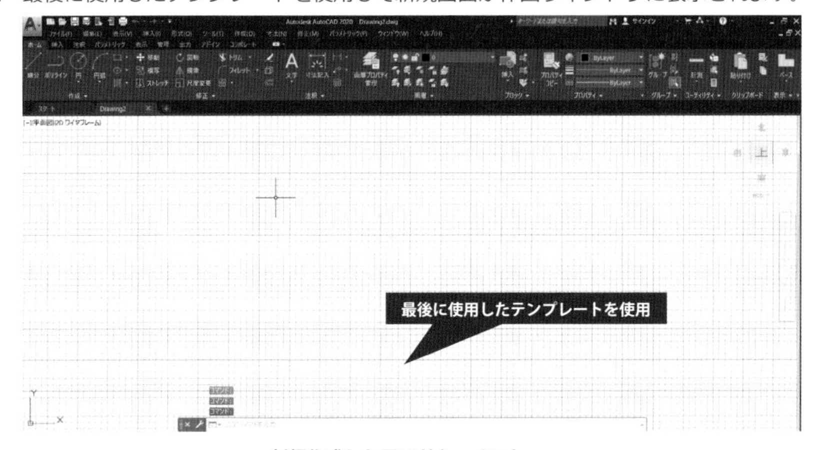

新規作成した図面ドキュメント

2.3.2　各部の名称

画面の各部には、下図に示すように名称があります。（※環境や状況により画面が異なります。）

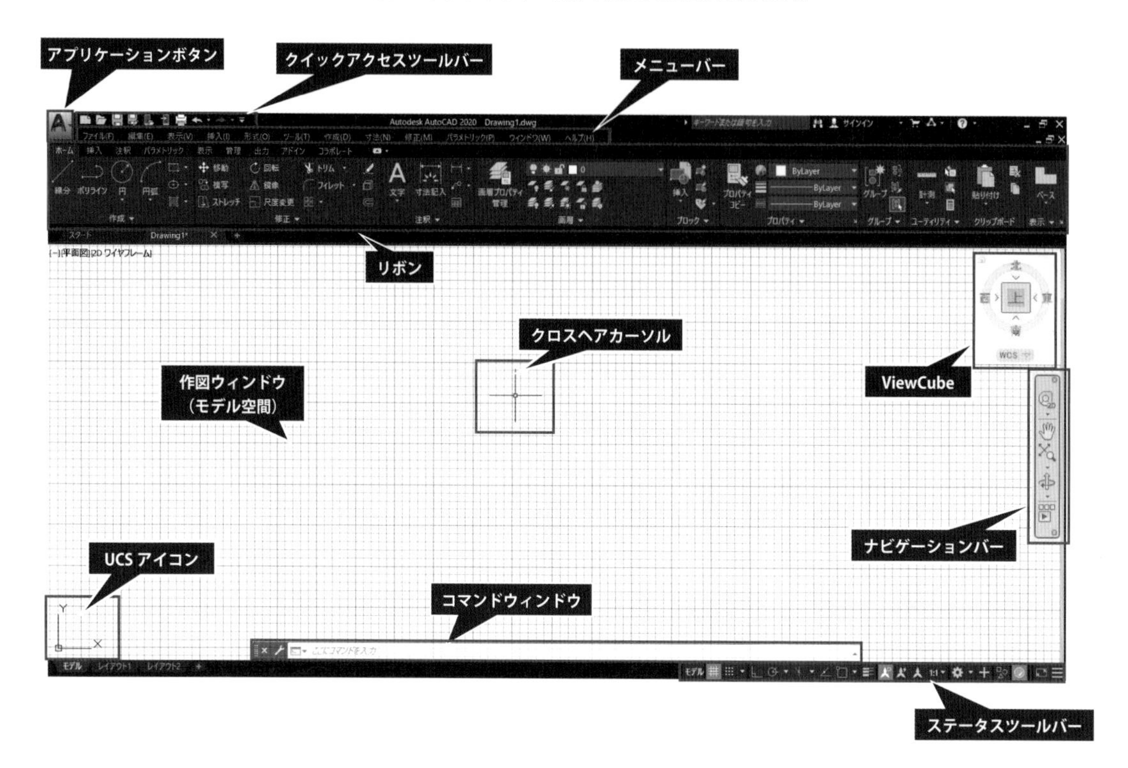

ワークスペース

AutoCAD の**作業環境**のことを**ワークスペース**といいます。
ワークスペースは既定で非表示になっているので、表示する場合にはクイックアクセスツールバーの ▼ を クリックし、メニューより［**ワークスペース**］を クリックします。

既定では［**製図と注釈**］が選択されており、他に 3D 環境の［**3D 基本**］［**3D モデリング**］があります。
本書では［**製図と注釈**］を使用して説明しています。
ユーザーでカスタマイズした環境は、［**現在の環境に名前を付けて保存**］を選択すると保存できます。

① クリック
製図と注釈
3D 基本
3D モデリング
現在に名前を付けて保存...
ワークスペース設定...
カスタマイズ...
② ワークスペースを選択

（※従来のワークススペースである［**クラシックワークスペース**］は AutoCAD 2015 で削除されました。）

アプリケーションボタン

 ［**アプリケーションボタン**］を クリックすると、**図面全体に関わるメニューを表示**します。

メニューの が表示されるコマンドは**サブメニュー**があることを意味しています。

 を クリック、またはコマンドにカーソルを合わせるとサブメニューを表示されます。

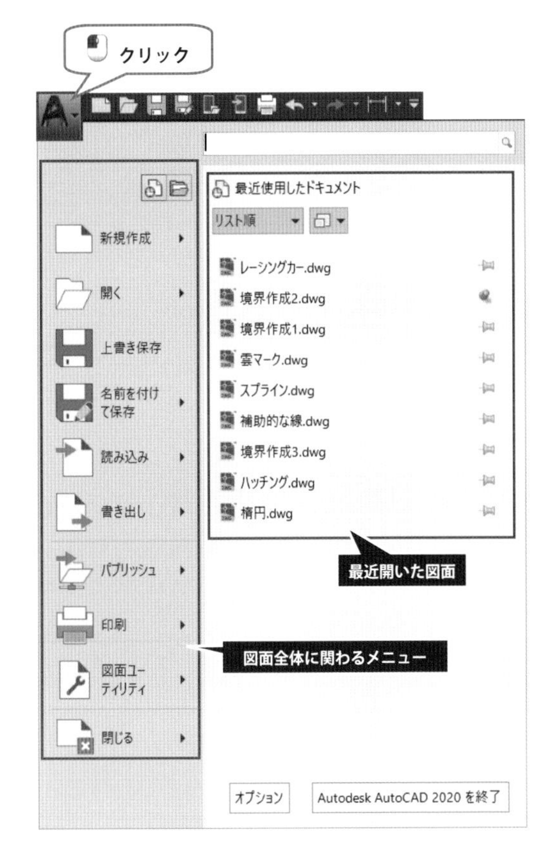

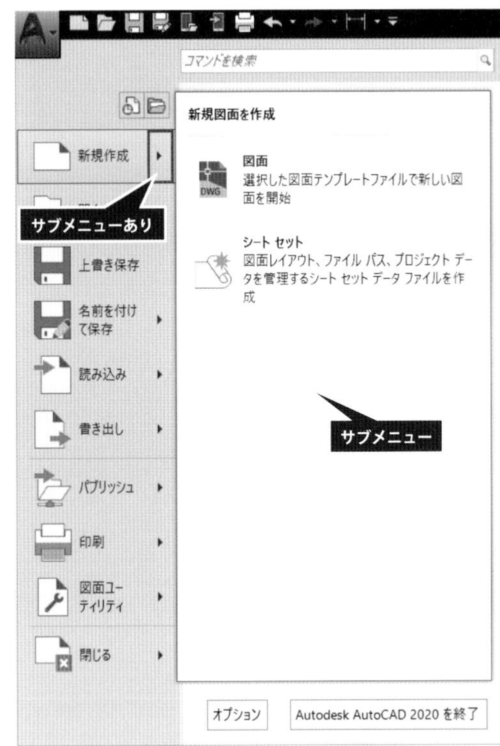

「**コマンド検索ボックス**」を使用すると、コマンドを検索して実行できます。

入力ボックスに<**円**>と 入力した場合、ワードに一致する円や円弧などのコマンドがリスト表示されます。

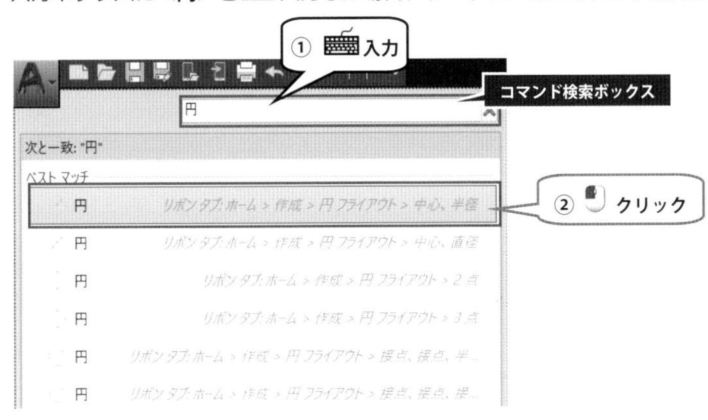

クイックアクセスツールバー

よく使うコマンドアイコンなどを表示しています。

アイコンの表示／非表示は、クイックアクセスツールバーの右端にある ▼ を クリックして表示されるメニューより設定します。✓ のあるツールは表示、✓ のないツールは非表示を意味しており、クリックすると表示／非表示を切り替えます。

 *POINT* **クイックアクセスツールバーのカスタマイズ**

ツールバーに表示するアイコンは、ユーザーでカスタマイズできます。

クイックアクセスツールバーに追加する場合

リボンに表示されたコマンドアイコンを 右クリックし、メニューより

［**クイックアクセスツールバーへ追加**］を クリックすると追加されます。

クイックアクセスツールバーから除去する場合

クイックアクセスツールバーのコマンドアイコンを 右クリックし、メニューより

［**クイックアクセスツールバーより除去（R）**］を クリックします。

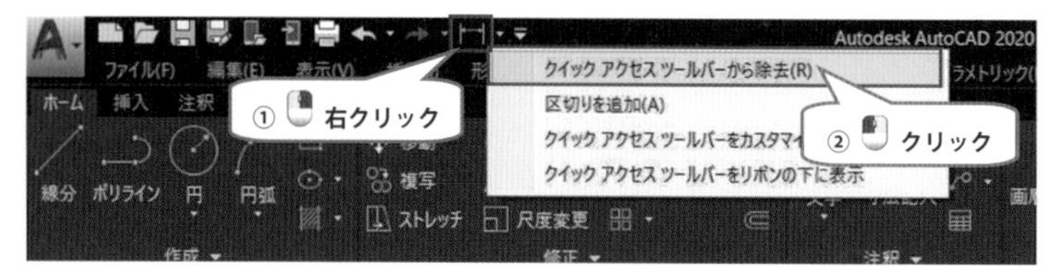

メニューバー

コマンドがカテゴリごとに分類されており、メニューを クリックすると**プルダウンメニュー**を表示します。

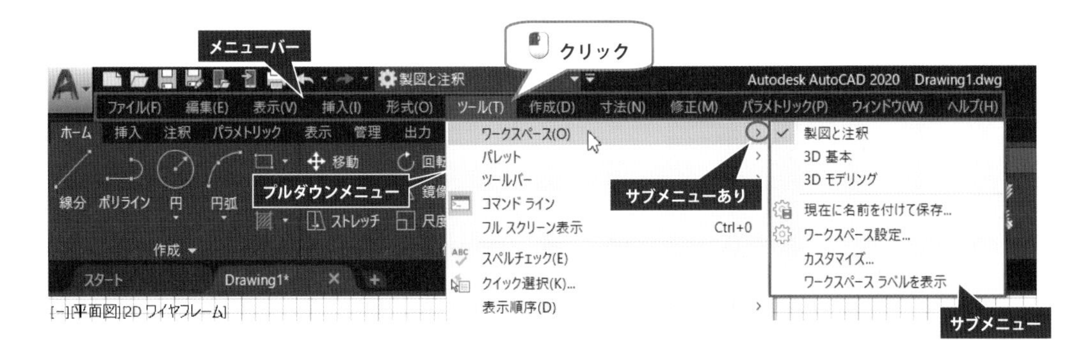

メニューバーは**既定**で**非表示**になっています。表示する場合には**クイックアクセスツールバー**の を クリックし、メニューより［**メニューバーを表示**］を クリックします。

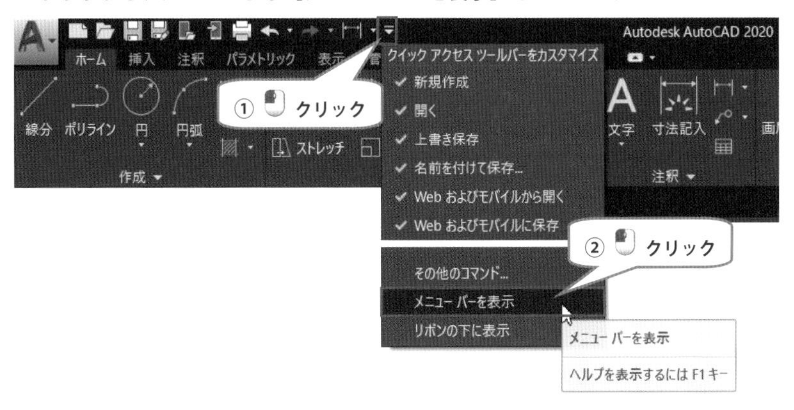

タイトルバー

アプリケーション名（AutoCAD のバージョン）と**ファイル名**を表示します。

新規図面を保存していない場合は、「**Drawing*.dwg**」と表示されます。

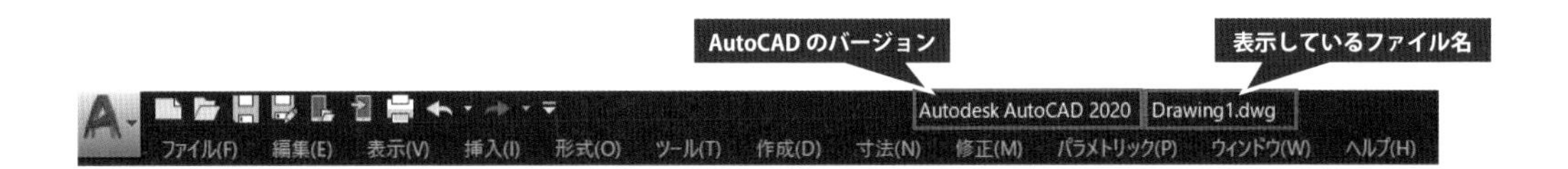

リボン

関連する複数のコマンドが**パネル**で**分類**され、大きなコマンドアイコンを表示します。

タブを クリックすることで、目的のコマンドがパネルに表示されます。

リボンが表示されていない場合は、メニューバー［**ツール（T）**］＞［**パレット**］＞ ［**リボン（B）**］を クリックします。コマンドは、パネルから目的のアイコンを クリックして実行します。

 が表示されるパネルは、パネル名を クリックすると隠れたアイコンをスライドアウトして表示します。

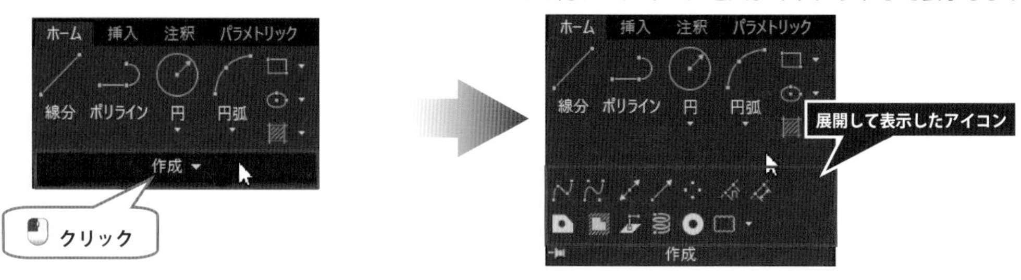

POINT リボンの表示モード

タブの列、一番右側にある を クリックすると、4つあるリボンの表示モードを巡回して切り替わります。

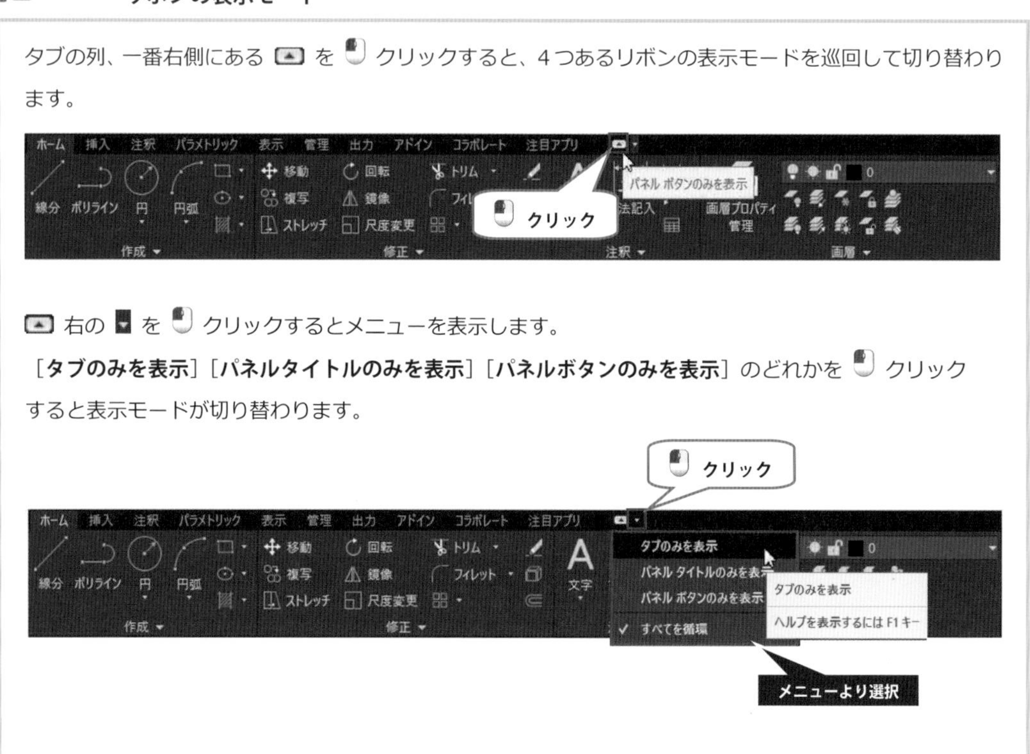

 右の を クリックするとメニューを表示します。

［**タブのみを表示**］［**パネルタイトルのみを表示**］［**パネルボタンのみを表示**］のどれかを クリックすると表示モードが切り替わります。

ファイルタブ

ファイルタブにはスタート画面を表示する**【スタート】**タブと開いてるファイル名を表示したタブがあります。
タブを クリックすることでスタート画面または図面を表示します。
ファイル名を表示したタブにカーソルを合わせると、図面のモデル空間とレイアウト空間を**プレビュー表示**します。タブの右端にあるプラスマーク を クリックすると**新しい図面**を作成されます。
CTRL 押しながら TAB を押すと、**開いている図面を循環**して表示します。

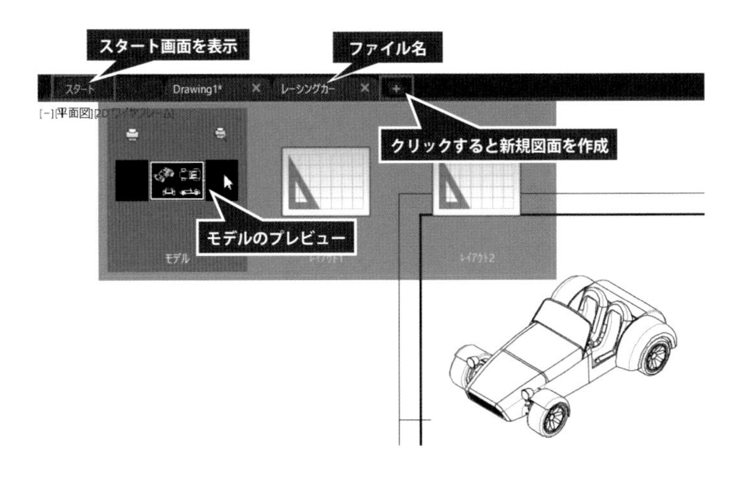

作図ウィンドウ

作図をする無限の大きさの作図領域で、領域の**背景色**は**既定で黒色**になっています。
本書では見やすいように**背景色**を**白色**に変更して説明しています。
作図範囲を指定したり、下図のような**格子グリッド**を表示することもできます。
作図ウィンドウの**尺度**は**1／1**で、これを変更することはできません。
基本的に描くものは、**すべて原寸**で描いてください。

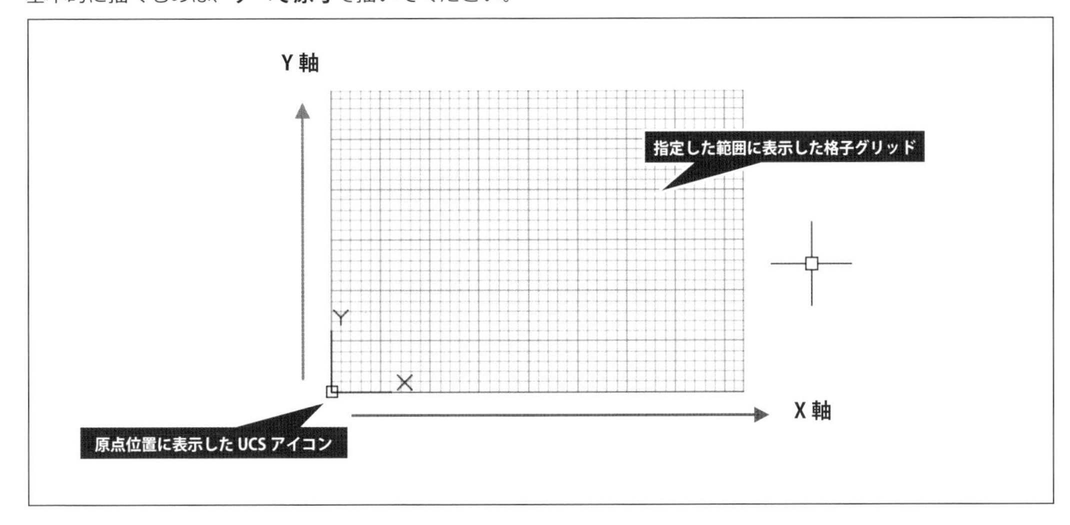

UCS アイコン

X 軸と Y 軸の**原点と方向を示すアイコン**です。原点はユーザー指定の位置へ移動が可能です。

（※原点の移動方法は STEP2 で説明）

アイコン表示は「**モデル空間の 2D 表示**」「**モデル空間の 3D 表示**」「**レイアウト空間**」でそれぞれ異なります。

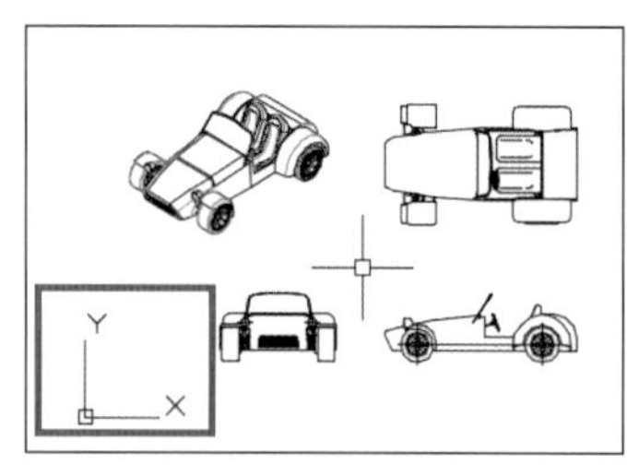

モデル空間の 2D 表示

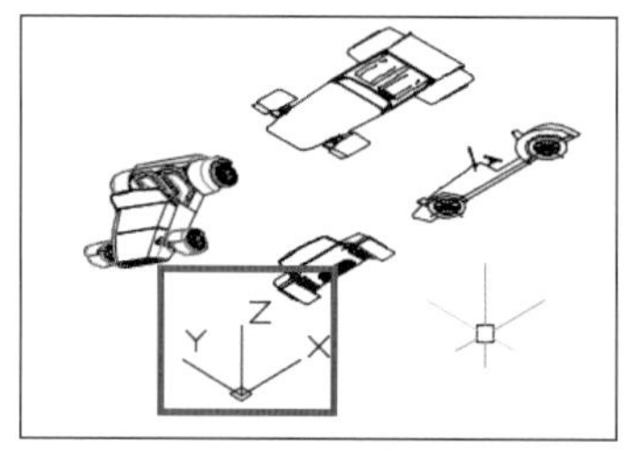

モデル空間の 3D 表示

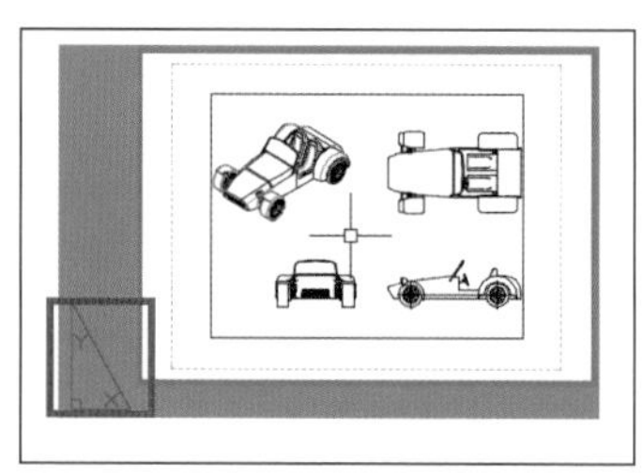

レイアウト空間

UCS アイコンの表示／非表示は【**表示**】タブにて設定します。

【**ビューポートツール**】パネルにある［**UCS アイコン**］を クリックすると、表示／非表示が切り替わります。

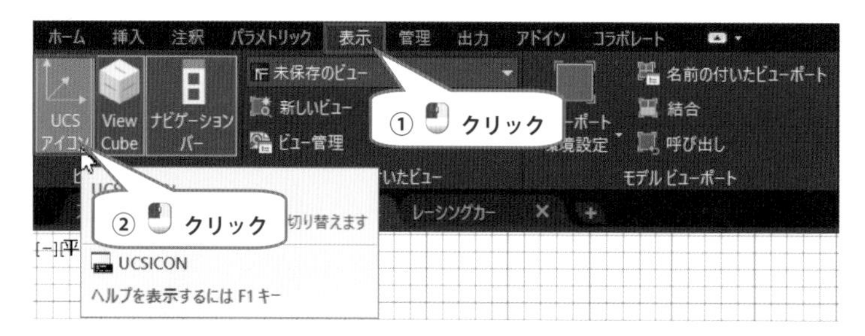

クロスヘアカーソル

作図ウィンドウ上にカーソルを移動したときに表示される**十字のカーソル**です。中心には**ピックボックス**と呼ばれる四角があります。作図ウィンドウにある図形や寸法などを クリックして選択するとき、この四角の中に入っていると選択されます。

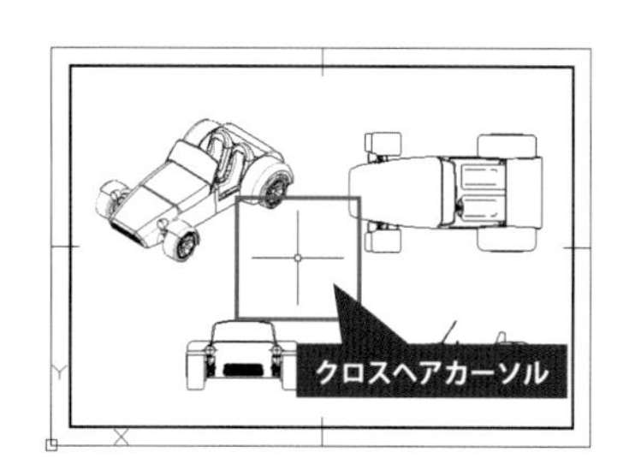

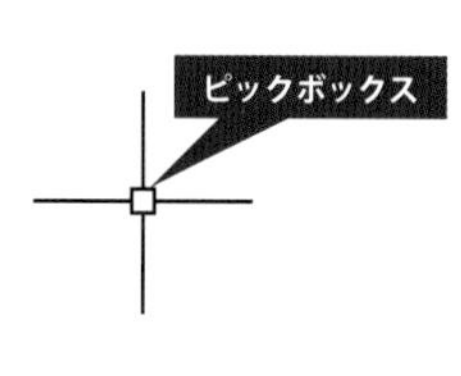

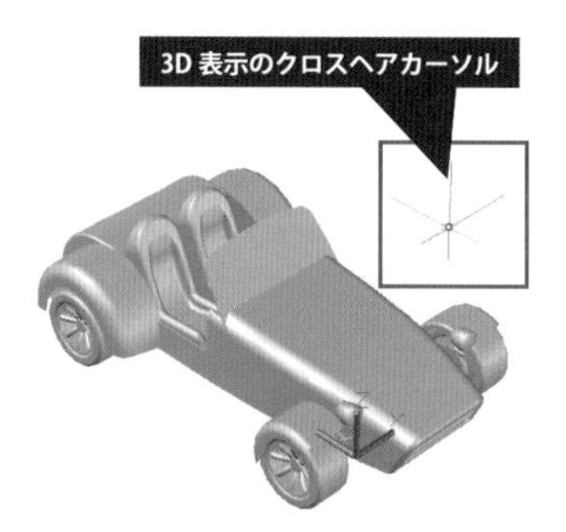

3D モデルを等角表示

POINT Windows 矢印カーソル

Windows 矢印カーソル を使用することができます。(※AutoCAD 2017 以降の機能です。)

1. コマンド <**CURSORTYPE**> を入力して ENTER を押して実行します。
2. 新しい値 <1 ENTER> と入力すると、Windows 矢印カーソル に変更します。

クロスヘアカーソルに戻す場合は、コマンド <**CURSORTYPE**> を実行して値を <**0**> にします。

POINT クロスヘアカーソルのサイズ

クロスヘアカーソルのサイズはユーザーで調整できます。

1. メニューバーの［**ツール（T）**］＞ ［**オプション（N）**］を クリック。
2. 『**オプション**』ダイアログが表示されます。
   【表示】タブの「**クロスヘアカーソルのサイズ**」にて設定します。
   スライダーバー「 」を ドラッグして調整、またはサイズの値を入力。
3. OK を クリックすると、クロスヘアカーソルのサイズが変更されます。

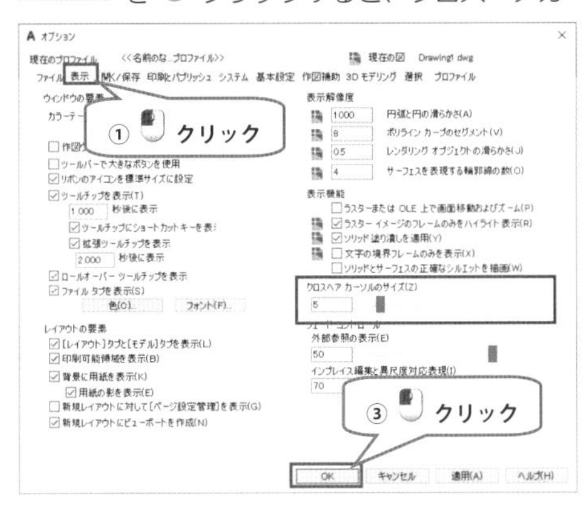

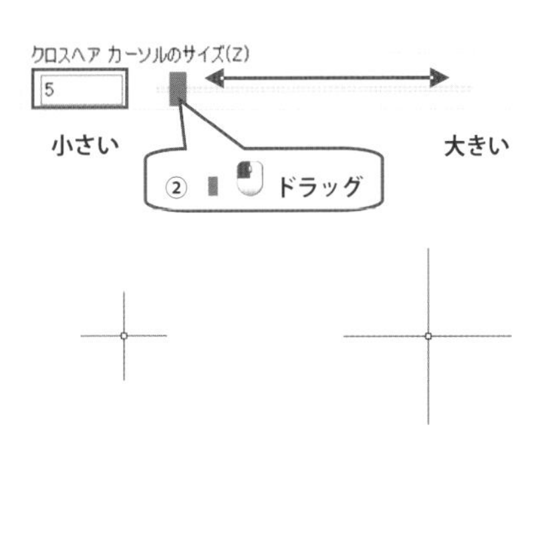

POINT ピックボックスのサイズ

ピックボックスのサイズはユーザーで調整できます。

1. メニューバーの［**ツール（T）**］＞［**オプション（N）**］を クリック。

2. 『**オプション**』ダイアログを表示されます。
   【選択】タブの「**ピックボックスのサイズ**」にて設定します。
   スライダーバー「 」を ドラッグして調整します。

3. **OK** を クリックすると、ピックボックスのサイズが変更されます。

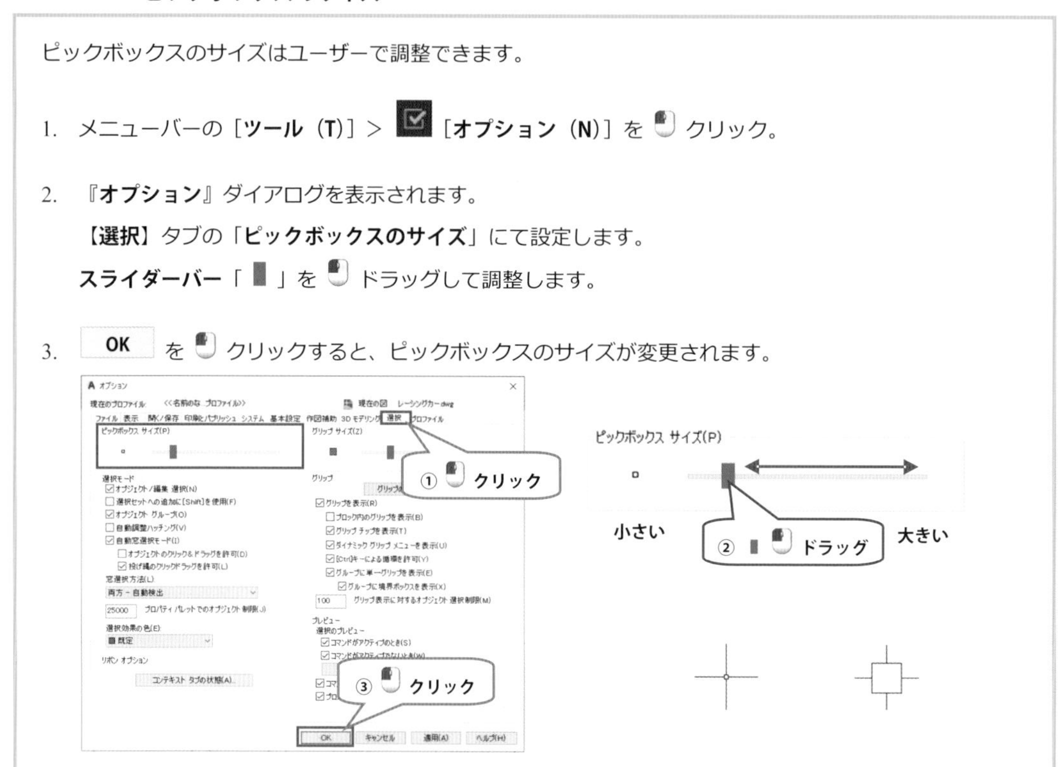

コマンドウィンドウ

コマンドウィンドウでは、**直接コマンド名を入力してコマンドを実行**できます。

線分コマンドの場合、<L I N E>と入力して ENTER を押すと実行されます。

コマンドを入力すると、関連するコマンド（入力したコマンド名を含むもの）がリスト表示されます。

コマンドウィンドウの**入力ボックスは常にアクティブ**になっています。

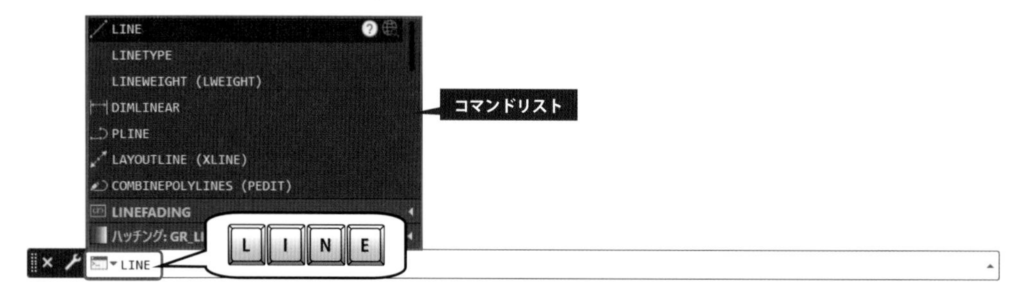

コマンドを実行すると、コマンドラインに一連のプロンプトが表示される場合があります。

これはリボンやメニューバーよりコマンドを実行した場合も同じです。

プロンプトにて**使用可能なコマンドオプションなどを表示**します。

POINT コマンドウィンドウの表示／非表示

コマンドウィンドウが表示されていない場合、CTRL + 9よ（コマンド<**COMMANDLINE**>）を押すと表示できます。コマンドウィンドウが表示されている場合に実行すると、下図のメッセージボックスが表示されます。

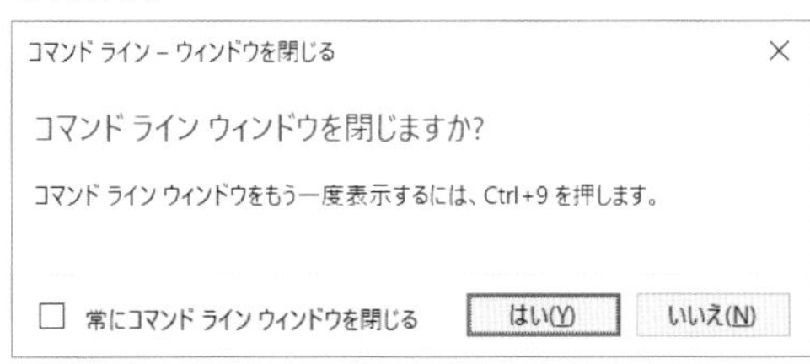

POINT コマンドウィンドウの埋め込み

コマンドウィンドウは AutoCAD ウィンドウの**上部または下部に埋め込んで表示**できます。

コマンドウィンドウの の部分を ドラッグして移動し、ウィンドウの上部または下部で ドロップします。（※下図は下部に埋め込んでウィンドウ高さを変更しています。）

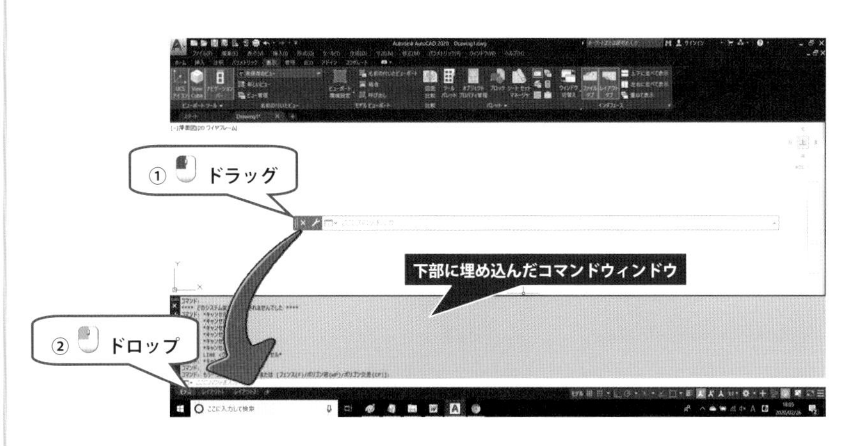

コマンドウィンドウの埋め込みを解除する場合は の部分を ドラッグして作図ウィンドウで ドロップ、または の部分を クリックします。

レイアウトタブ

AutoCAD には**モデル空間**と**レイアウト空間**という 2 種類の空間があり、これをタブとして画面左下に表示しています。タブを クリックすることで空間が切り替わります。

モデル空間は**作図するための空間**で、新規図面を作成したときに最初に表示します。

レイアウト空間は**ペーパー空間**と呼ばれ、**印刷するための空間**です。

右端にあるプラスマーク を クリックすると**新しいレイアウト**を作成します。

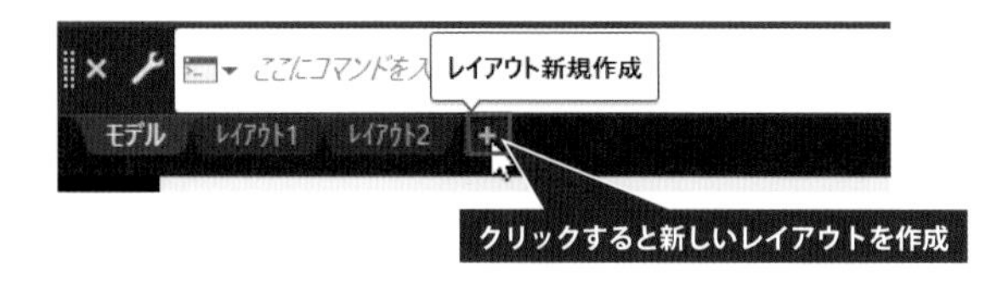

ステータスバー

ここには**カーソルの位置**、**作図補助ツール**および**作図環境に関するツールのアイコン**が表示されます。

現在のワークスペース、表示している空間がモデルかレイアウトかで表示するツールが異なります。

ステータスバーに表示するツールは、一番右の ［**カスタマイズ**］にて表示／非表示を設定します。

があるツールは表示、 がないツールは非表示を意味し、 クリックすると表示／非表示を切り替えます。

（※下図はモデル空間を選択中に表示されるツールです。）

ナビゲーションバー

作図ウィンドウ内の右端にあるツールバーで、**画面表示操作に関するコマンドアイコン**が用意されています。

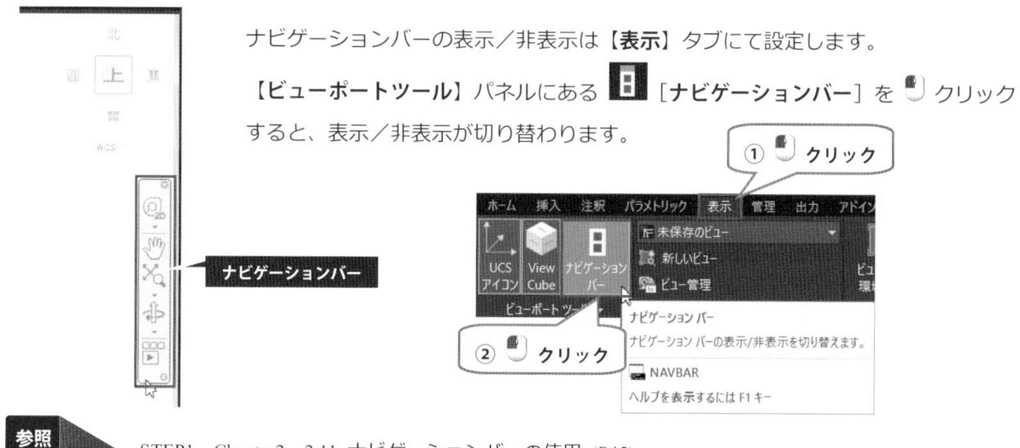

ナビゲーションバーの表示／非表示は**【表示】**タブにて設定します。

【ビューポートツール】パネルにある **[ナビゲーションバー]** を クリックすると、表示／非表示が切り替わります。

参照 STEP1 Chapter2 2.11 ナビゲーションバーの使用 (P45)

ViewCube

ViewCube は、モデル空間で使用できるナビゲーションツールで、**標準ビュー**と**アイソメビュー**を切り替えます。

2D 表示では XY 軸の 1 平面で作業するので、通常 ViewCube を使用しません。

ViewCube は主に 3D モデルを作成するときに使用します。

ViewCube に表示されるアイコンやボックスのエッジや面などを指定して空間を回転させます。

（※下図の 3D モデルはダウンロードフォルダー｛**Chapter 2**｝にある｛**レーシングカー3D**｝です。）

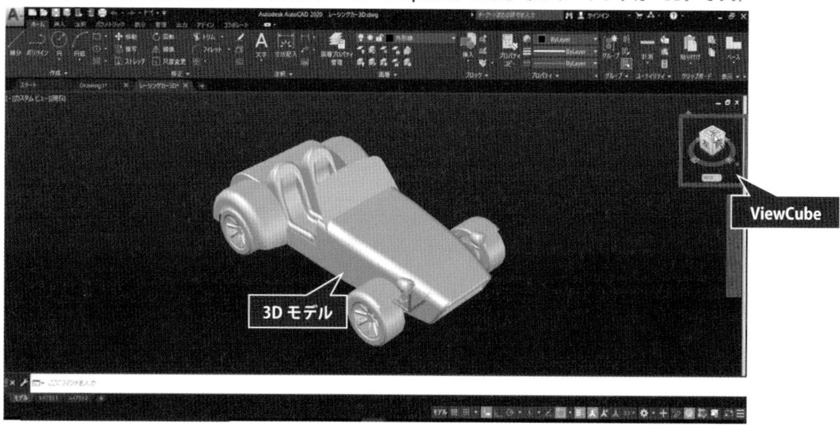

ViewCube の表示／非表示は**【表示】**タブにて設定します。

【ビューポートツール】パネルにある [**ViewCube**] を クリックすると、表示／非表示が切り替わります。

POINT 配色パターン（カラーテーマ）

AutoCAD の配色パターンは、既定の［**ダーク(暗い)**］のほかに［**ライト(明るい)**］があります。
配色パターンの変更方法は以下の通りです。

1. メニューバーの［**ツール（T）**］＞ ［**オプション（N）**］を クリック。

2. 『**オプション**』ダイアログが表示されます。
   【表示】タブの「**ウィンドウの要素**」の「**カラーテーマ**」を［**ダーク(暗い)**］から［**ライト(明るい)**］に変更します。

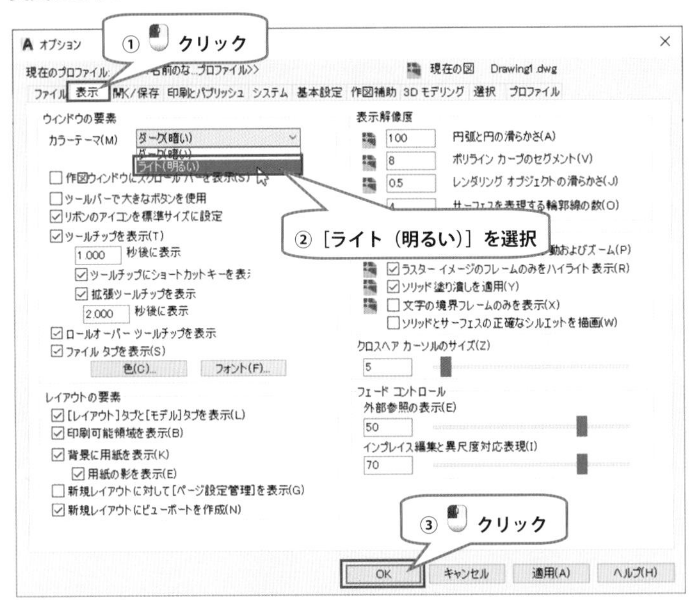

3. **OK** を クリックすると、ホワイト基調の配色パターンに変更されます。

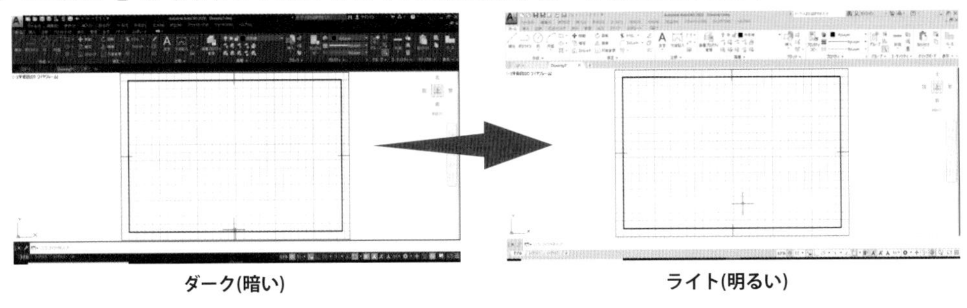

ダーク(暗い)　　　　ライト(明るい)

POINT 作図ウィンドウの背景色

アプリケーションの表示色はユーザーがカスタマイズすることができます。

作図ウィンドウの**背景色の変更方法**は以下の通りです。

1. メニューバーの［**ツール（T）**］＞ ［**オプション（N）**］を クリック。

2. 『**オプション**』ダイアログが表示されます。

   【**表示**】タブの「**ウィンドウの要素**」にある 色(C) を クリック。

3. 『**作図ウィンドウの色**』ダイアログを表示します。

   「**コンテキスト**」（操作環境）は［**2D モデル空間**］、「**インタフェース要素**」は［**共通の背景色**］、「**色**」は任意の色を選択して 適用して閉じる(A) を クリック。

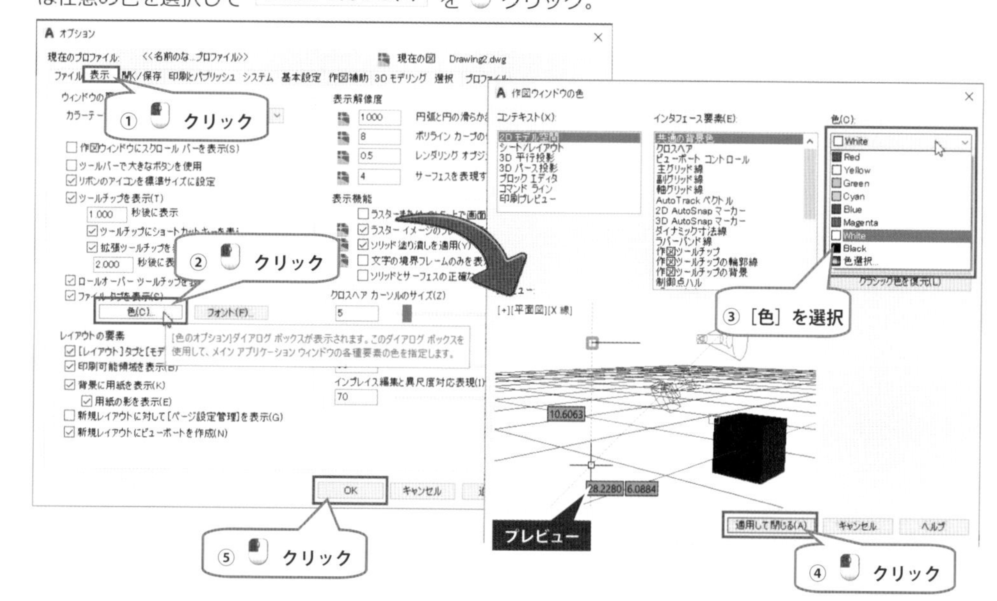

4. 『**オプション**』ダイアログの OK を クリックすると、背景色が選択した色に変更されます。

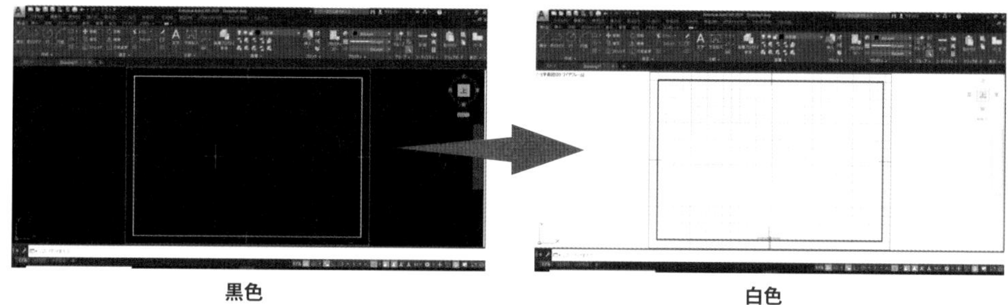

黒色　　　　白色

2.4　新規図面を作成

テンプレートを選択して新規図面を作成するには、[**クイック新規作成**] コマンドを使用します。

コマンド名	NEW	ショートカット	CTRL + N

1. クイックアクセスツールバーの [**クイック新規作成**] を クリック。

   または [**アプリケーションボタン**] を クリックし、メニューより [**新規作成**] を クリック。

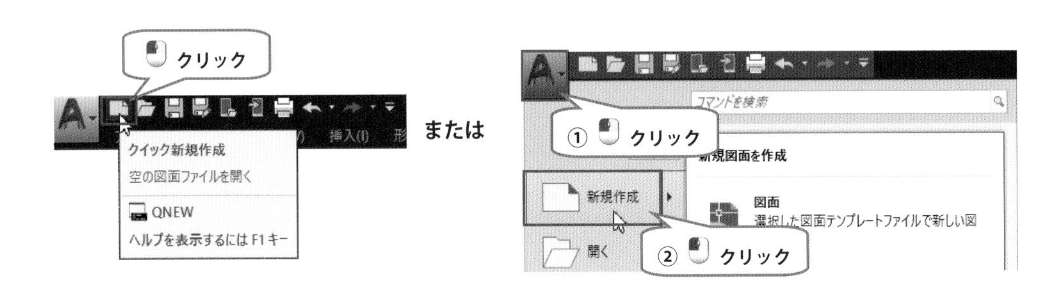

2. 『**テンプレートを選択**』ダイアログが表示され、テンプレートの既定フォルダーにある**テンプレートファイルの一覧を表示**します。テンプレートファイルの**拡張子**は「**.dwt**」です。

   今回はダウンロードフォルダーにあるテンプレートを使用します。

   「**探す場所（I）**」でダウンロードフォルダー {**Drawing template**} を選択し、{**JIS サンプル A4**} を クリックすると**プレビュー**に **A4 横の図枠**が**表示**されるので **開く(O)** を クリック。

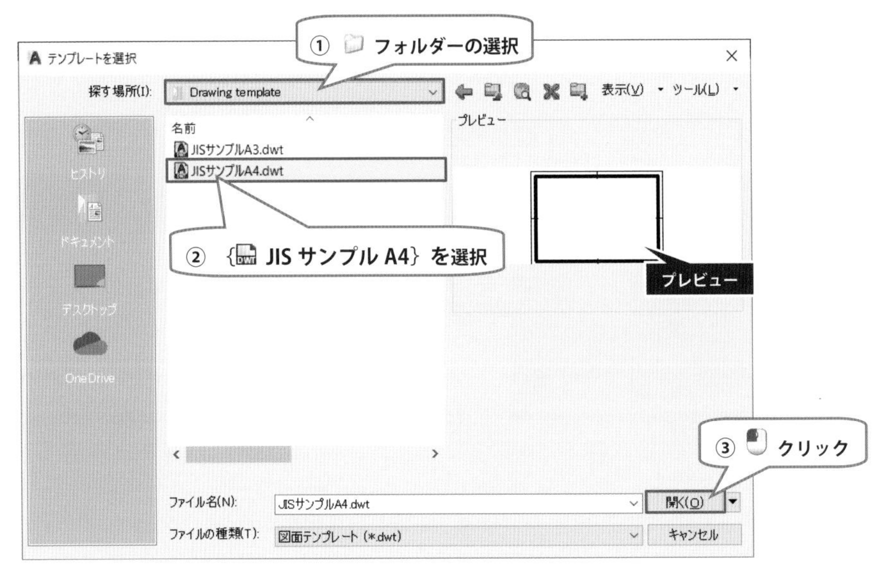

3. 作図ウィンドウに **A4 横の用紙と図枠が表示**されます。
テンプレートは使用する線の種類や太さ、寸法や文字のスタイルなど多くのデータを含んでいます。
グループ内で**共通のテンプレートを使用**することで、**統一化された図面**を作成できます。
（※下図は格子グリッドを表示しています。）

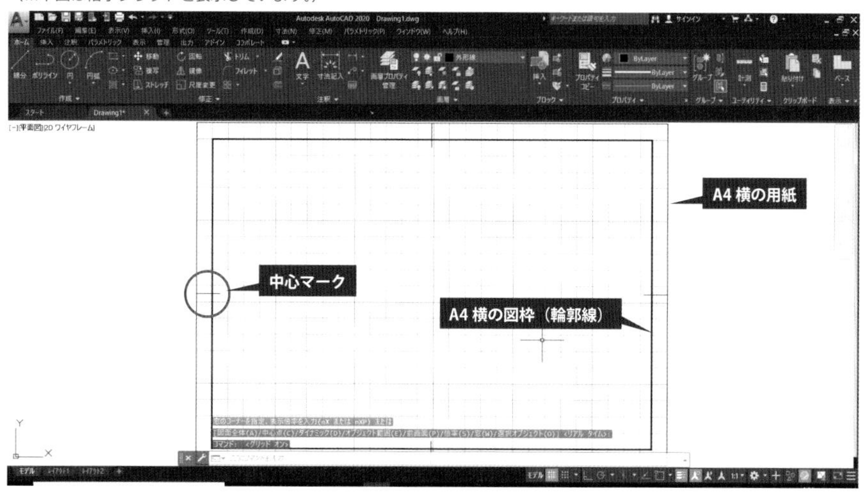

POINT テンプレートなしで開く

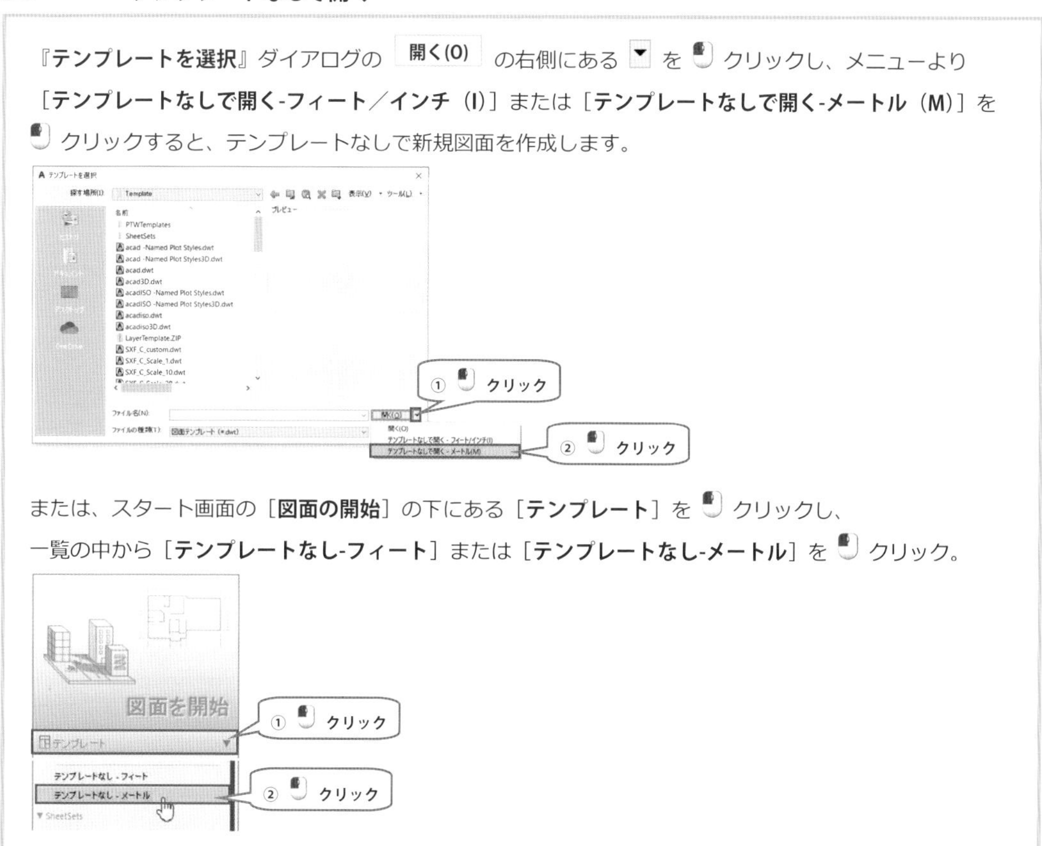

『**テンプレートを選択**』ダイアログの **開く(O)** の右側にある ▼ を クリックし、メニューより［**テンプレートなしで開く-フィート／インチ（I）**］または［**テンプレートなしで開く-メートル（M）**］を クリックすると、テンプレートなしで新規図面を作成します。

または、スタート画面の［**図面の開始**］の下にある［**テンプレート**］を クリックし、
一覧の中から［**テンプレートなし-フィート**］または［**テンプレートなし-メートル**］を クリック。

既定テンプレートファイルの場所

既定テンプレートファイルは下記の場所にあります。

AutoCAD バージョンによってフォルダー名や場所が異なります。

AutoCAD 2020	C:¥Users¥ ログインユーザー名 ¥AppData¥Local¥Autodesk¥AutoCAD 2020¥R23.1¥jpn¥Template
AutoCAD 2019	C:¥Users¥ ログインユーザー名 ¥AppData¥Local¥Autodesk¥AutoCAD 2019¥R23.0¥jpn¥Template
AutoCAD 2018	C:¥Users¥ ログインユーザー名 ¥AppData¥Local¥Autodesk¥AutoCAD 2018¥R22.0¥jpn¥Template
AutoCAD 2017	C:¥Users¥ ログインユーザー名 ¥AppData¥Local¥Autodesk¥AutoCAD 2017¥R21.0¥jpn¥Template
AutoCAD 2016	C:¥Users¥ ログインユーザー名 ¥AppData¥Local¥Autodesk¥AutoCAD 2016¥R20.1¥jpn¥Template
AutoCAD 2015	C:¥Users¥ ログインユーザー名 ¥AppData¥Local¥Autodesk¥AutoCAD 2015¥R20.0¥jpn¥Template
AutoCAD 2014	C:¥Users¥ ログインユーザー名 ¥AppData¥Local¥Autodesk¥AutoCAD 2014¥R19.1¥jpn¥Template
AutoCAD 2013	C:¥Users¥ ログインユーザー名¥AppData¥Local¥Autodesk¥AutoCAD 2013 - Japanese¥R19.0¥jpn¥Template

図面テンプレートファイルの場所を変更

クイック新規作成したときに選択するテンプレートファイルの場所を変更できます。

1. メニューバーの［**ツール（T）**］＞ ［**オプション（N）**］を クリック。

2. 『**オプション**』ダイアログが表示されます。
   【**ファイル**】タブの［**テンプレート設定**］＞［**図面テンプレートファイルの場所**］を クリックして展開し、**既定の場所**を クリック。

   参照(B) を クリックすると『**フォルダーの参照**』ダイアログが表示されます。
   フォルダーを選択して **OK** を クリック。

   『**オプション**』ダイアログに戻るので **OK** を クリック。

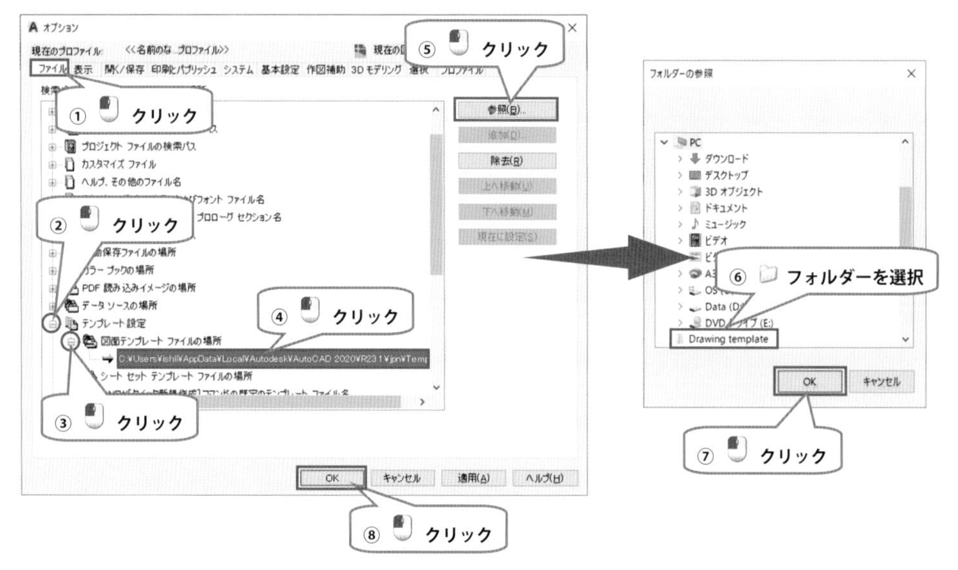

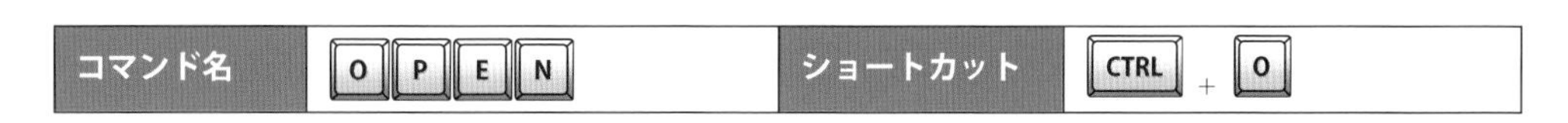

2.5 既存図面を開く

既存の図面を開いて作業するには、[**開く**] コマンドを使用します。

コマンド名	OPEN	ショートカット	CTRL + O

1. クイックアクセスツールバーの [**開く**] を クリック。

   または [**アプリケーションボタン**] を クリックし、メニューより [**開く**] を クリック。

または

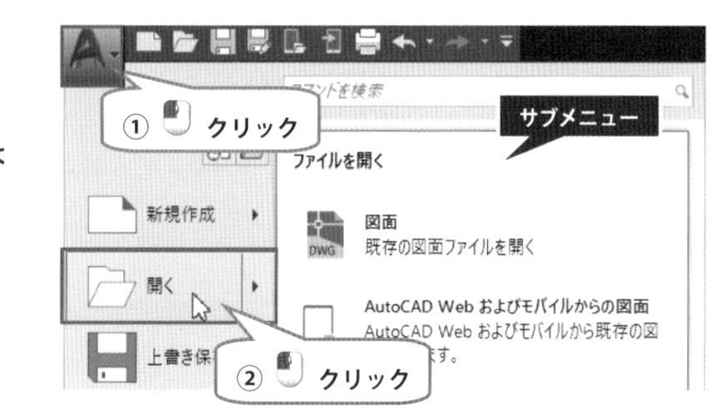

2. 『**ファイルを選択**』ダイアログが表示されます。

   「**探す場所（I）**」でダウンロードフォルダー｛**Chapter 2**｝を選択し、図面ファイル｛**レーシングカー**｝を選択して **開く(O)** を クリック。レーシングカーの図面が作図ウィンドウに表示されます。

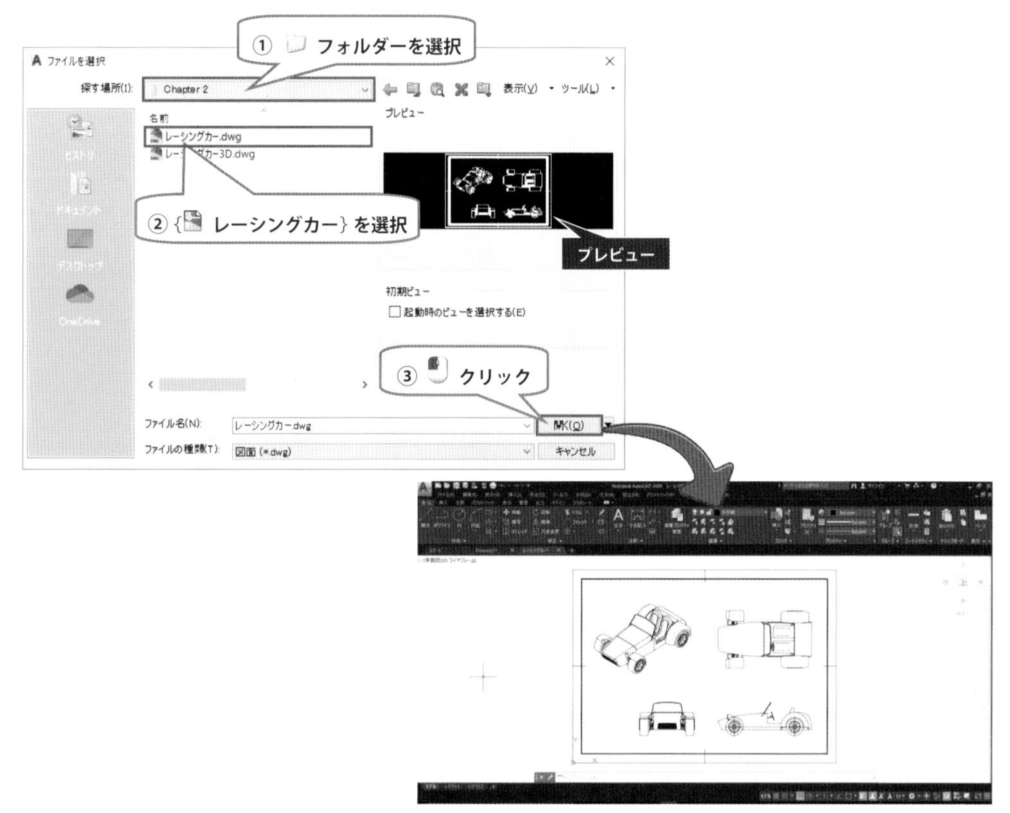

2.6 図面を保存

一般的な Windows ソフトウェアと同じで [**名前を付けて保存**] と [**上書き保存**] の 2 つがあります。

2.6.1 図面に名前を付けて保存

[**名前を付けて保存**] コマンドは、現在開いている図面に別の名前を付けて保存します。

既存の図面を開いている場合はコピー保存になります。

コマンド名	S A V E A S	ショートカット	CTRL + SHIFT + S

1. **クイックアクセスツールバー**の [**名前を付けて保存**] を クリック。

   または [**アプリケーションボタン**] を クリックし、メニューより [**名前を付けて保存**] を クリック。サブメニューよりファイルの形式を選択が可能です。

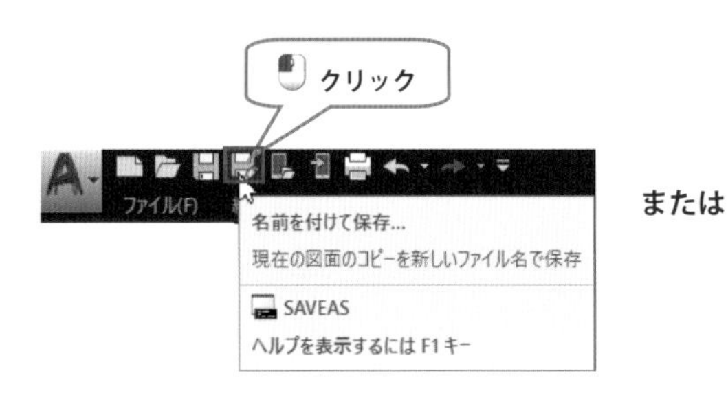

または

2. 『**図面に名前を付けて保存**』ダイアログが表示されます。

   「**保存先（I）**」でフォルダーを選択し、「**ファイル名（N）**」に<T E S T>と 入力。

   図面ファイルの**拡張子**は「**.dwg**」です。 保存(S) を クリック。

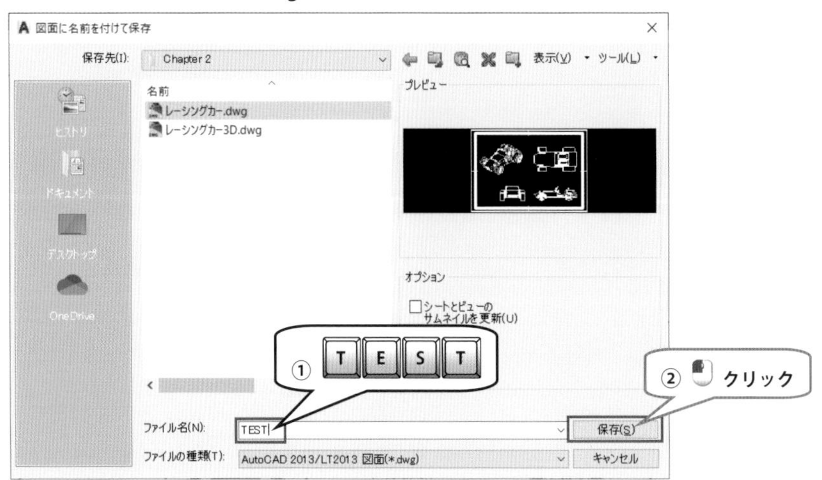

2.6.2 図面を上書き保存

[**上書き保存**] コマンドは、編集した図面を更新したときに上書きして保存します。

コマンド名	Q S A V E	ショートカット	CTRL + S

クイックアクセスツールバー の [**上書き保存**] を クリック。

または [**アプリケーションボタン**] を クリックし、メニューより [**上書き保存**] を クリック。

または

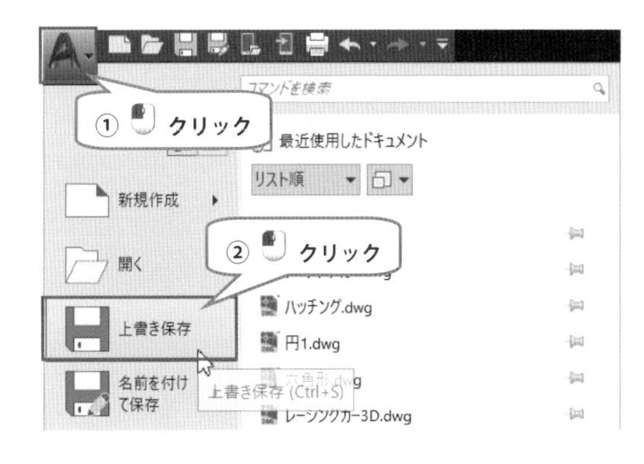

POINT ファイルの種類

[**名前を付けて保存**] では、『**図面に名前を付けて保存**』ダイアログにて「**ファイルの種類**」を選択することができます。

*.dwg

AutoCAD で作成した**図面ファイル**で、保存する際にバージョンの選択が可能です。

*.dxf

他の CAD ソフトウェアとデータをやりとりするための**中間ファイル**として保存します。
開発元はオートデスク社で、これも保存する際にバージョンの選択が可能です。

*.dwt

AutoCAD で作成した図面を AutoCAD 用の**テンプレートファイル**として保存します。

2.7　図面を閉じる

表示している図面を閉じるには下記の方法があります。

方法 1

一般的な Windows ソフトウェアと同じで ［**クローズボックス**］を クリックします。

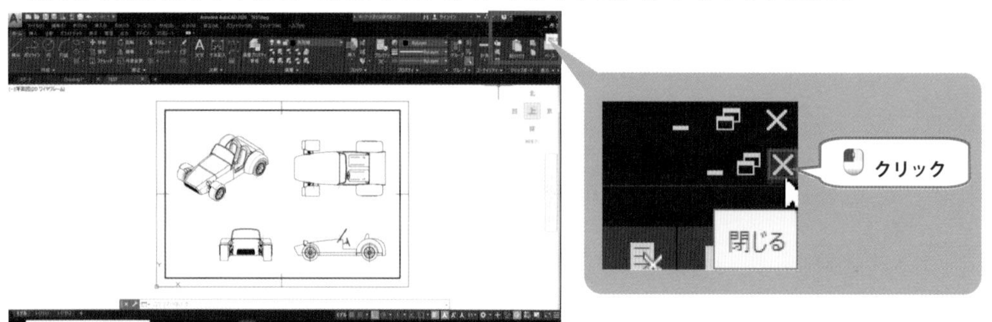

編集中で未保存の図面がある場合は、下図のメッセージボックスを表示します。

はい(Y) を クリックすると上書き保存して閉じます。

方法 2

ファイルタブにある を クリックします。

方法 3

［**アプリケーションボタン**］を クリックし、メニューより ［**閉じる**］を クリックします。

コマンドのショートカットは **CTRL** + **F4** です。

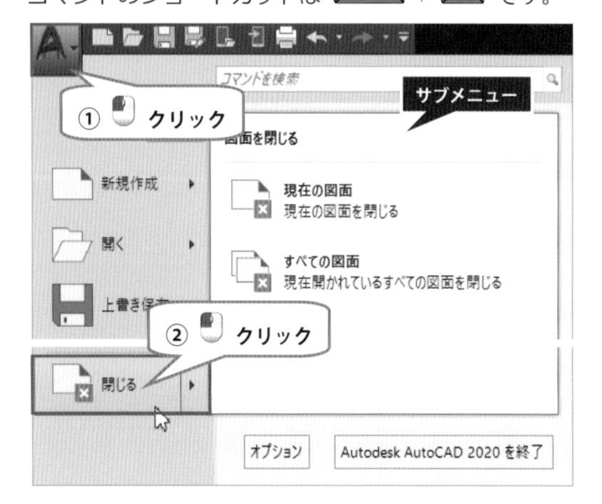

2.8 マウス中ボタンの使い方

マウスの中ボタンを使用することにより図面の一部を拡大表示したり、図面全体を表示するなど作業目的に合わせて**画面に表示する大きさを変更**します。

2.8.1 拡大・縮小

マウスの中ボタン（ホイール）を前後に回転（ロールアップ・ダウン）することにより表示を**拡大・縮小**します。

拡大または縮小の基準となる位置へカーソルを移動し、 **ロールアップ** または **ロールダウン**してみましょう。

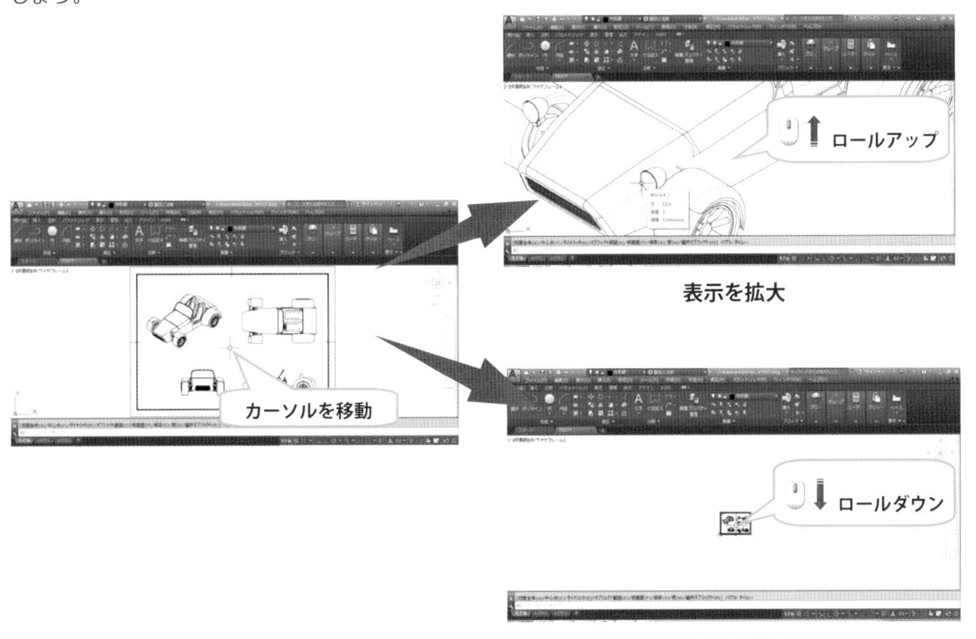

表示を拡大

表示を縮小

これは［**表示（V）**］>［**ズーム（Z）**］> ［**リアルタイム（R）**］というコマンドと同じ動作です。

ドラッグして**上へ移動**すると**拡大**、**下へ移動**すると**縮小**します。

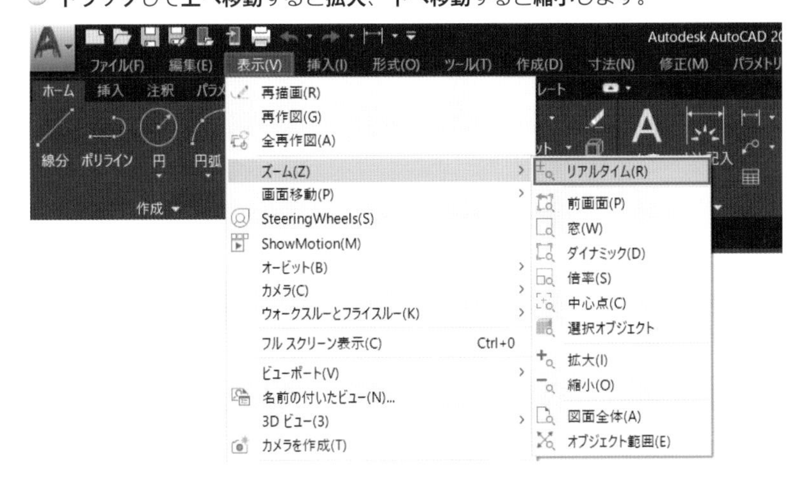

マウスホイールのズームを反転

マウスホイールのズームをオプションで反転できます。

1. メニューバーの［**ツール（T）**］> ［**オプション（N）**］を クリック。
2. 『**オプション**』ダイアログが表示されます。
   【**3D モデリング**】タブを クリックし、「**3D ナビゲーション**」の「**マウスホイールのズームを反転**」をチェック ON（☑）にし OK を クリック。

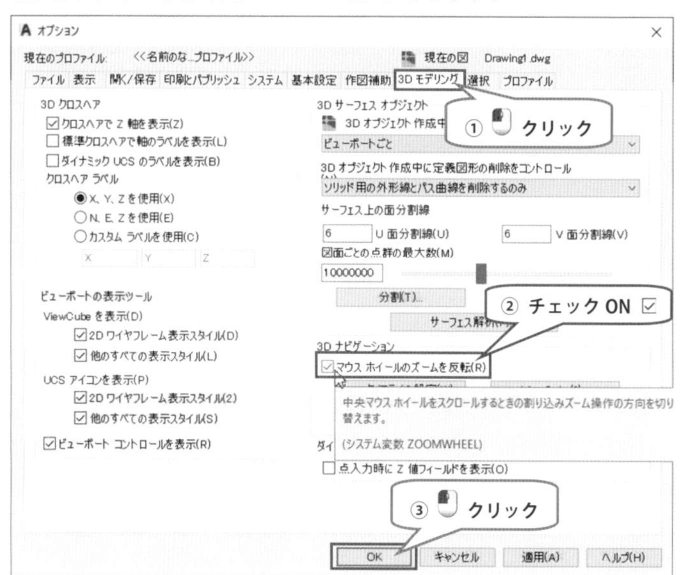

3. 基準となる位置へカーソルを移動し、 ⬆ **ロールアップ** で縮小、 ⬇ **ロールダウン**で拡大します。

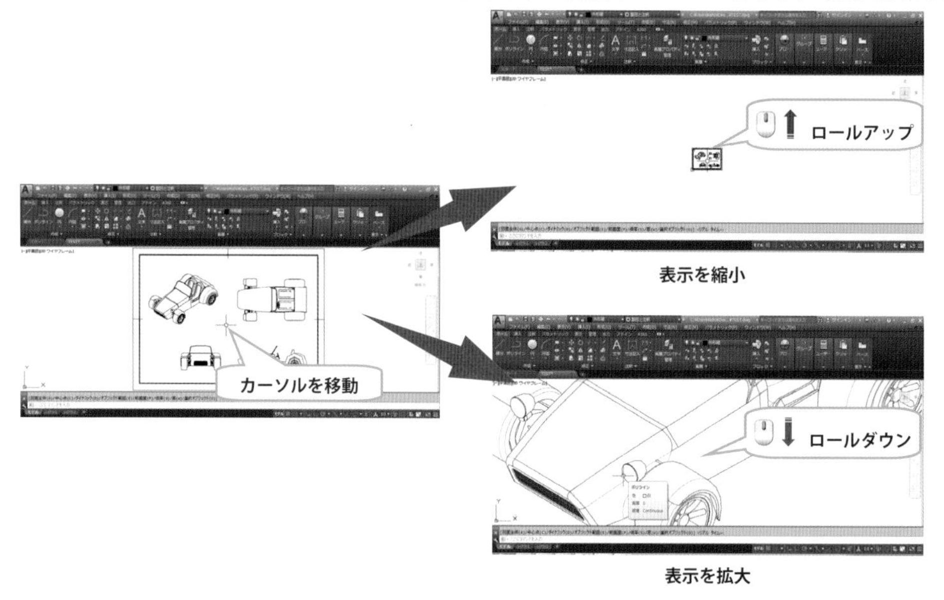

2.8.2 画面移動

中ボタンドラッグ（中ボタンを押したままの状態でマウスを動かす）で**画面を移動**します。

移動の際はカーソルが マークに変わります。

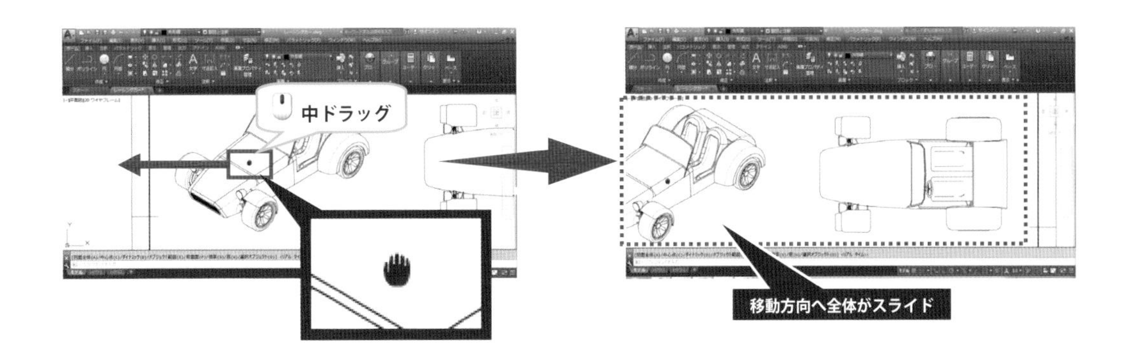

これは［**表示（V）**］＞［**画面移動（P）**］＞ ［**リアルタイム**］というコマンドと同じ動作です。

カーソルが マークに変わるので **ドラッグ**すると**画面を移動**します。

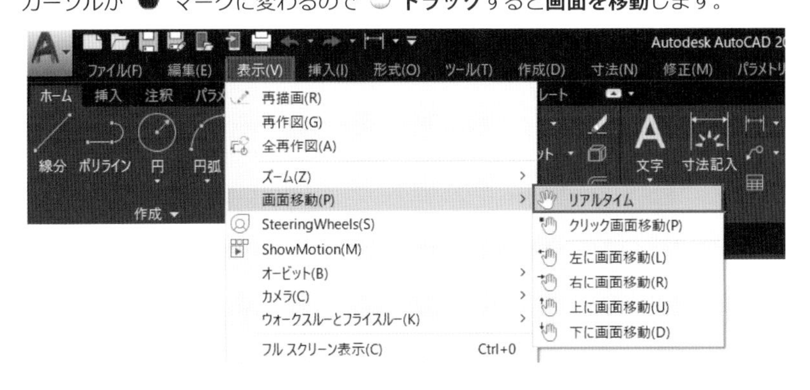

2.8.3 全体表示

マウス中ボタンを ×2 ダブルクリックすることにより、すべてのオブジェクトを**画面に収まる最大限のサイズで表示**します。

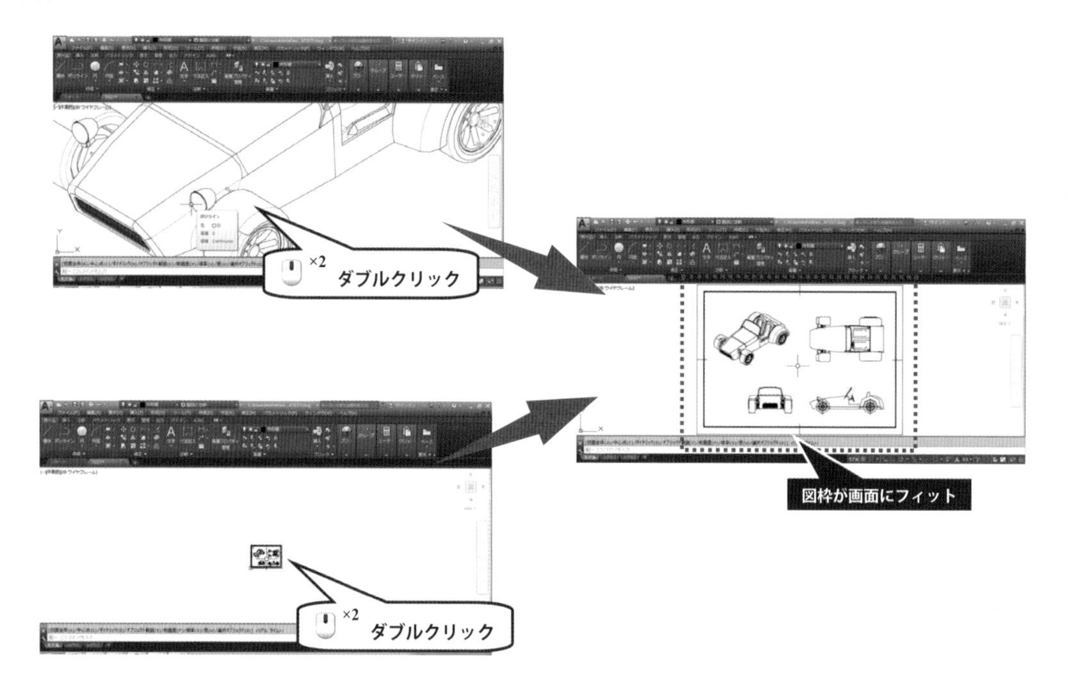

これは［**表示（V）**］＞［**ズーム（Z）**］＞ ［**図面全体（A）**］というコマンドと同じ動作です。
クリックすると、オブジェクトを**画面に収まる最大限のサイズで表示**します。

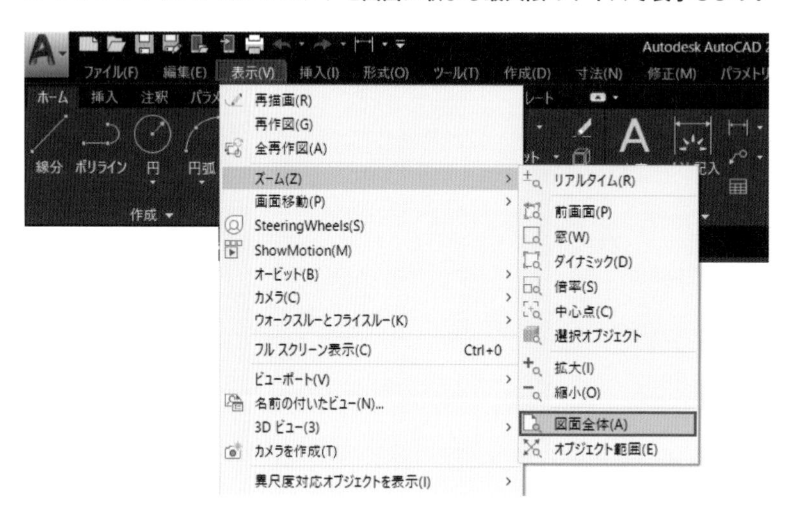

2.9　マウス左ボタンの使い方（選択方法）

マウスの左ボタンは**クリックボタン**ともいい、コマンドの選択や作図ウィンドウ上の図形など**選択するときに使用**します。ここでは作図ウィンドウ上にある図形の選択方法について説明します。

2.9.1　クリックして選択

オブジェクト（線や円、文字、寸法など）に**クロスヘアカーソル**の**ピックボックス**（カーソル中心の□）を合わせて クリックすると選択され、オブジェクトは**青色**に変わります。

複数選択する場合は続けて クリックします。

選択したオブジェクトには、青色の ■ 四角、▼ 三角などのマーク（これを**ハンドル**といいます）が表示されます。ハンドルをコントロールすることでオブジェクトの位置や大きさを変更できます。

（※この操作をストレッチといいます。）

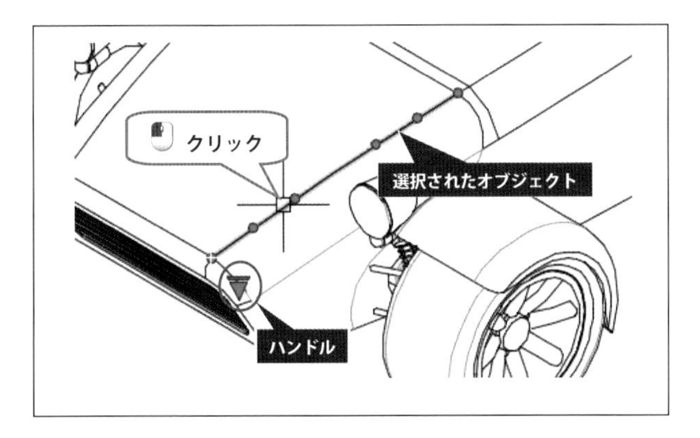

SHIFT を押しながらオブジェクトを クリックすると、**選択解除**します。

すべてのオブジェクトを選択解除するには ESC を押してください。

2.9.2 矩形で範囲選択

複数のオブジェクトをクリックしていくのは大変です。このような場合、矩形で範囲選択すると便利です。

クロス選択

矩形範囲は対角点をクリックして指定します。

対角点を右側から左側（右上→左下、右下→左上）へ クリックして指定します。
矩形領域は透過した緑色で表示されます。
これを**クロス選択**といい、**一部でも領域内にオブジェクトがあれば選択**されます。

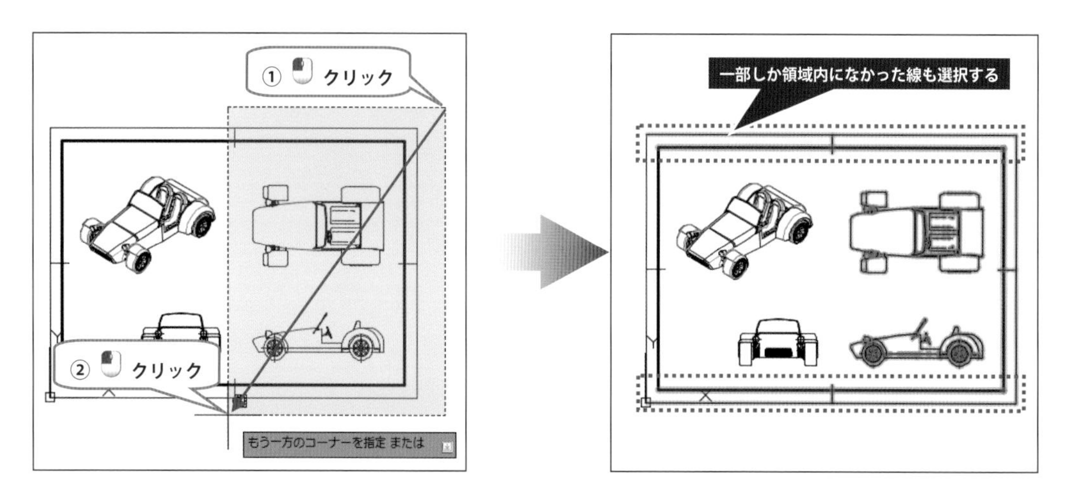

ボックス選択

対角点を左側から右側（左上→右下、左下→右上）へ クリックして指定します。
指定すると領域は透過した青色で表示されます。
これを**ボックス選択**といい、**完全に領域内にあるオブジェクトのみが選択**されます。

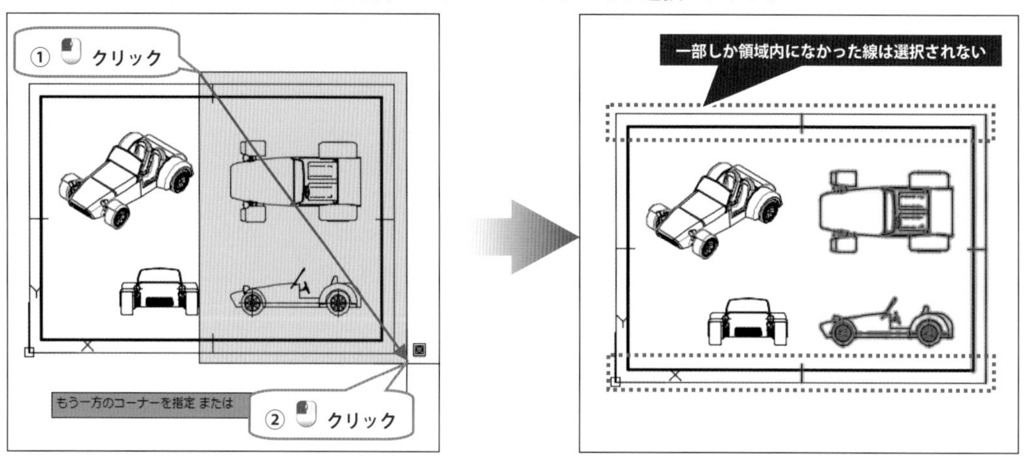

選択解除

SHIFT を押しながらオブジェクトを矩形で領域指定すると**選択解除**します。

2.9.3 投げ縄選択

矩形で範囲選択すると余分なオブジェクトが選択されてしまうことがあります。

このような場合、投げ縄で範囲選択すると便利です。範囲は**カーソルの動きにより自由な形状で指定**できます。

（※AutoCAD 2015／AutoCAD LT 2015 以降の機能です。）

投げ縄でクロス選択

自由形状の開始位置で ドラッグし、**反時計回りで選択するオブジェクトの周囲を移動**します。

領域は透過した緑色で表示され、範囲指定を確定する位置で ドロップします。

一部でも領域内にオブジェクトがあれば選択されます。

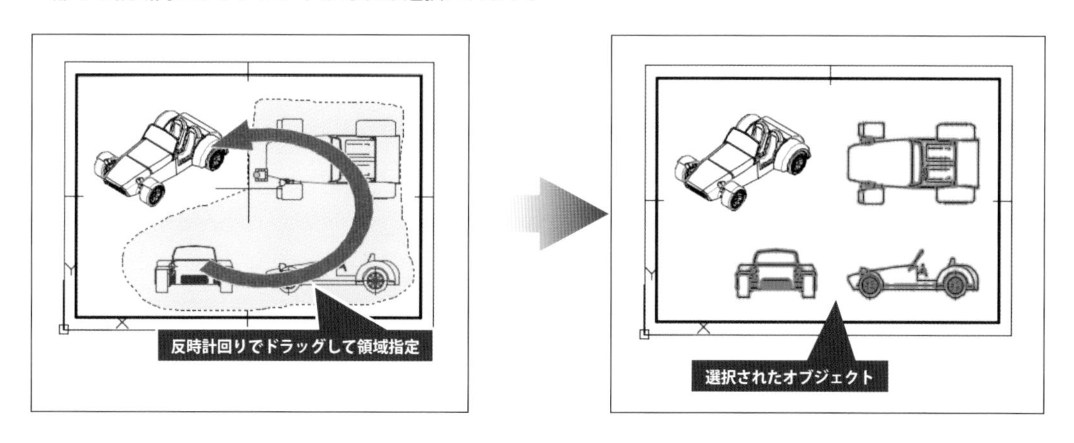

投げ縄でボックス選択

自由形状の開始位置で ドラッグして**時計回りで選択するオブジェクトの周囲を移動**します。

領域は透過した青色で表示され、範囲指定を確定する位置で ドロップします。

完全に領域内にあるオブジェクトのみが選択されます。

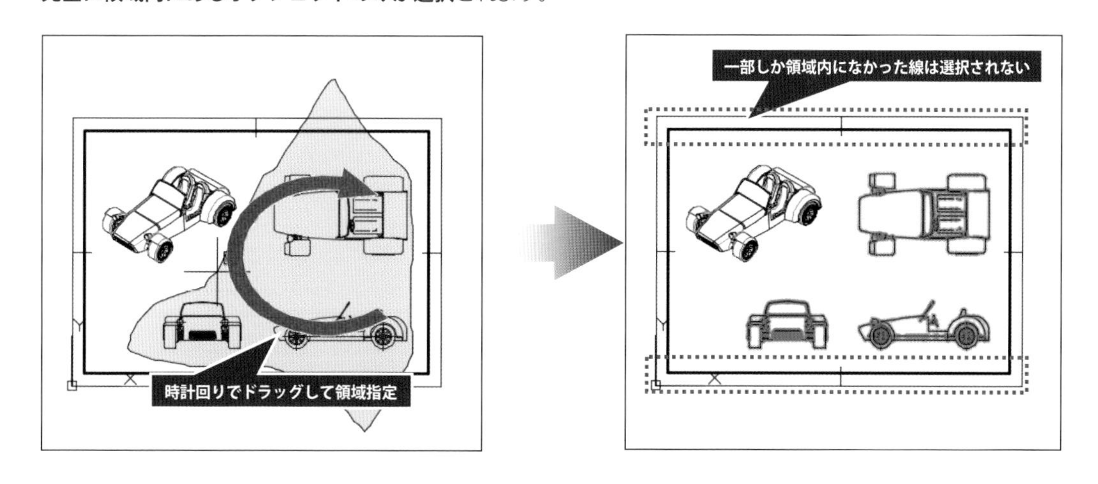

投げ縄のクリックドラッグを許可

投げ縄選択を指定するには、オプションでこの機能を有効にしておく必要があります。

1. メニューバーの［**ツール（T）**］＞ ［**オプション（N）**］を クリック。

2. 『**オプション**』ダイアログが表示されます。
   【**選択**】タブを クリックし、「**選択モード**」の「**投げ縄のクリックドラッグを許可**」をチェックON（☑）にして OK を クリック。

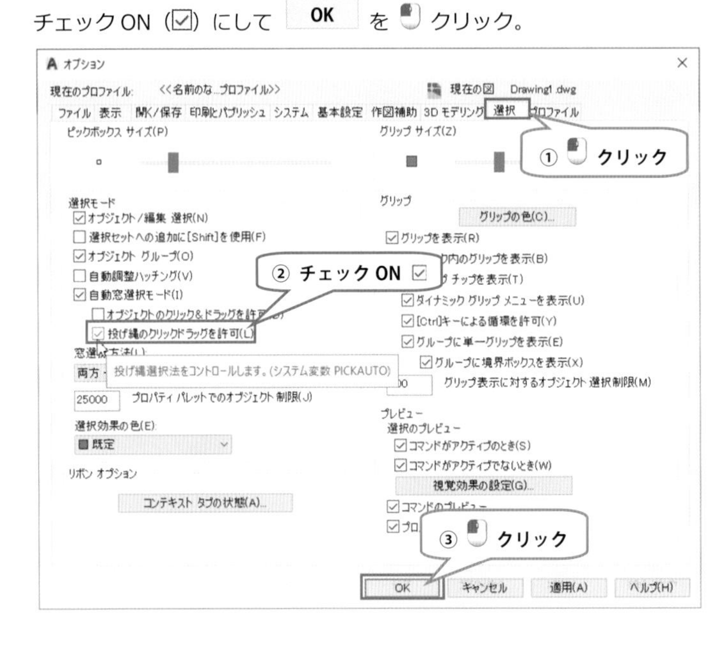

2.10 マウス右ボタンの使い方（削除）

マウスの右ボタンは**リターンボタン**と呼ばれ「**コマンドの終了**」「**オブジェクト選択の確定指示**」「**ショートカットメニューを表示**」する際に使用します。

作図ウィンドウの**図枠の線分**を クリックして選択し、 右クリックするとメニューを表示します。
メニューに表示されるコマンドは、選択中のアイテムやオペレーション状況により異なります。
［**削除**］を クリックすると、**選択した線分は削除**されます。

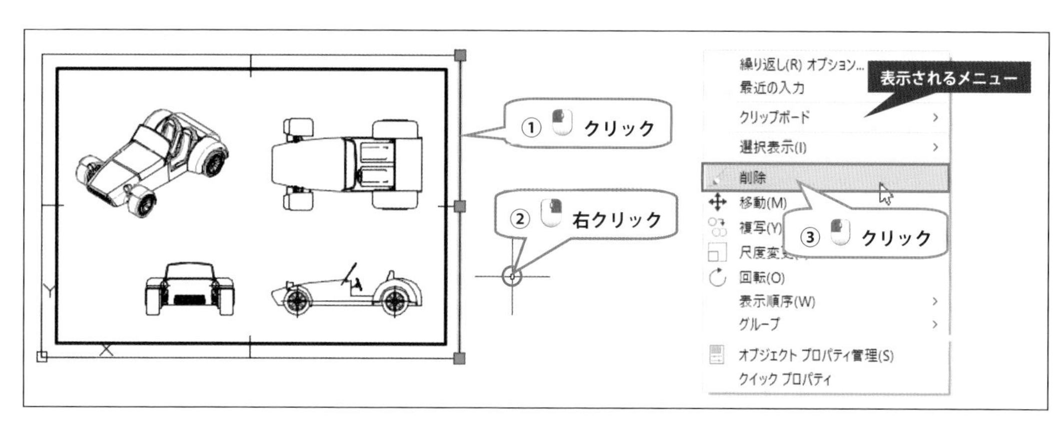

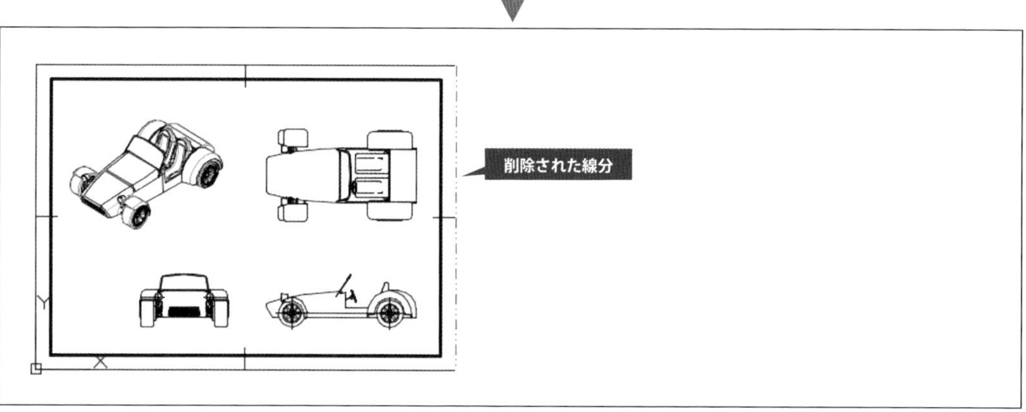

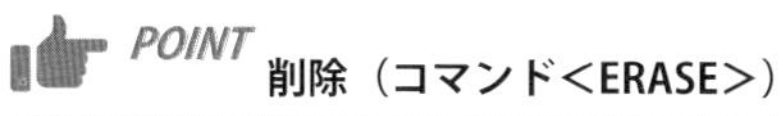

削除（コマンド<ERASE>）

オブジェクトを選択後、【**修正**】パネルの ［**削除**］を クリック、または Delete を押すと削除できます。

POINT 右クリックをカスタマイズ

右ボタンのみユーザーで動作をカスタマイズできます。

1. メニューバーの［**ツール（T）**］＞ ［**オプション（N）**］を クリック。

2. 『**オプション**』ダイアログが表示されます。
   【**基本設定**】タブを クリックし、 **右クリックをカスマイズ(I)...** を クリック。

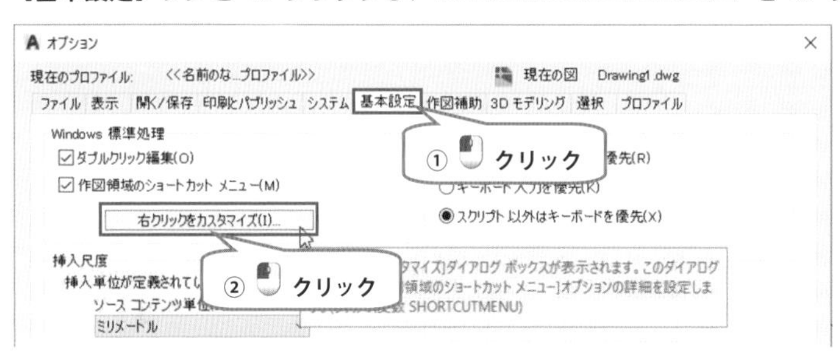

3. 『**右クリックのカスタマイズ**』ダイアログが表示されます。
   ユーザー独自の設定を行い、 **適用して閉じる** を クリック。

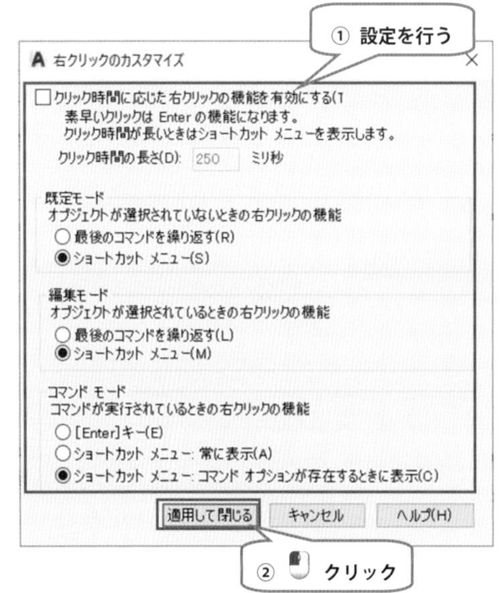

クリック時間に応じた右クリックの機能を有効にする
チェック ON（☑）にすると、右クリックの動作時間をミリ秒単位で設定できます。

「既定モード」「編集モード」「コマンドモード」での右クリックの動作を選択します。

ショートカットメニュー
既定で選択されています。
ショートカットメニューを有効にします。

最後のコマンドを繰り返す
オブジェクトを選択中でコマンドを実行していないとき、作図ウィンドウで 右クリックすると最後に実行したコマンドを繰り返します。

[Enter]キー
ショートカットメニューを無効にします。
コマンドの実行中に作図ウィンドウで 右クリックすると、 **ENTER** を押したのと同じになります。

4. 『**オプション**』ダイアログの **OK** を クリック。

2.11 ナビゲーションバーの使用

ナビゲーションバーには、**画面表示に関するコマンドアイコンを表示**しています。

画面移動の場合、［**画面移動**］を クリックし、左ボタンを ドラッグして**移動**します。

［**オブジェクト範囲ズーム**］下の を クリックすると、コマンドリストを表示します。
コマンドを クリックすると、ナビゲーションバーに表示するアイコンが入れ替わります。

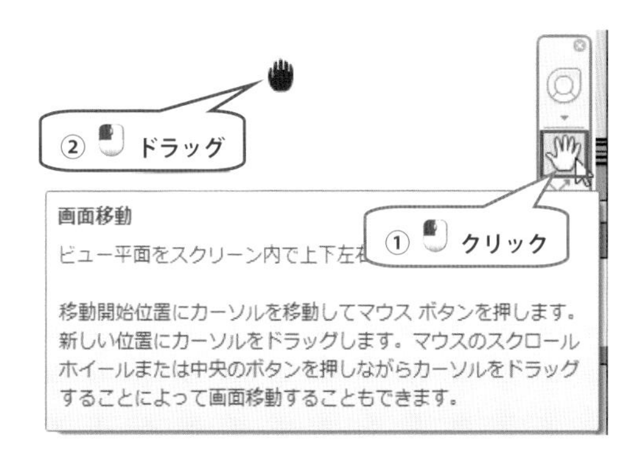

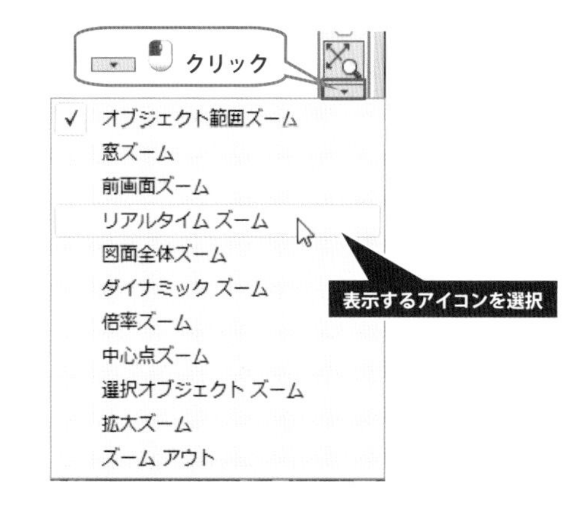

ナビゲーションバーは、標準で **ViewCube** に**リンク**して表示されています。
表示位置は画面の端に沿って「**右上**」「**右下**」「**左上**」「**左下**」に設定できます。
ナビゲーションバー最下部の を クリックして表示されるメニュー［**ドッキング位置**］より
［**左上**］［**右上**］［**左下**］［**右下**］のどれかを クリックすると表示位置が変更されます。

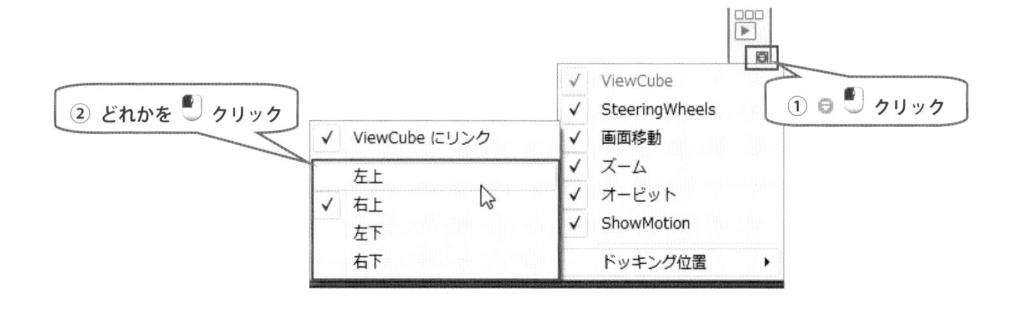

2.12 ナビゲーションホイール

ナビゲーションホイールは、画面表示をコントロールするためのツールです。

3D 表示用のフルナビゲーションホイールや 2D 表示用の 2D ホイールなどの種類があります。

2D ホイールでは「**画面移動**」「**拡大・縮小**」「**ビューを戻る**」の 3 つの操作が行えます。

［**フルナビゲーションホイール**］下の［▼］を クリックすると、ホイールをリスト表示します。

リストより［**2D ホイール**］を クリックすると、**2D ホイール**がカーソル位置に表示されます。

操作（［**画面移動**］［**ズーム**］［**戻る**］）に**カーソルを移動**すると**紫色にハイライト**します。

紫色にハイライトしているときに ドラッグして操作します。

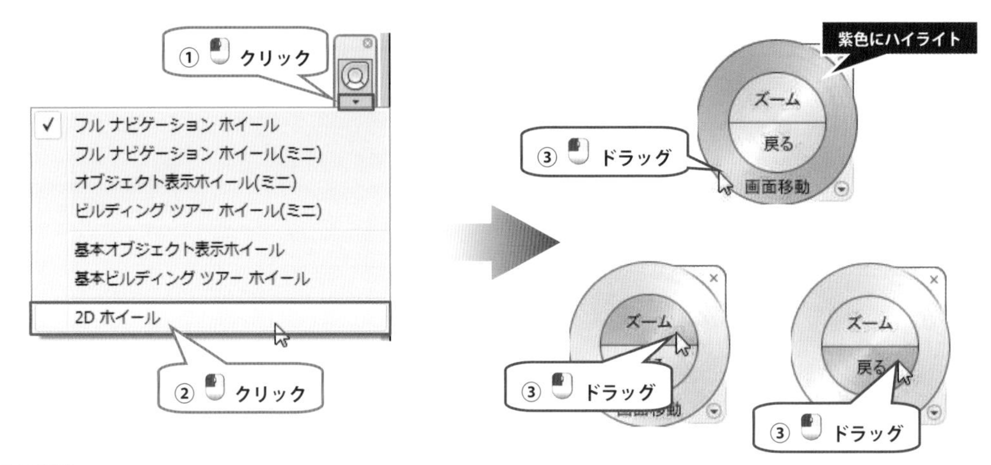

画面移動

2D ホイールの［**画面移動**］で ドラッグし、そのまま移動する方向へ動かします。

ズーム

2D ホイールの［**ズーム**］で ドラッグし、**上**（または右）で**拡大**、**下**（または左）で**縮小**します。

ビューを戻る

最近表示したビューの視線方向を呼び出します。

2D ホイールの［**戻る**］で ドラッグし、**左へ移動**して**ビューの履歴を遡り**ます。**右へ移動**して**履歴を下り**ます。

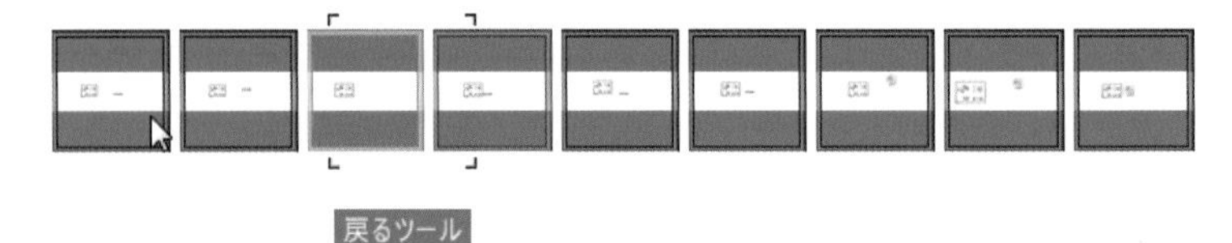

2D ホイールを終了する場合は、2D ホイール右上の ✕ を クリックします。

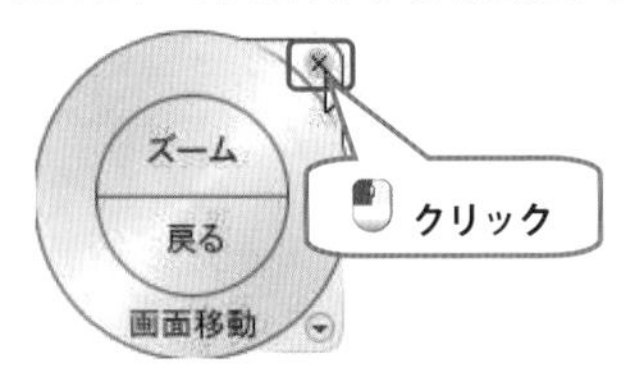

2.13 再作図

AutoCAD では**表示の高速化**を図るために**円や曲線を近似した多角形で表示**します。

これを滑らかに表示するコマンドが［**再作図**］と ［**全再作図**］です。

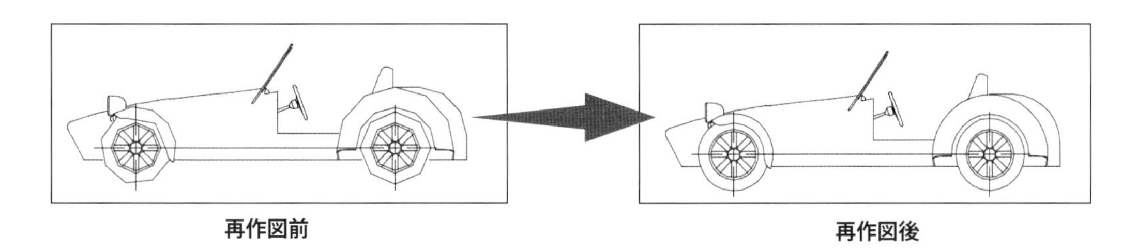

［**再作図**］コマンドは、**アクティブなビューポート**を再作図して**滑らかに表示**します。

ビューポートとは画面を複数に分割して表示する機能です。

メニューバーの［**表示（V）**］＞［**再作図（G）**］を クリックします。

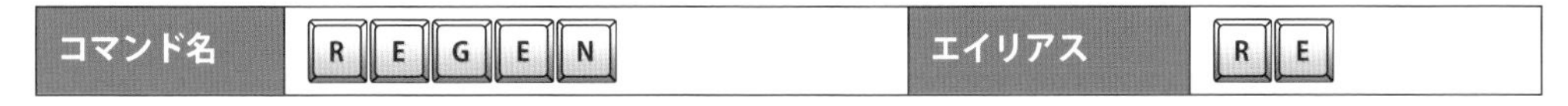

コマンド名	REGEN	エイリアス	RE

［**全再作図**］コマンドは、**すべてのビューポート**を再作図して**滑らかに表示**します。

メニューバーの［**表示（V）**］＞ ［**全再作図（A）**］を クリックします。

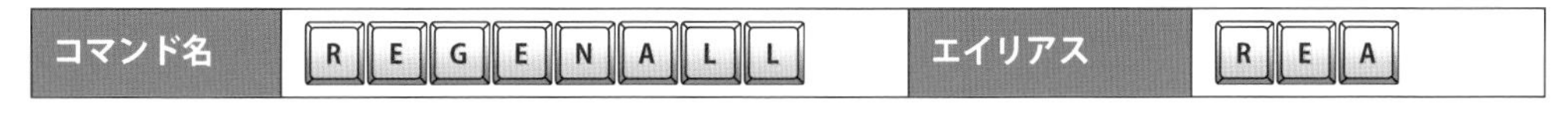

コマンド名	REGENALL	エイリアス	REA

参照 STEP1 Chapter2 2.14 作図ウィンドウの画面分割（P49）

POINT 再描画

［**再描画**］というコマンドがありますが、こちらは編集処理などにより**グラフィック上に残ったゴミなどを削除**するのみで、近似した多角形を滑らかに表示させることはできません。

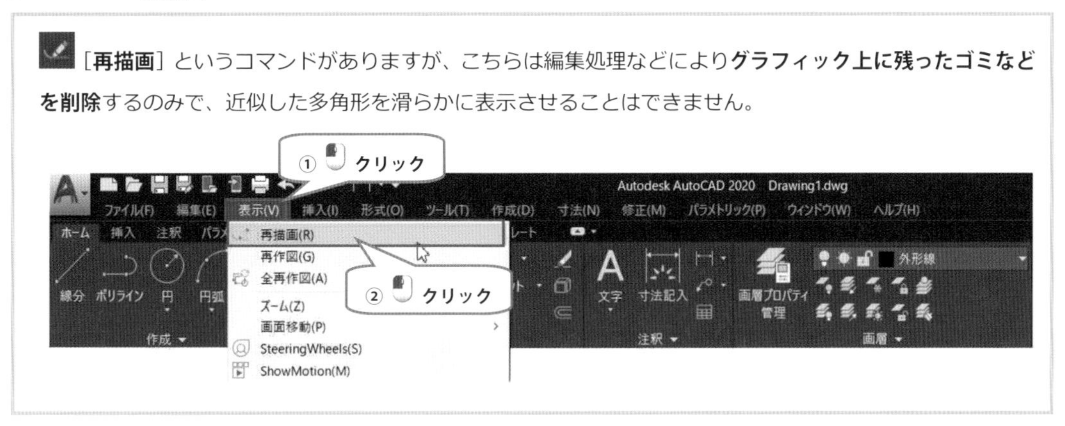

POINT
ハードウェア アクセラレーション

ハードウェア アクセラレーションをオン利用することで、表示精度やパフォーマンスを向上させる改善が実施されます。ステータスバー上の ［**ハードウェア アクセラレーション**］にカーソルを合わせるとこの機能がオンかオフか確認できます。

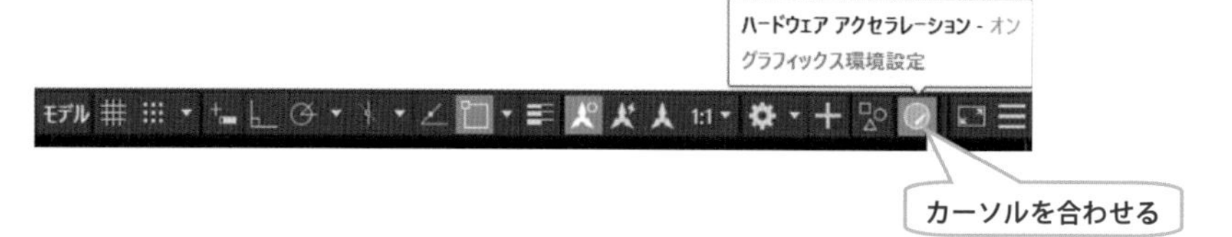

［**ハードウェア アクセラレーション**］で 右クリックし、［**グラフィックパフォーマンス**］を クリックすると『**グラフィックパフォーマンス**』ダイアログが表示されます。

ここでハードウェア アクセラレーションのオン／オフおよび詳細な設定が可能です。

2D 表示の設定の 詳細 を クリックすると、**詳細設定メニュー**が表示されます。

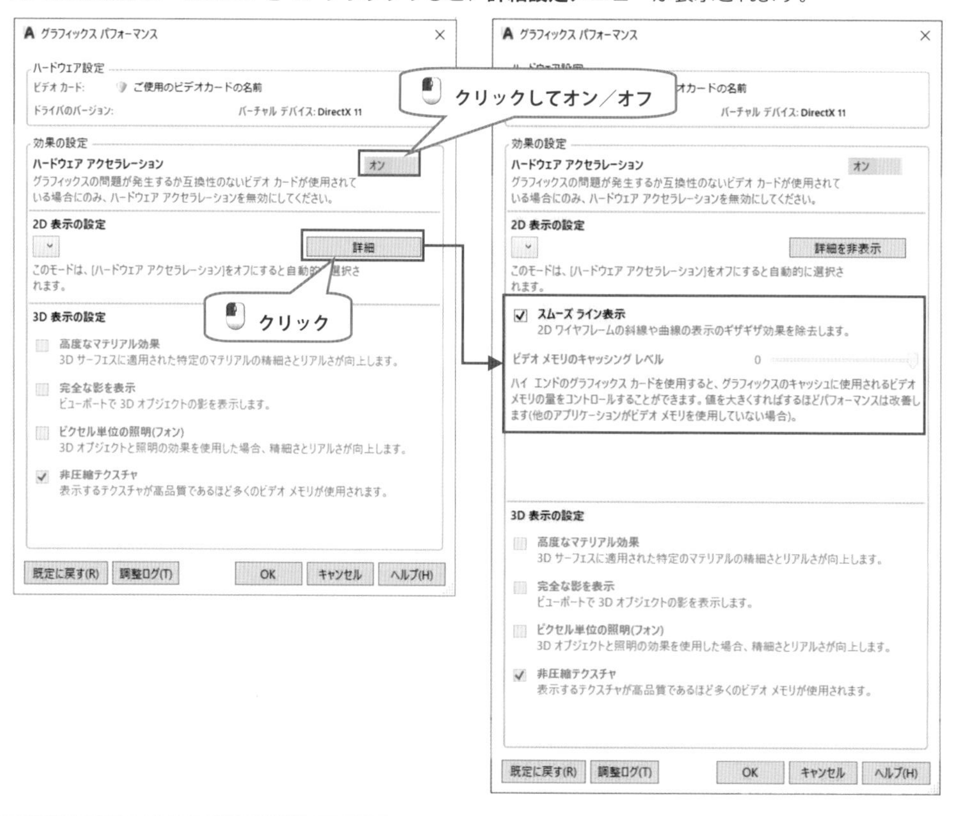

2.14 作図ウィンドウの画面分割

モデル空間の作図ウィンドウの分割表示およびコントロールする方法について説明します。

2.14.1 ビューポート環境設定

［**ビューポート環境設定**］は、モデル空間の作図ウィンドウを分割して表示する機能です。

リボン【**表示**】の【**モデルビューポート**】パネルより［**ビューポート環境設定**］を クリックし、プルダウンメニューより**表示パターン**を クリックして選択します。

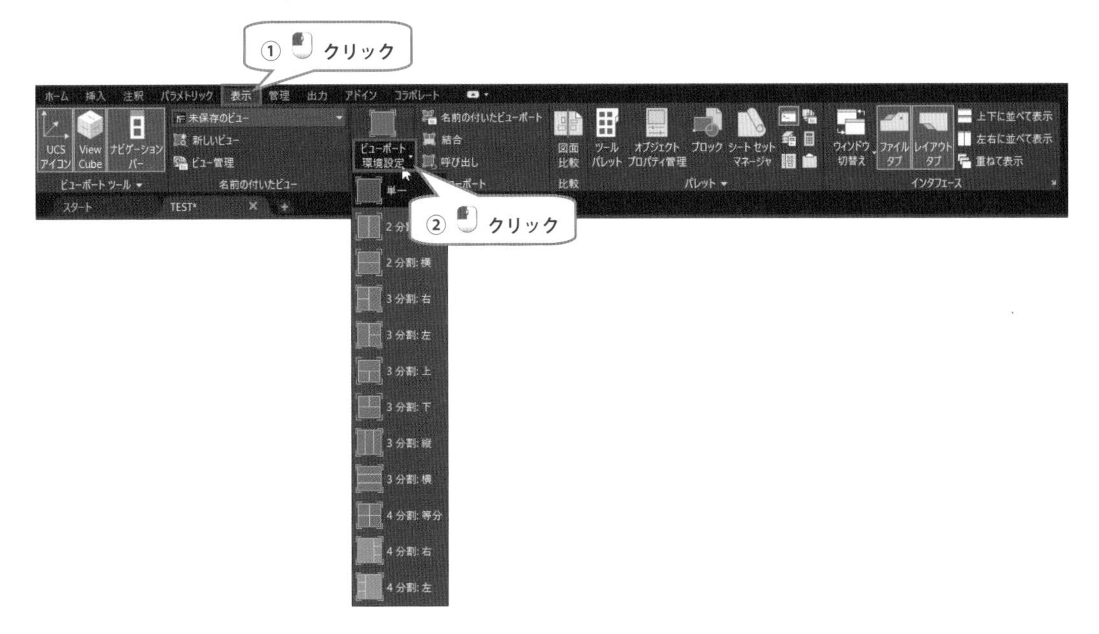

下図は ［**4 分割：等分**］を選択したときの画面です。

操作可能なビューポート（分割されたウィンドウ）は**青色の枠**で囲われており、 クリックすることで切り替わります。操作可能なビューポートを**アクティブビューポート**と呼びます。

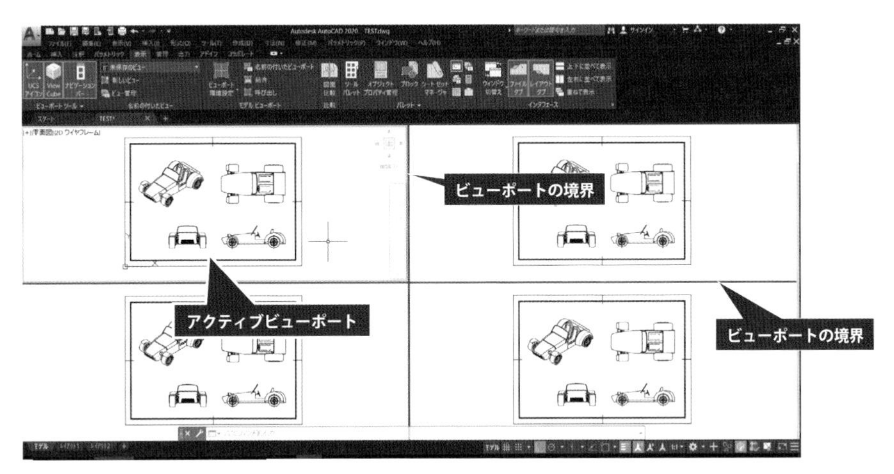

2.14.2 ビューポートの基本的な操作

ビューポートの基本的な操作を下記に示します。

ビューポートのサイズ調整

ビューポートの境界を移動するとサイズを調整できます。

境界を ドラッグすると移動するので、サイズを更新する位置で ドロップします。

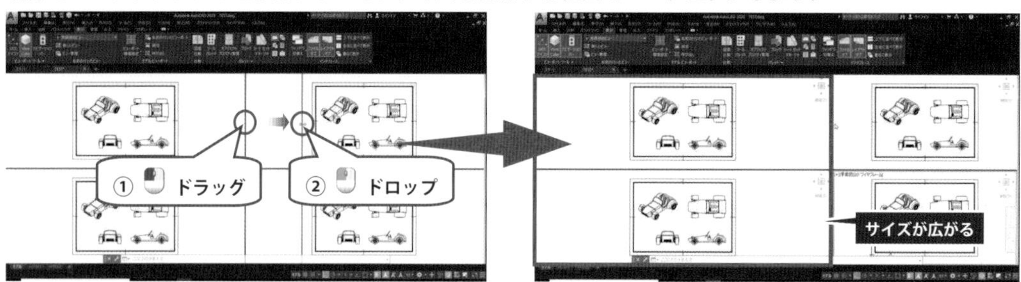

ビューポートの分割

CTRL を使用するとビューポートを分割できます。

境界を CTRL を押しながら ドラッグし、分割するビューポートへ移動して ドロップします。

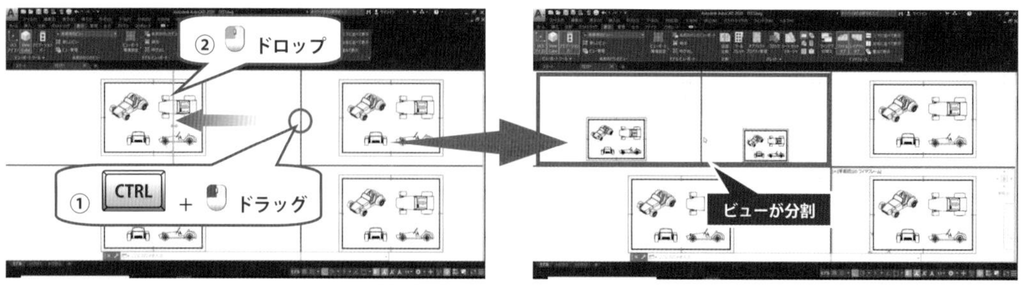

ビューポートの結合／削除

境界を ドラッグして**隣り合う境界**で ドロップすると、ビューポートが**結合**または**削除**されます。

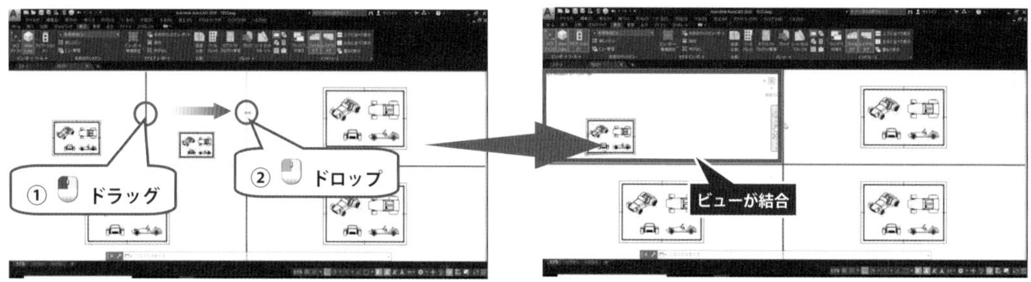

既定の１画面に戻す

ビューポート環境設定 ［**ビューポート環境設定**］を クリックし、表示パターンより ［**単一**］を クリックします。

［**クローズボックス**］を クリックして図面ファイル｛**TEST**｝を保存せずに閉じます。

Chapter3

基本操作（2）

この章では、AutoCAD の基本的な操作を説明します。

3.1　コマンド

コマンドの「**実行**」「**終了**」「**中止**」「**元に戻す／やり直し**」の方法について説明します。

3.1.1　コマンドの実行（線分）

コマンドの実行方法には次の方法があります。ここでは ［**線分**］コマンドで説明します。

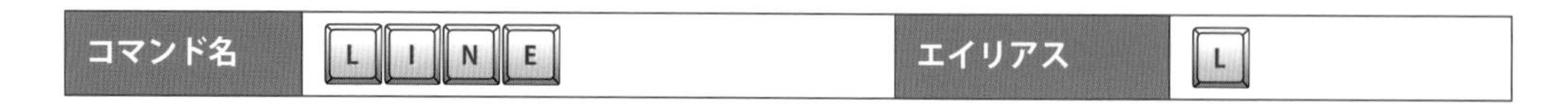

コマンド名	L I N E	エイリアス	L

リボンのアイコンをクリックして実行

使用頻度の高いコマンドはリボンに表示されています。

1. **スタート画面**の 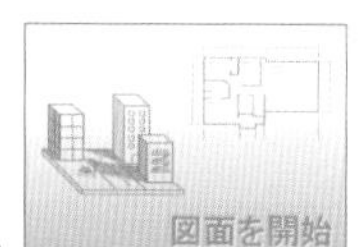 ［**図面を開始**］を クリックして新規図面を作成します。

2. リボン【**ホーム**】タブを クリックし、【**作成**】パネルにある ［**線分**］を クリック。
（※リボンに表示されていないコマンドも多く存在します。）

3. コマンドを実行すると、操作に関するメッセージをカーソルの近く（ダイナミックプロンプト）やコマンドウィンドウに表示します。「**1 点目を指定：**」と表示されていることを確認してください。
AutoCAD は**対話型**のソフトウェアです。すべての操作には決められた手順があるので表示される**メッセージに従って操作**をしてください。**図枠内の任意の位置**で クリックし、これを **1 点目**とします。

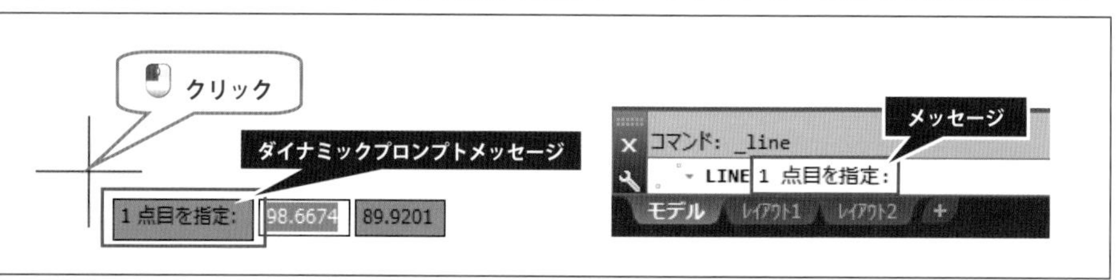

⚠ ダイナミックプロンプトは ［**ダイナミック入力**］が オフになっている場合、表示されません。

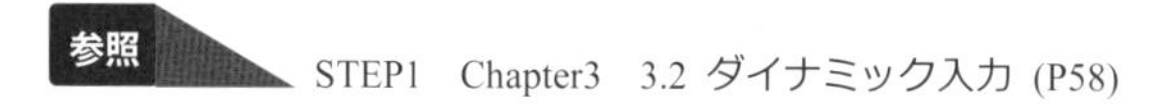
参照　STEP1　Chapter3　3.2 ダイナミック入力（P58）

4. ダイナミックプロンプトメッセージが「**次の点を指定 または** 」に変わります。
カーソルを移動して**図枠内の任意の位置**で クリックし、これを **2 点目**とします。

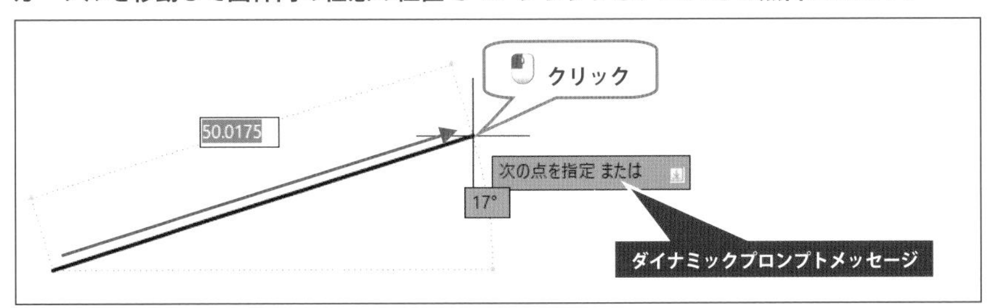

5. ［**線分**］は連続で作成可能なので**コマンドは継続**しています。
確定／終了する方法はいくつかありますが、ここでは ESC（キャンセル）を押して操作を終了します。

コマンド名を入力して実行

コマンドにはアルファベットで**固有の名前**が存在します。これを入力して実行できます。

半角で ［**線分**］コマンドの名前 <L I N E>（小文字可）と入力し、ENTER を押します。
一部のコマンドは**エイリアス**での入力（短縮した文字）が可能です。
［**線分**］コマンドの場合、<L ENTER> でコマンドが実行されます。

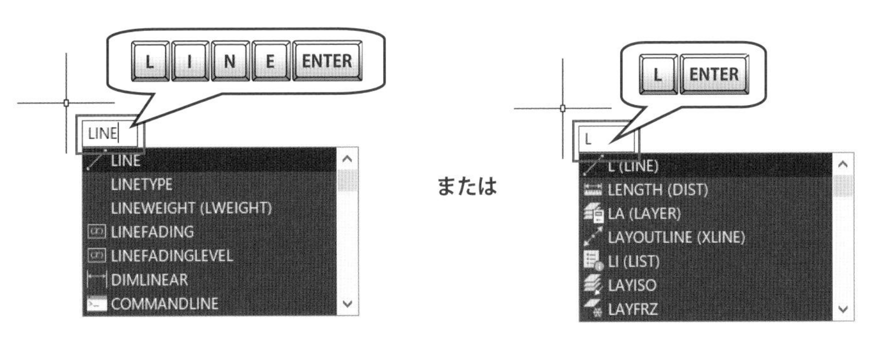

メニューバーからコマンドを実行

多くのコマンドは**メニューバー**を**プルダウン**すると表示されます。
（※メニューバーに表示していないコマンドもあります。）

メニューバーの［**作成（D）**］を クリックし、プルダウンメニューより ［**線分（L）**］を クリック。

3.1.2　*コマンドの終了*

コマンドには確定操作をして終了するものと自動終了するものがあります。

［**線分**］コマンドは、**継続して実行**されるので**確定操作**が必要になります。

コマンドを確定して終了する方法には下記方法があります。

ENTER キーの使用

1. リボン【**ホーム**】タブの【**作成**】パネルにある ［**線分**］を クリック。
2. **図枠内の任意の位置**で クリック（1点目）し、**カーソルを移動**して**次の点**を クリック。
3. ENTER（または SPACE ）を押すことによりコマンドを確定して終了します。

右クリックメニューの使用

1. リボン【**ホーム**】タブの【**作成**】パネルにある ［**線分**］を クリック。
2. **図枠内の任意の位置**で クリック（1点目）し、**カーソルを移動**して**次の点**を クリック。
3. 作図ウィンドウ上で 右クリックし、表示されるメニューより［**Enter（E）**］を クリック。

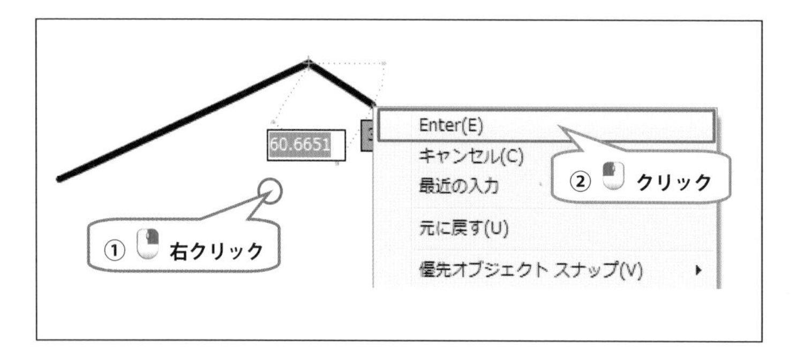

POINT コマンドモード

マウスの右ボタンをカスタマイズすると、**右クリックのみで操作を確定**できます。

1. メニューバー［**ツール（T）**］＞［**オプション（N）**］を クリック。

2. 『**オプション**』ダイアログが表示されます。

   【**基本設定**】タブを クリックし、 **右クリックをカスマイズ(I)...** を クリック。

3. 『**右クリックをカスタマイズ**』ダイアログが表示されます。

   「**コマンドモード**」の「**[ENTER]キー（E）**」を ◉選択し、 **適用して閉じる** を クリック。

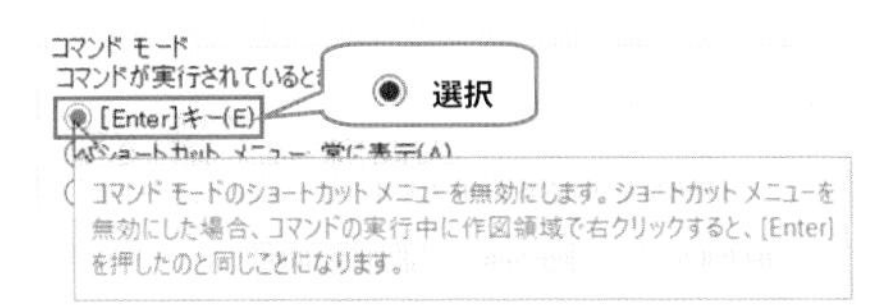

4. 『**オプション**』ダイアログに戻るので、 **適用(A)** を クリック。

3.1.3 コマンドのキャンセル

Windows の標準的なソフトウェアと同様にコマンドのキャンセルには ESC を使用します。

1. リボン【**ホーム**】タブの【**作成**】パネルにある ［**線分**］を クリック。

2. 図枠内の任意の位置で クリック（１点目）。

   ESC を押すことによりコマンドをキャンセルします。線分は作成されません。

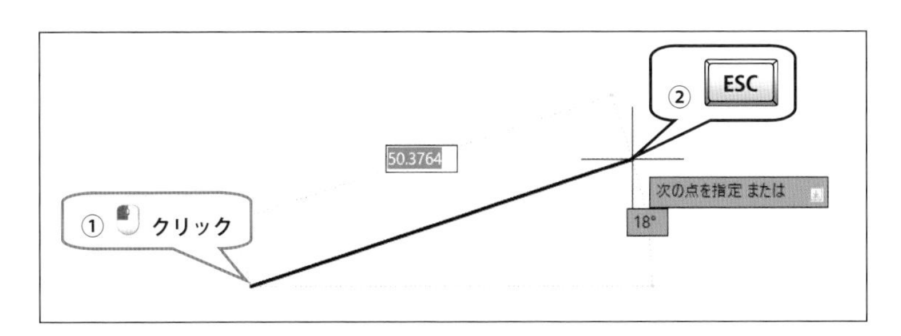

3.1.4 *元に戻す／やり直し*

操作を「**元に戻す**」および「**やり直し**」方法について説明します。

元に戻す

操作を元に戻す場合には、クイックアクセスツールバーの［**元に戻す**］を クリックします。
1回クリックするごとにコマンドを1つ元に戻します。

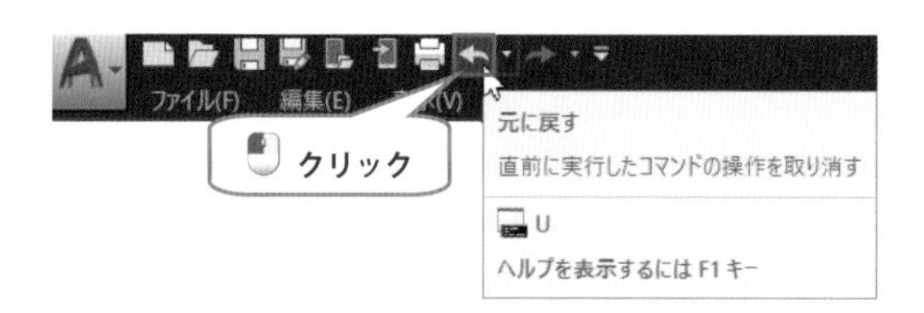

コマンド名	U	ショートカット	CTRL + Z

複数の操作を元に戻す場合には、［**元に戻す**］横の を クリックします。
操作の履歴が表示されるので、**戻す操作の位置**で クリックします。

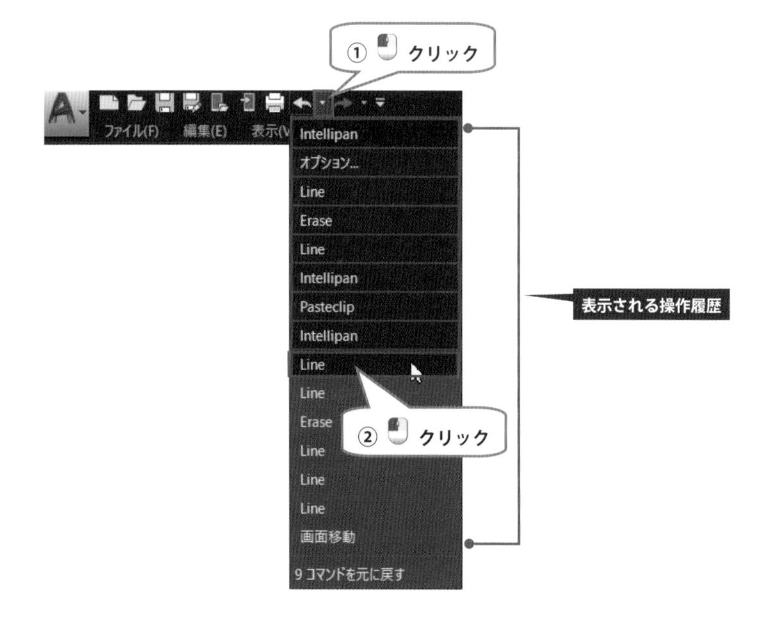

やり直し

元に戻り過ぎた場合には、クイックアクセスツールバーの ［**やり直し**］を クリックします。

コマンド名	R E D O	ショートカット	CTRL + Y

複数のコマンドをやり直す場合は、 ［**やり直し**］横の を クリックします。
操作の履歴が表示されるので、**やり直す操作の位置**で クリックします。

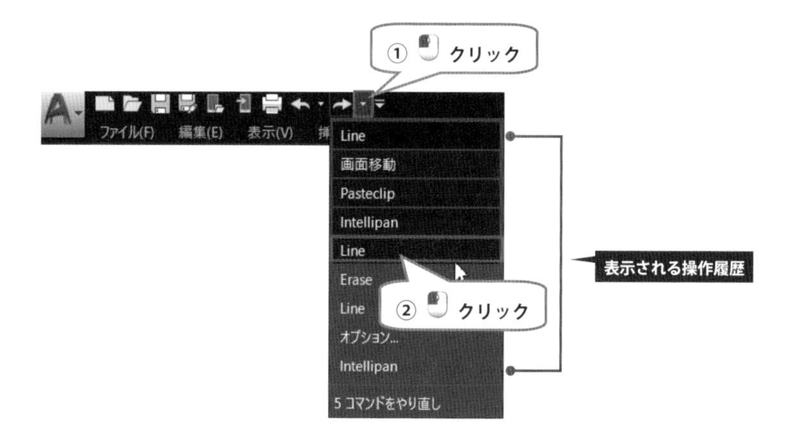

3.2 ダイナミック入力

ダイナミック入力は作図補助ツールの１つで、**操作手順や数値などをカーソルの付近に表示**させる機能です。

3.2.1 ダイナミック入力の使用

ダイナミック入力の使用は、ステータスバーにあるアイコンのオン／オフにて設定します。

ステータスバーの [**ダイナミック入力**] を クリックすると機能のオン／オフが切り替わります。

がオン、 がオフを意味しており、ファンクションキーの F12 で切り替えることもできます。

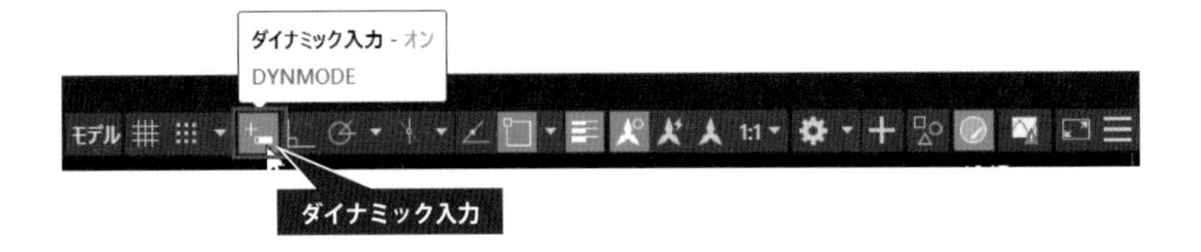

3.2.2 ツールチップ

[**線分**] コマンドの場合、実行するとカーソルの近くに操作メッセージ（**ダイナミックプロンプトメッセージ**）とアイコン を表示し、線分に距離と角度などを寸法のような形式で表示します。

数値は**入力ボックス**となっており、 入力により数値を指定します。

数値情報はカーソルの位置により変化し、**意識をカーソルに集中**させることで操作を**効率的**に行います。

これらのコマンドインタフェースのことを**ツールチップ**といいます。

ダイナミック入力が オフの場合、コマンド実行中にツールチップは表示されません。

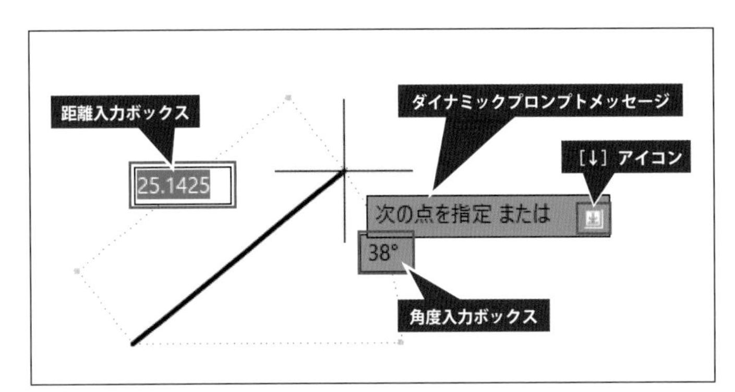

ダイナミック入力：オン

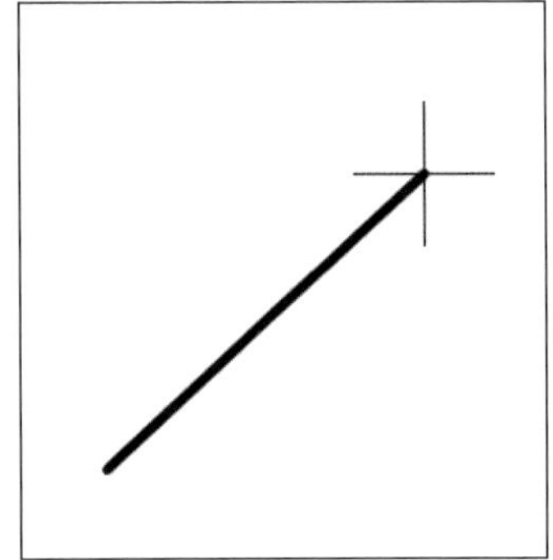

ダイナミック入力：オフ

3.2.3 ダイナミック入力を使用した作図（多角形）

［**線分**］コマンドを使用し、**長さと角度を指定して多角形**を描いてみましょう。

1. **スタート画面**の 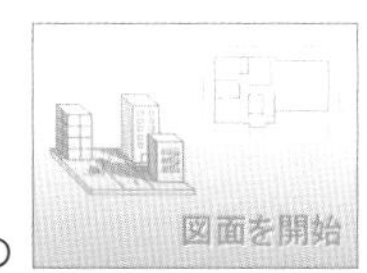 ［**図面を開始**］を クリックして新規図面を作成します。
2. ステータスバーの［**ダイナミック入力**］を オンにします。
3. リボン【**ホーム**】タブの【**作成**】パネルにある ［**線分**］を クリック。
4. ダイナミックプロンプトメッセージに「**1 点目を指定：**」と表示されます。
   図枠中央の下側付近で クリックすると、ダイナミックプロンプトメッセージに「**次の点を指定 または** 」と表示されます。カーソルを右上に移動すると、**距離と角度の入力ボックスの数値が表示**され、カーソルを動かすと数値が変わることがわかります。

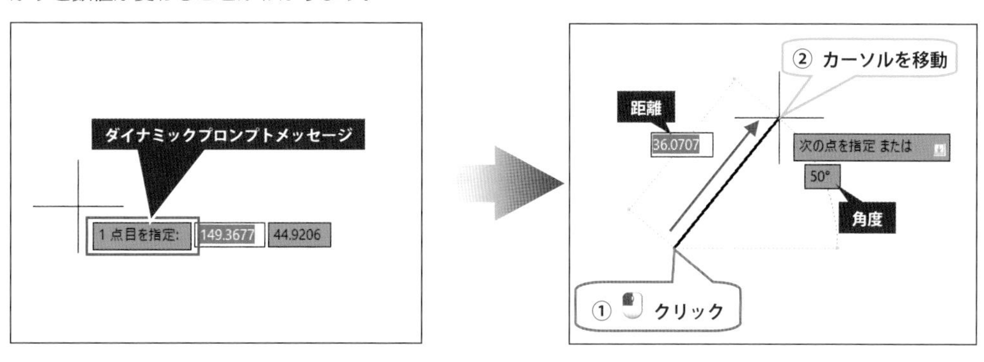

5. アクティブな入力ボックスは**白抜き**になっている距離です。
   <6 0>と入力して TAB を押すと**距離が 60mm** になり、**角度の入力ボックス**が**アクティブ**になります。**距離**の**入力ボックス**は**グレー**になり、**鍵マーク** が表示されます。

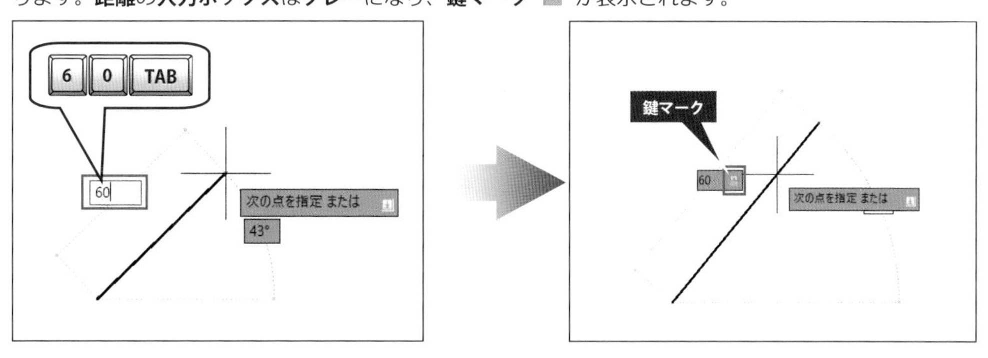

⚠ 距離の値を 入力後に ENTER を押すと、角度が確定してしまうので注意してください。

POINT **数値入力ボックスについて**

文字を修正する場合は、Delete か Back space を使用して削除して記入し直してください。

TAB を押すと、距離と角度の入力ボックスが切り替わります。

⚠ 数字以外の文字を入力すると無効な値になるので、入力ボックスが赤枠で囲われます。

6. ダイナミックプロンプトメッセージに「**次の点を指定 または** 」と表示されます。

<3 0>と入力して ENTER を押すと距離と角度が確定して線分が作成されます。

距離と方向角度を入力しましたが、この入力方法を**極座標入力**といいます。

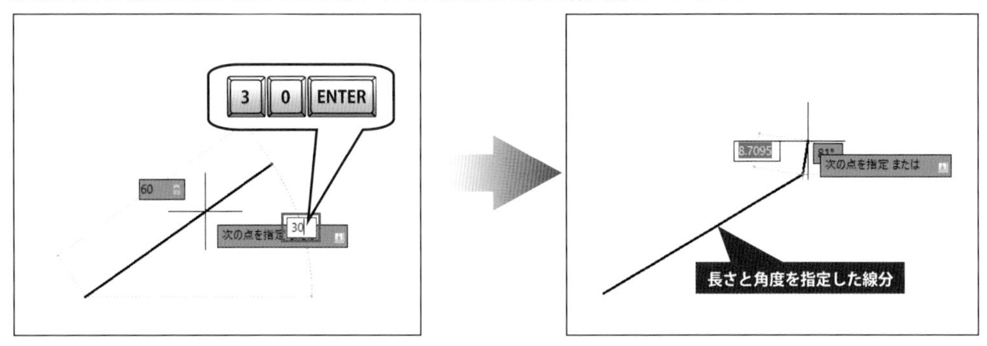

7. カーソルを**上方向**へ移動して**距離**<6 0 TAB>、**角度**<9 0 ENTER>を入力。

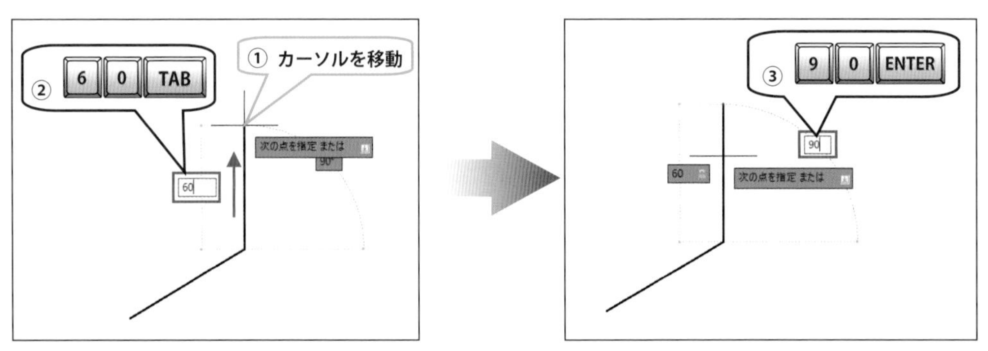

8. カーソルを**左上方向**へ移動して**距離**<6 0 TAB>、**角度**<1 5 0 ENTER>を入力。

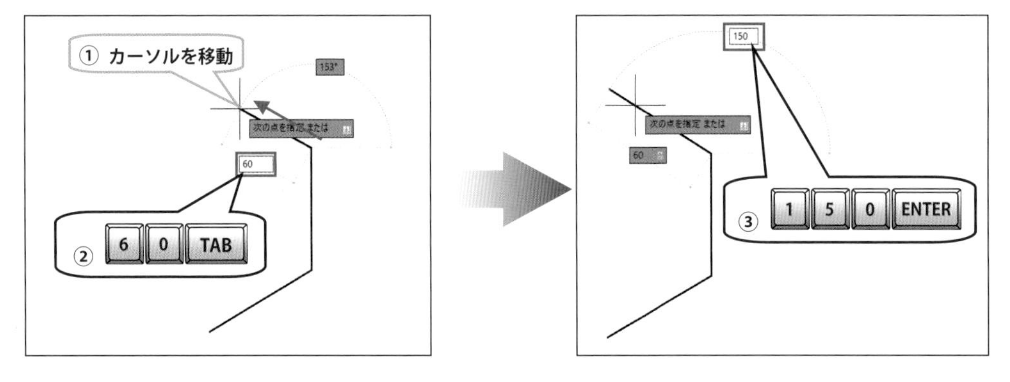

9. カーソルを**左下方向**へ移動して**距離**<6 0 TAB>、**角度**<1 5 0 ENTER>を入力。

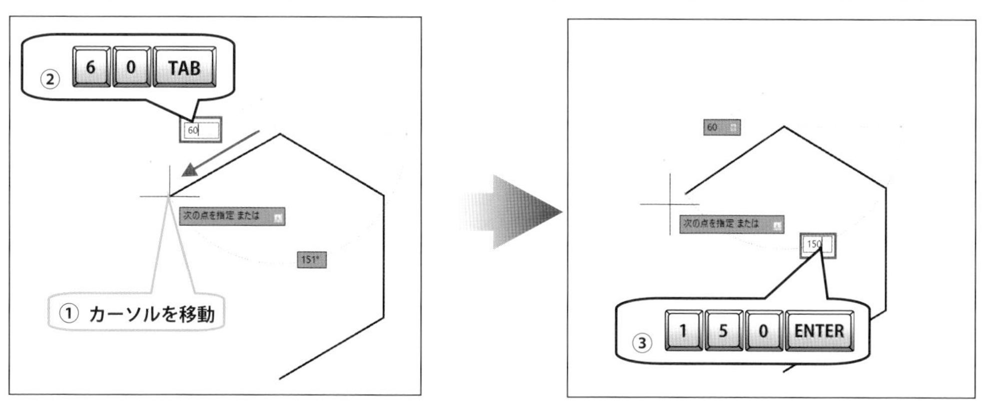

10. カーソルを**下方向**へ移動して**距離**<6 0 TAB>、**角度**<9 0 ENTER>を入力。

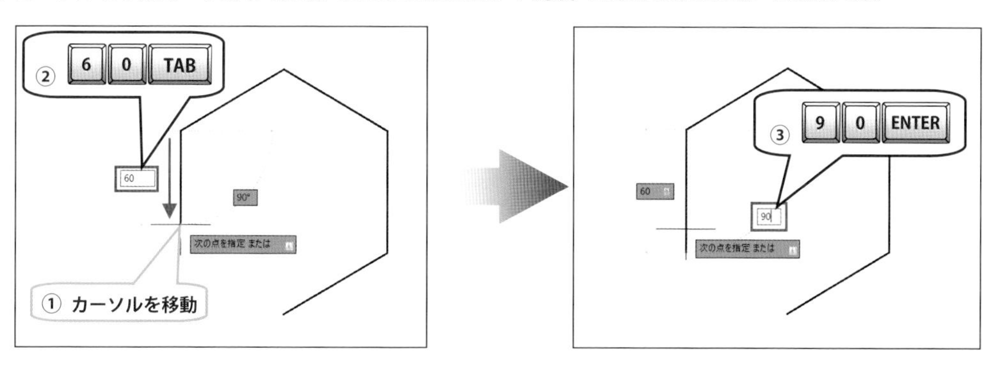

11. 開始点へカーソルを合わせると、「**端点**」という文字と**緑色のマーク**「□」が表示されます。
これは**カーソルが線分の端点上**にあることを意味しており、この機能を**オブジェクトスナップ**といいます。
この状態でクリックすると**最後に作成した線分の端点**は、**最初に作成した線分の端点に一致**します。

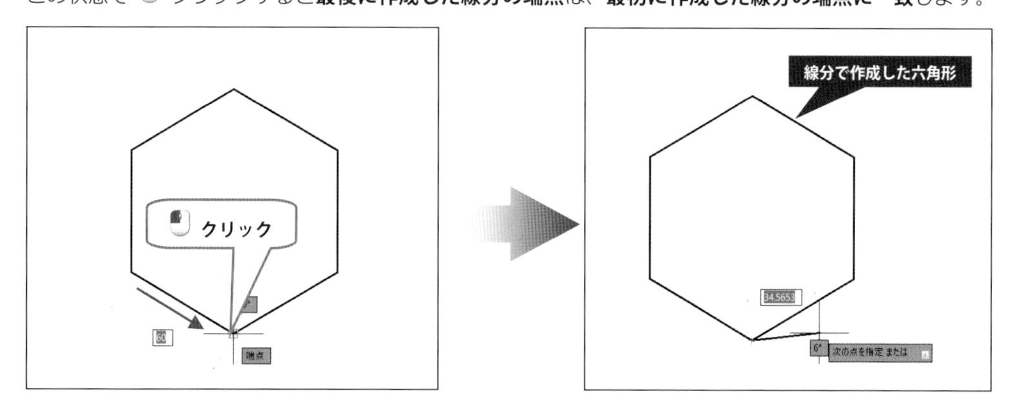

⚠ オブジェクトスナップがオフのときは「**端点**」と緑色のマーク「□」は表示されません。

参照 STEP1　Chapter3　3.8 オブジェクトスナップ (P83)

12. ENTER（または SPACE ）を押してコマンドを終了します。

13. **クイックアクセスツールバー**の［**名前を付けて保存**］を クリック。

14. 『**図面に名前を付けて保存**』ダイアログが表示されます。

「**保存先（I）**」で任意のフォルダーを選択して「**ファイル名（N）**」に<**六角形**>と入力し、保存(S) を クリック。

15. ［**クローズボックス**］を クリックして図面を閉じます。

POINT

角度の考え方

角度の基準は、時計でいう**3 時の水平方向を 0°**とし、これ基準として考えます。

入力する角度は、ダイナミック入力が オンのときと オフのときで違います。

ダイナミック入力がオンのとき

時計回りおよび反時計回りともに基準からの角度を**プラス角度**で入力します。

9 時の水平方向が 180°になるので、両回りを 0°～180°で考えてください。

本書での操作は、すべてダイナミック入力を オンで説明しています。

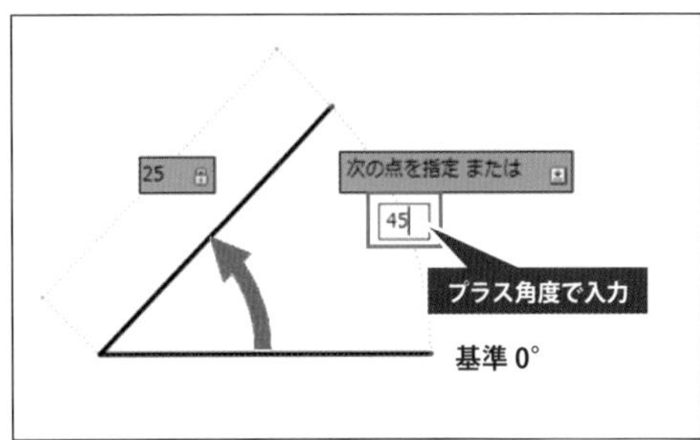

反時計回り

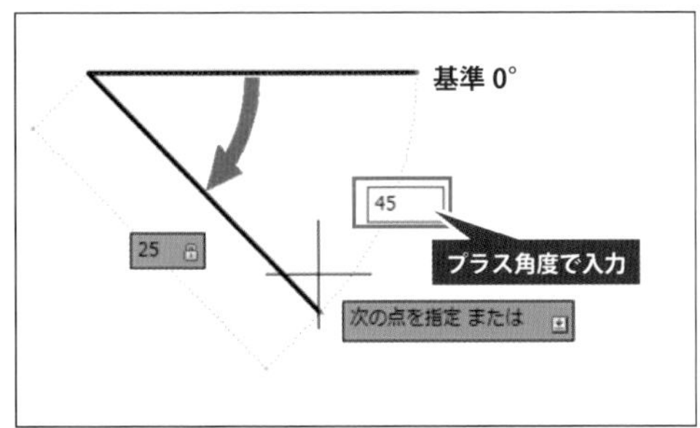

時計回り

ダイナミック入力がオフのとき

反時計回りを基準からの絶対値で**プラス角度**で入力します。

時計回りを基準からの絶対値で**マイナス角度**で入力します。

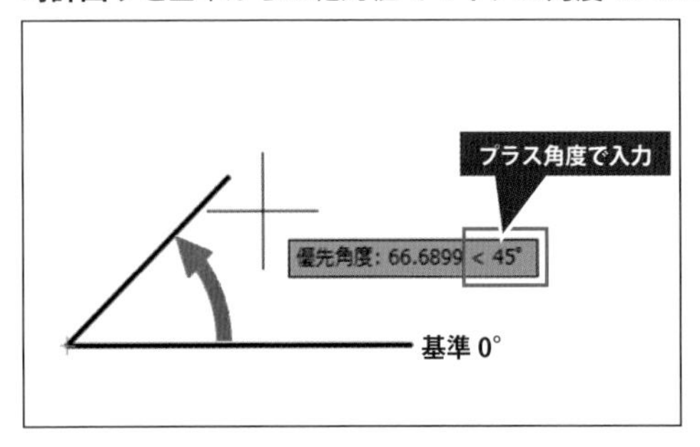

反時計回り

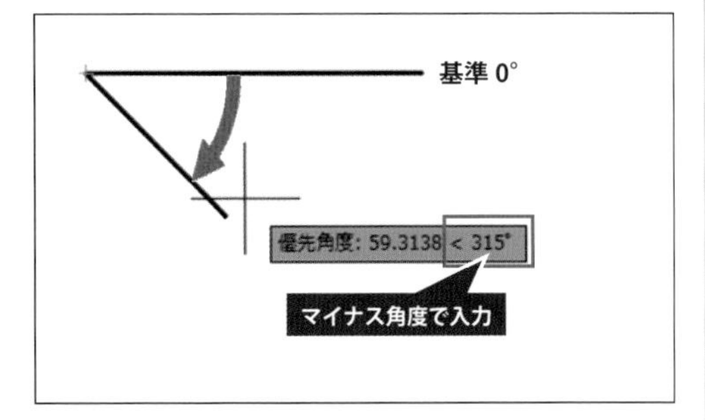

時計回り

3.3　コマンドオプション

多くのコマンドでコマンド実行中に**オプション機能**を使用できます。

［**線分**］コマンドを使用してコマンドオプションの使用方法について説明します。

1. **スタート画面**の 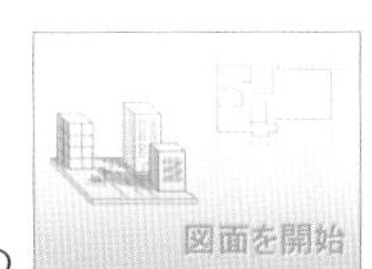

［**図面を開始**］を クリックして新規図面を作成します。

2. ステータスバーの［**ダイナミック入力**］を オンにします。

3. リボン【**ホーム**】タブの【**作成**】パネルにある ［**線分**］を クリック。

4. 下図のように（**A**）（**B**）（**C**）をつなぐ**水平線**と**鉛直線**を作成します。

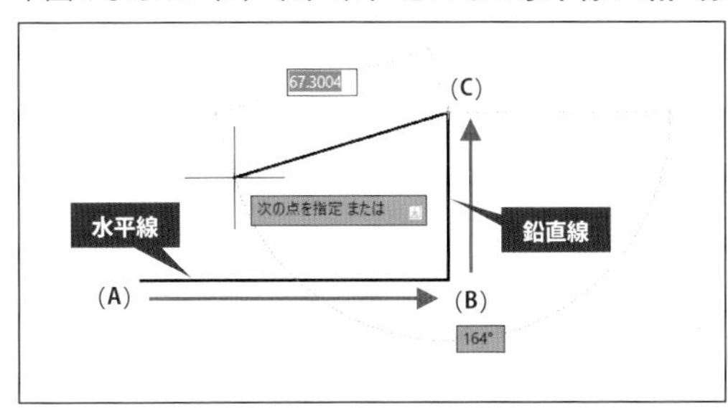

5. ダイナミックプロンプトメッセージ横に表示されるアイコン は、↓ を押すとコマンドオプションを表示できることを意味しています。↓ を押すと使用可能な**コマンドオプションメニューが表示**されます。もう一度 ↓ を押すと**選択カーソルが下**へ移動し、［**閉じる（C）**］に「●」が表示されます。ENTER を押してコマンドオプション［**閉じる（C）**］を実行します。

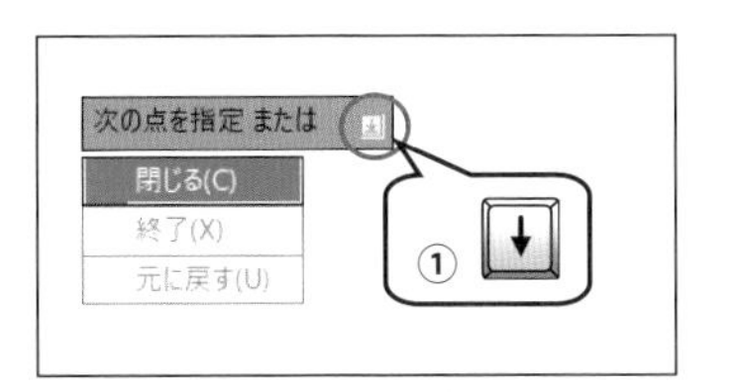

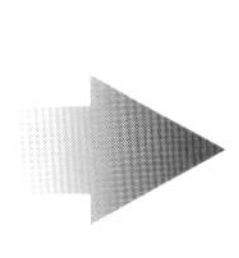
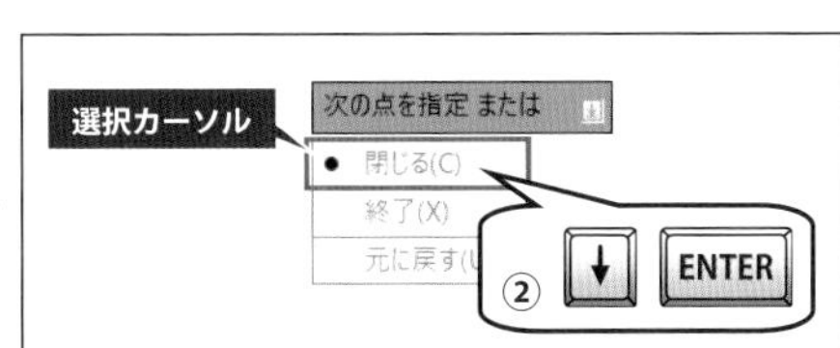

［**元に戻す(U)**］は ［**元に戻す**］と同じで操作を元に戻します。<U ENTER>で実行できます。

6. ［**閉じる（C）**］オプションを使用すると、（**C**）から（**A**）へ線をつないで**閉じた形状**を作成します。［**線分**］は自動的に終了します。

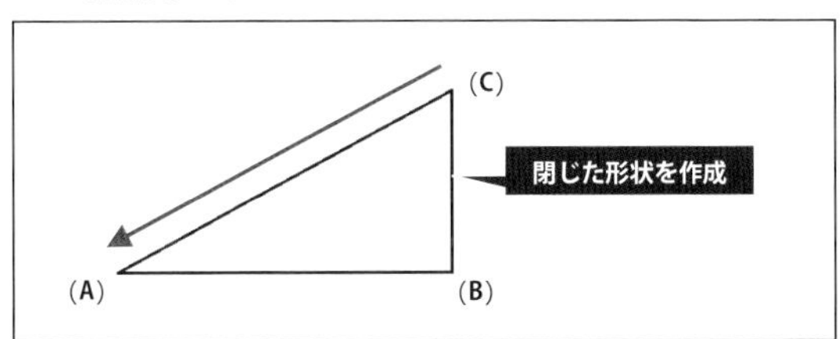

3.3.1 コマンドオプションの実行方法

コマンドオプションの実行方法にはいくつかの方法があります。

これを ［**線分**］コマンドの［**閉じる（C）**］オプションを使用して説明します。

方法 1

ダイナミックプロンプトメッセージ横に が表示されたら ↓ を押します。

↓ を押して選択カーソル「●」を［**閉じる（C）**］に合わせて ENTER を押します。

方法 2

ダイナミックプロンプトメッセージ横に が表示されたら ↓ を押します。

メニューの［**閉じる（C）**］を クリックします。

方法 3

ダイナミックプロンプトメッセージ横に が表示されたら 右クリックします。

メニューの［**閉じる（C）**］を クリックします。

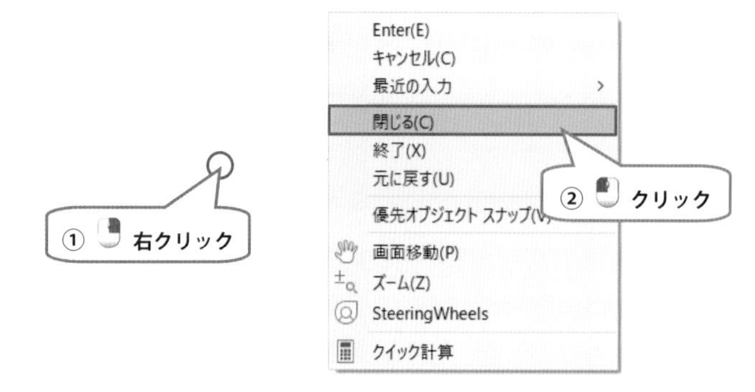

方法 4

コマンドオプション名の（　）の文字はショートカットキーを意味しています。

ダイナミックプロンプトメッセージ横に が表示されたら <C ENTER> と 入力。

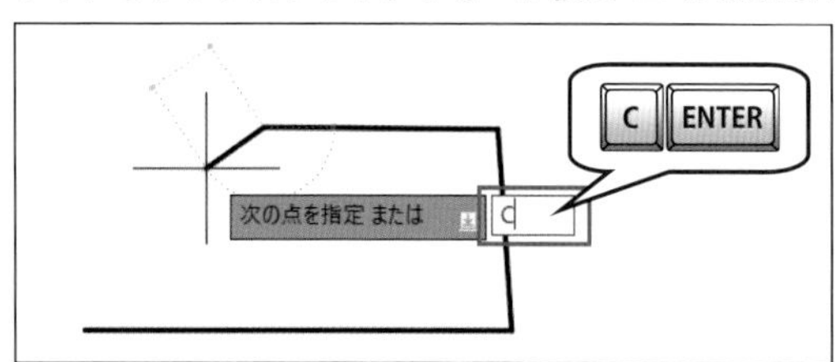

方法 5

ダイナミックプロンプトメッセージ横に が表示されるとき、コマンドウィンドウに**使用可能なオプション**を表示しています。コマンドウィンドウの［**閉じる（C）**］を クリックします。

3.4 直交モード

直交モードは作図補助ツールの１つで、**カーソルの動きを水平方向または鉛直方向に制限**する機能です。
これにより簡単かつ正確に図を作成、修正が可能になります。

3.4.1 直交モードの使用

直交モードの使用は、ステータスバーにあるアイコンのオン／オフにて設定します。

ステータスバーの ［**直交モード**］を クリックすると機能のオン／オフが切り替わります。
がオン、 がオフを意味しており、ファンクションキーの F8 で切り替えることもできます。

⚠ ［**直交モード**］の使用中は、 ［**極トラッキング**］を使用するこはできません。

参照 STEP1 Chapter3 3.5 極トラッキング (P68)

［**直交モード**］を オンにすると、コマンド実行中はダイナミックプロンプトメッセージに「**直交モード**」と表示されます。カーソルを動かすと**水平方向および鉛直方向に動きが制限**されます。角度表示はグレーアウトしており、「0°」「90°」「180°」が表示されます。角度は表示のみで変更できません。

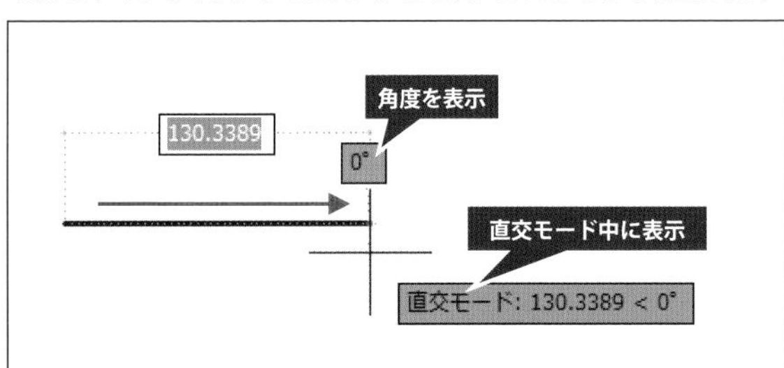

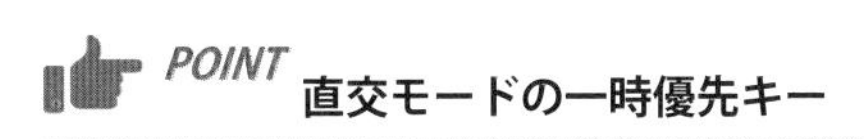

直交モードの一時優先キー

SHIFT は**一時優先キー**といわれ、いくつかのコマンドで使用できます。

［**直交モード**］が オンで ［**線分**］を実行中のとき、SHIFT を押したままにすると**直交モード**が一時的に オフになります。

［**直交モード**］が オフで ［**線分**］を実行中のとき、SHIFT を押したままにすると**直交モード**が一時的に オンになります。

⚠ SHIFT の使用中は数値の 入力はできません。

3.4.2 直交モードを使用した作図（長方形）

［**線分**］コマンドで［**直交モード**］を オンにし、**幅と高さを指定して長方形**を描いてみましょう。

1. **スタート画面**の 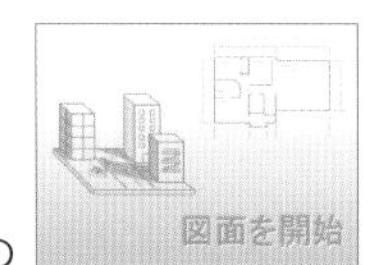 ［**図面を開始**］を クリックして新規図面を作成します。
2. ステータスバーの［**ダイナミック入力**］を オン、［**直交モード**］を オンにします。
3. リボン【**ホーム**】タブの【**作成**】パネルにある ［**線分**］を クリック。
4. ダイナミックプロンプトメッセージに「**1 点目を指定：**」と表示されます。
図枠中央の左下側付近で クリックすると、ダイナミックプロンプトメッセージに「**直交モード**」と表示されます。**カーソルを移動**して**水平方向または鉛直方向に制限**されていることを確認します。

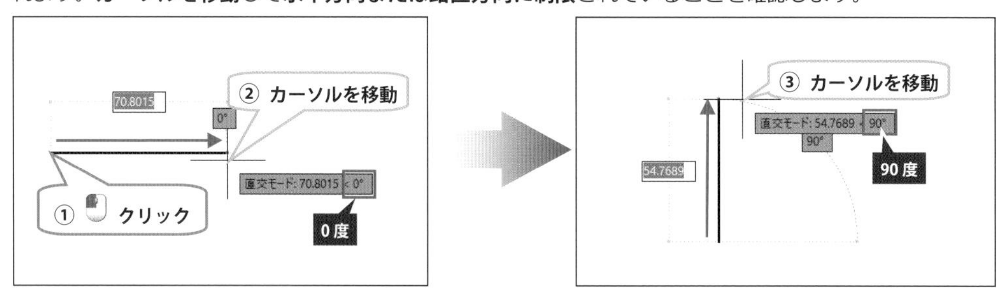

5. カーソルを**右方向**に移動し、<1 0 0 ENTER>と 入力すると、**100mm の水平線**が作成されます。
カーソルで方向と角度を指定し、距離のみを 入力する方法を**極座標入力**といいます。

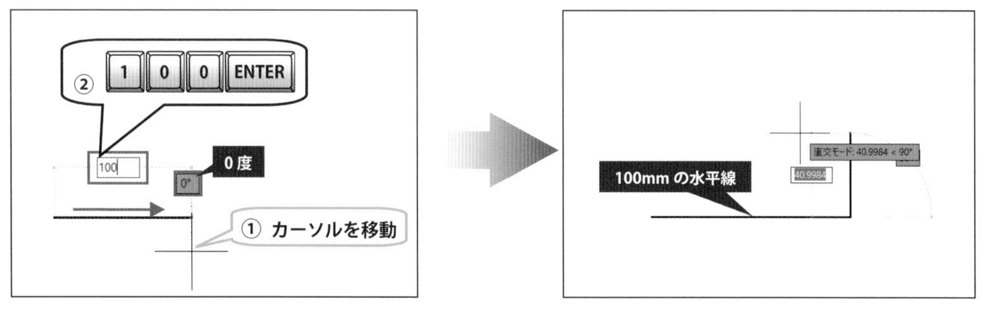

6. カーソルを**上方向**に移動し、<1 0 0 ENTER>と 入力すると **100mm の鉛直線**が作成されます。

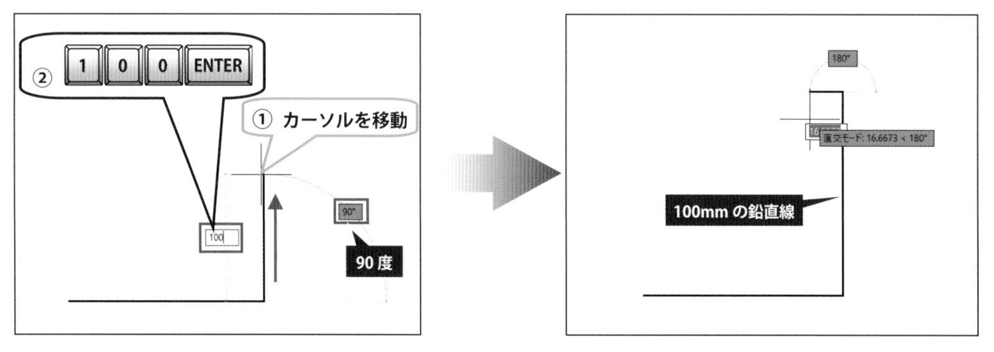

7. カーソルを**左方向**に移動し、<1 0 0 ENTER>と入力すると、**100mm の水平線**が作成されます。

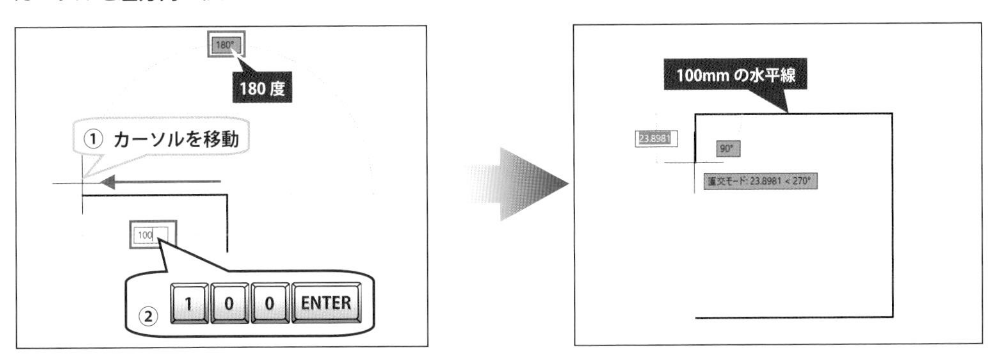

8. <C ENTER>と入力して形状を閉じます。［**線分**］コマンドは自動終了します。

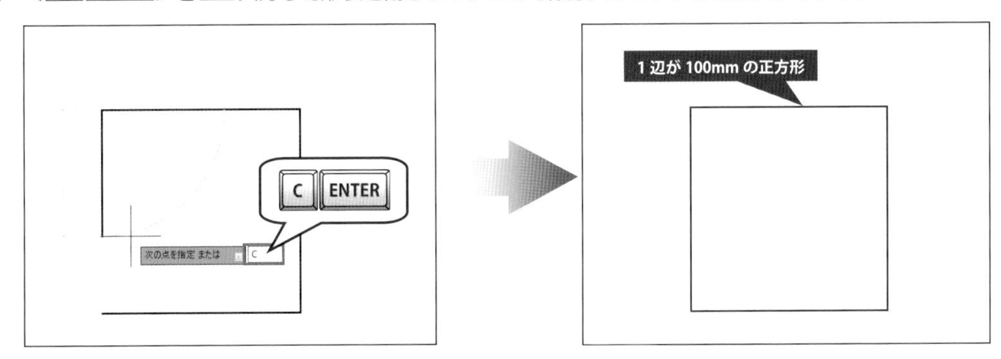

9. **クイックアクセスツールバー**の［**名前を付けて保存**］をクリック。

10. 『**図面に名前を付けて保存**』ダイアログが表示されます。

「**保存先（I）**」で任意のフォルダーを選択し、「**ファイル名（N）**」に<**四角形**>と入力。

保存(S) をクリック。

11. ［**クローズボックス**］をクリックして図面を閉じます。

3.5　極トラッキング

極トラッキングは作図補助ツールの１つで、**指定した角度にカーソルの移動が制限**されます。
これにより簡単かつ正確に図を作成、修正が可能になります。

3.5.1　極トラッキングの使用

極トラッキングの使用は、ステータスバーにあるアイコンのオン／オフにて設定します。

ステータスバーの ［**極トラッキング**］を クリックすると機能のオン／オフが切り替わります。
がオン、 がオフを意味しており、ファンクションキーの F10 で切り替えることもできます。

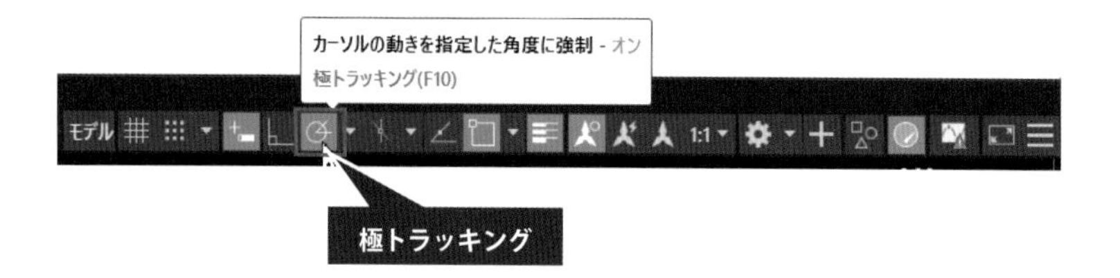

⚠ ［**極トラッキング**］の使用中は、 ［**直交モード**］を使用することはできません。

参照　STEP1　Chapter3　3.4 直交モード (P65)

［**極トラッキング**］を オンにすると、指定した角度にカーソルが移動すると**位置合わせパス**と呼ばれる**補助的な線分**が表示されます。表示されているときにクリックすると、その角度で処理を実行します。

位置合わせパスは指定した角度を増分した位置で表示されます。
30° に設定した場合は、「**0°**」「**30°**」「**60°**」「**90°**」「**120°**」「**150°**」「**180°**」に表示されます。

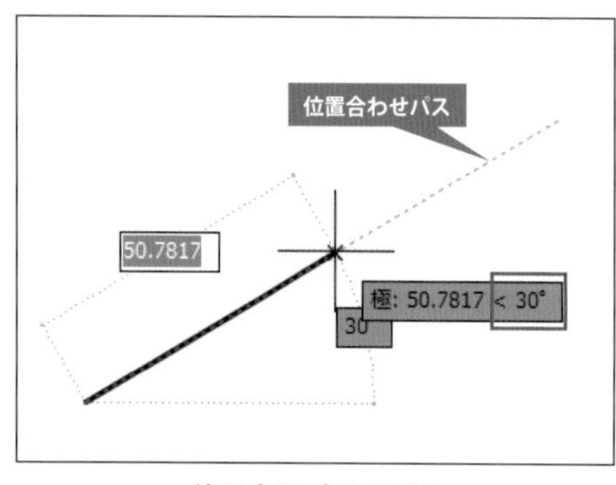

位置合せパス：30°

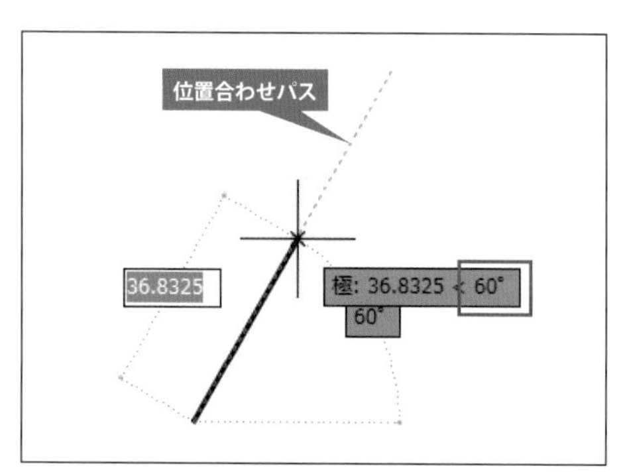

位置合せパス：60°

3.5.2 極トラッキングを使用した作図（三角形）

［**線分**］コマンドで［**極トラッキング**］を使用し、**三角形**を描いてみましょう。

1. **スタート画面**の 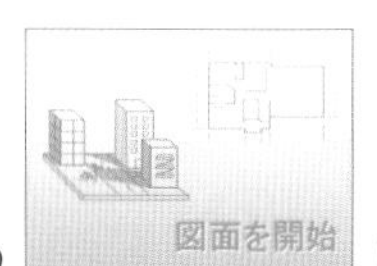 ［**図面を開始**］を クリックして新規図面を作成します。

2. ステータスバーの［**ダイナミック入力**］を オン、［**極トラッキング**］を オンにします。
   ［**直交モード**］は自動的に オフになります。

3. ステータスバーの ［**極トラッキング**］横にある を クリックすると、**極角度の一覧**が表示されます。「☑」は**選択角度**を意味しています。［**30,60,90,120...**］を クリックして選択します。

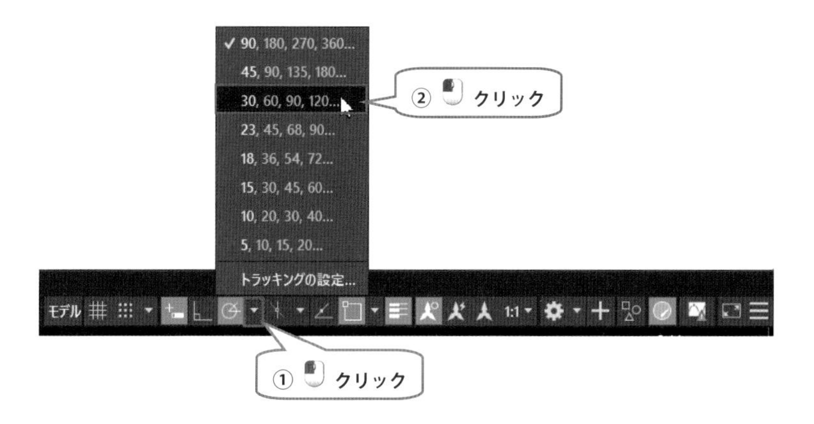

4. リボン【**ホーム**】タブの【**作成**】パネルにある ［**線分**］を クリック。

5. ダイナミックプロンプトメッセージに「**1 点目を指定：**」と表示されます。
   図枠中央の左下側付近で クリックし、カーソルを移動して **30° ごとに位置合わせパス**が表示されることを確認します。

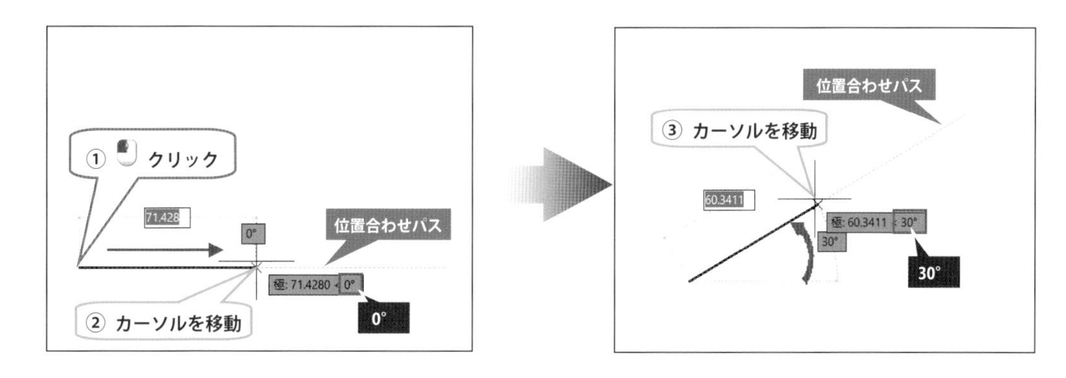

6. ダイナミックプロンプトメッセージに「**次の点を指定 または** 」と表示されます。**カーソルを移動**して **60°の位置合わせパス**を表示させ、<1 0 0 ENTER>と入力。**角度 60°、長さ 100mm の線分**が作成されます。これもカーソルで方向と角度を指定し、距離を入力したので**極座標入力**です。

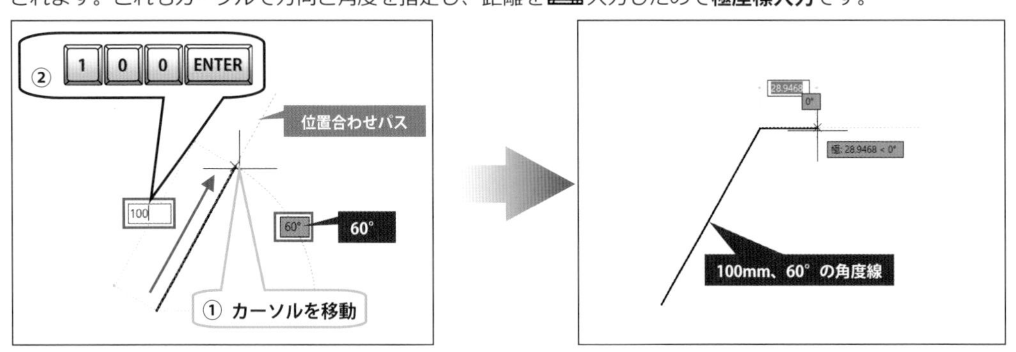

7. **カーソルを移動**して **60° の位置合わせパス**を表示させ、<1 0 0 ENTER>と入力。

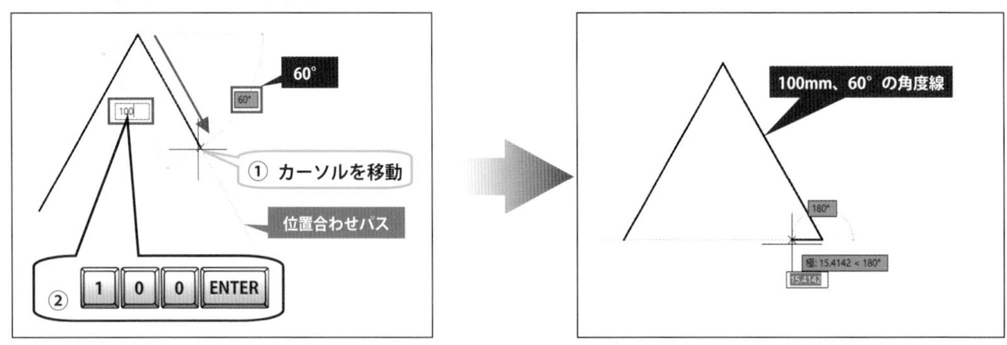

8. <C ENTER>と入力して形状を閉じます。［**線分**］コマンドは自動終了します。

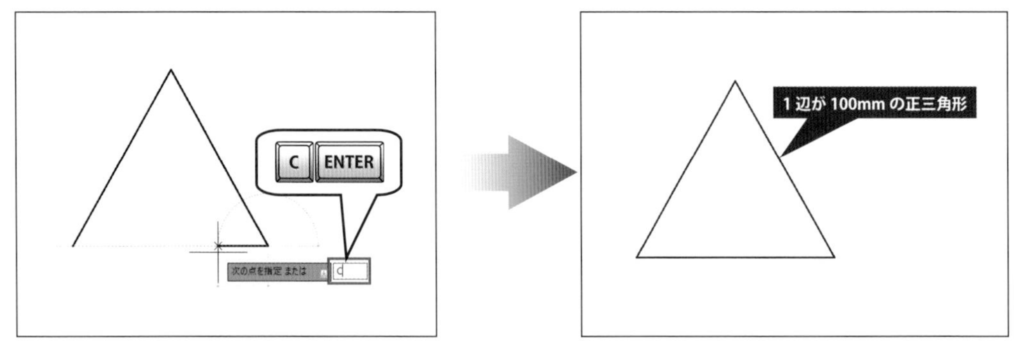

9. **クイックアクセスツールバー**の［**名前を付けて保存**］を クリック。

10. 『**図面に名前を付けて保存**』ダイアログが表示されます。
「**保存先（I）**」で任意のフォルダーを選択し、「**ファイル名（N）**」に<**三角形**>と入力。
保存(S) を クリック。

11. ［**クローズボックス**］を クリックして図面を閉じます。

極角度の設定

極トラッキングで使用する角度は、**ユーザー指定の角度を追加**できます。

1. ステータスバーの ［**極トラッキング**］横にある を クリックし、メニューより［**トラッキングの設定**］を クリック。

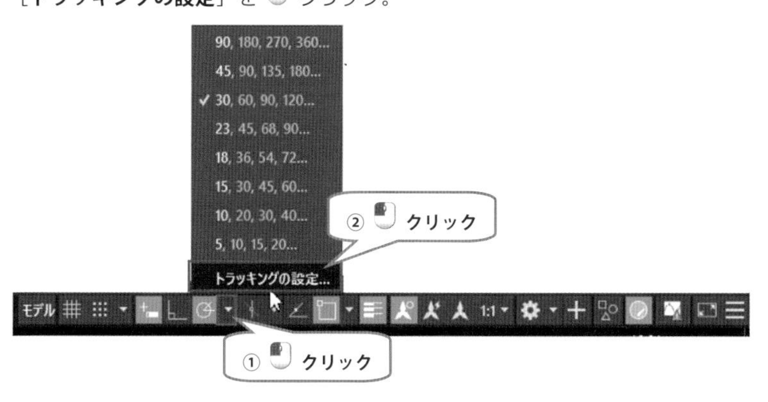

2. 『**作図補助設定**』ダイアログの【**極トラッキング**】タブが表示されます。
ユーザー指定の角度を使用する場合は、「**追加角度を使用**」をチェックON（☑）にします。
角度を追加する場合は、 追加(N) を クリックして角度を 入力します。

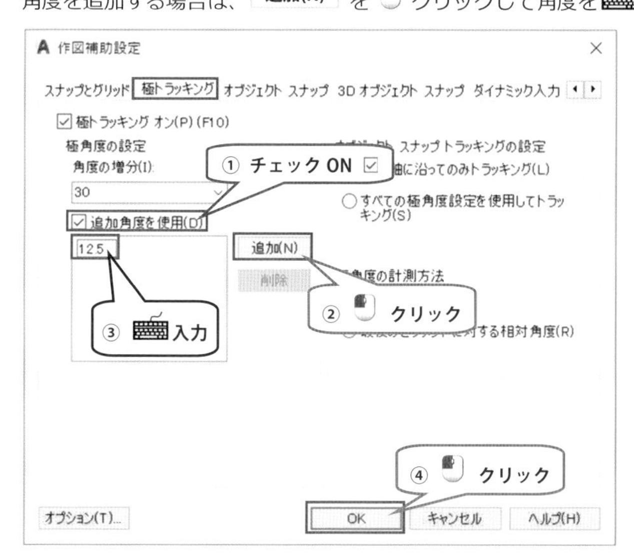

OK を クリックして『**作図補助設定**』ダイアログを閉じると、
ステータスバーの ［**極トラッキング**］の**選択リスト**に**角度が追加**されます。

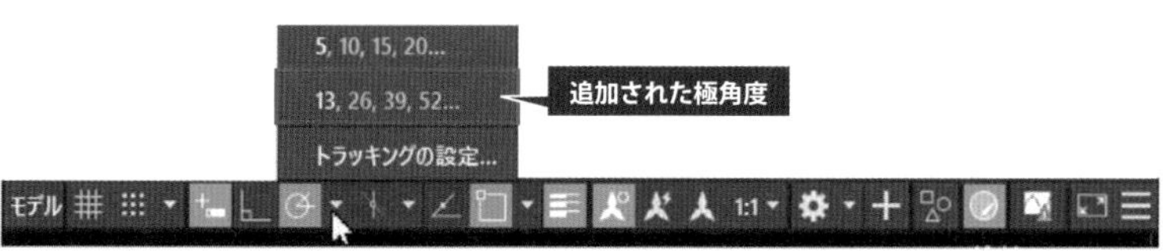

（※角度の値は小数点以下が四捨五入されますが、［**単位設定**］（コマンド<**UNITS**>）にて変更できます。）

POINT 極角度の計測方法

極トラッキングの**位置合わせ角度**を**絶対座標**または**相対座標**から選択できます。

1. ステータスバーの ［**極トラッキング**］横にある を クリックし、メニューより［**トラッキングの設定**］を クリック。

2. 『**作図補助設定**』ダイアログの【**極トラッキング**】タブが表示されます。
「**極角度の計測方法**」にて［**絶対座標**］または［**最後のセグメントに対する相対角度**］を

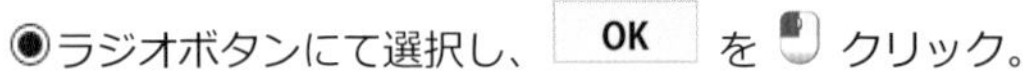

◉ラジオボタンにて選択し、 OK を クリック。

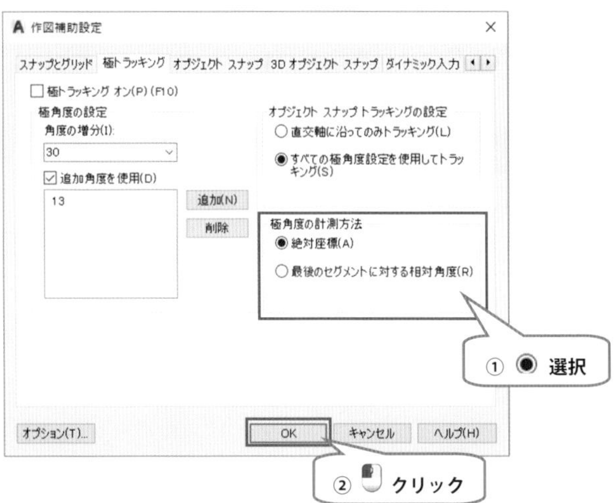

絶対座標

現在のユーザー座標系を極トラッキング角度の基準に設定します。

標準ではこちらが選択されています。

最後のセグメントに対する相対角度

［**線分**］コマンドの場合で説明します。既存の線分オブジェクトの端点や線分上を1点目に指定すると、位置合わせパスはその線分を基準にして表示されます。ツールチップには「**相対値**」と表示されます。任意の角度の線分からの垂線を作成するときなどに便利です。

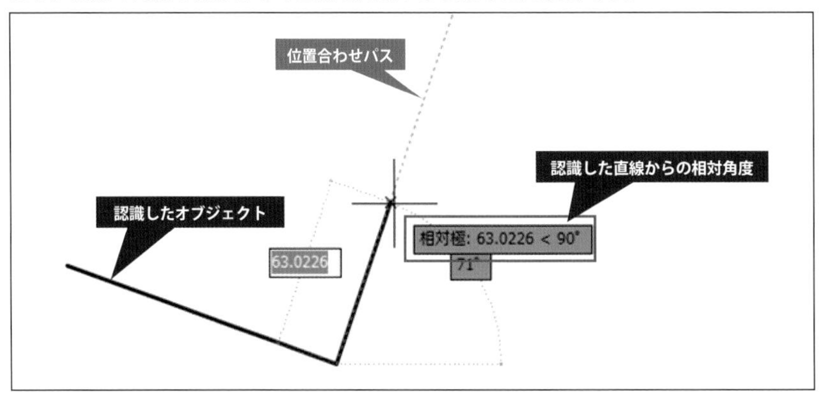

3.6　作図グリッド

作図グリッドは作図補助ツールの１つで、**作図ウィンドウに格子状の線またはドット**（等間隔の点）を**表示**します。

3.6.1　作図グリッドを表示

作図グリッドの使用は、ステータスバーにあるアイコンのオン／オフにて設定します。

ステータスバーの［**作図グリッドを表示**］を クリックすると機能のオン／オフが切り替わります。
がオン、 がオフを意味しており、ファンクションキーの F7 で切り替えることもできます。

{ **Drawing template**} にあるテンプレートファイル { **JIS サンプル A3**} または { **JIS サンプル A4**} を使用して新規図面を作成した場合、**用紙内に格子グリッド**が表示されます。

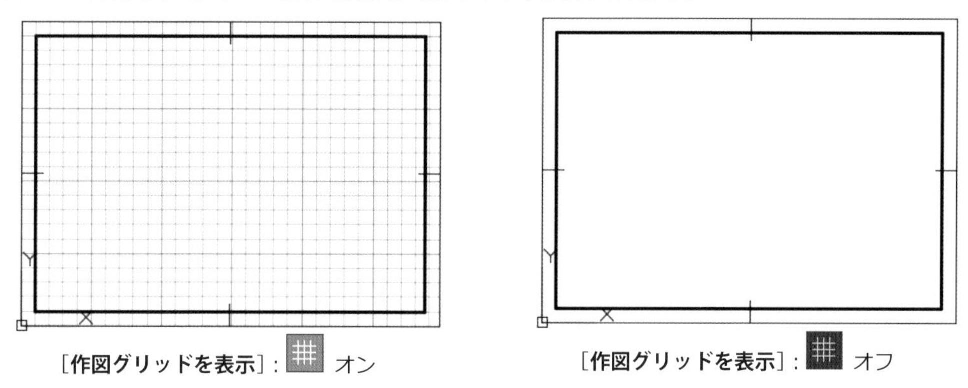

［**作図グリッドを表示**］: オン　　［**作図グリッドを表示**］: オフ

スナップモード

マウスカーソルを**グリッドの交点または点に一致**させる作図補助ツールを**スナップモード**といいます。

スナップモードの使用は、ステータスバーにあるアイコンのオン／オフにて設定します。
ステータスバーの［**スナップモード**］を クリックすると機能のオン／オフが切り替わります。
がオン、 がオフを意味しており、ファンクションキーの F9 で切り替えることもできます。

3.6.2 作図グリッドを使用した作図

［**線分**］コマンドで［**作図グリッド**］、［**スナップモード**］を使用して**凹形状**を描いてみましょう。

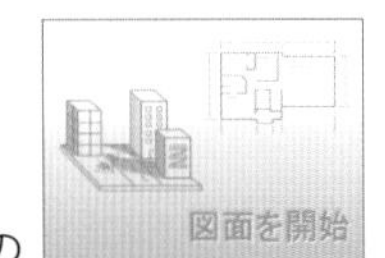

1. **スタート画面**の ［**図面を開始**］を クリックして新規図面を作成します。

2. ステータスバーの ［**作図グリッドを表示**］を オン、［**スナップモード**］を オンにします。

3. ［**スナップモード**］横にある を クリックし、［**グリッドスナップ**］を クリック。

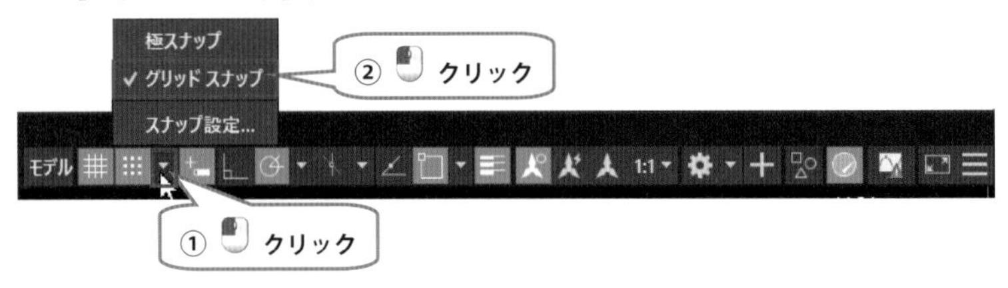

4. リボン【**ホーム**】タブの【**作成**】パネルにある ［**線分**］を クリック。

5. ダイナミックプロンプトメッセージに「**1 点目を指定：**」と表示されます。
   カーソルを動かすと**格子の交点でスナップ**することを確認します。
   図枠中央の左下側付近の**格子交点**（**A**）で クリックし、（**B**）～（**H**）までを順に クリック。

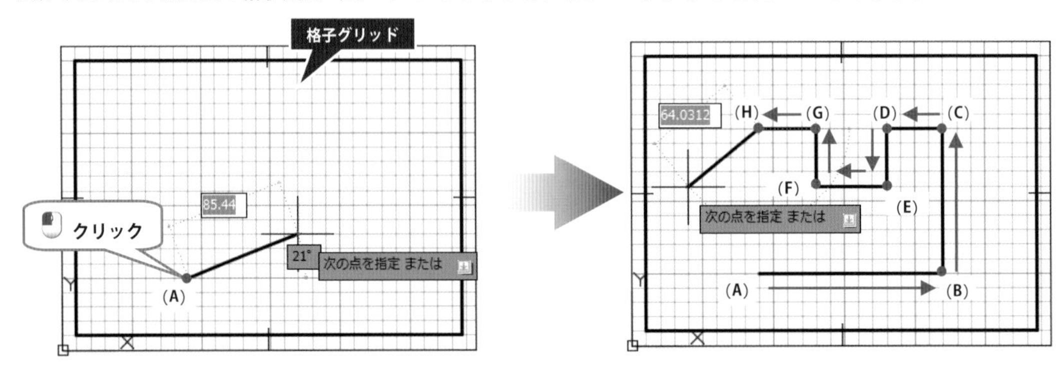

6. <C ENTER> と 入力して形状を閉じます。

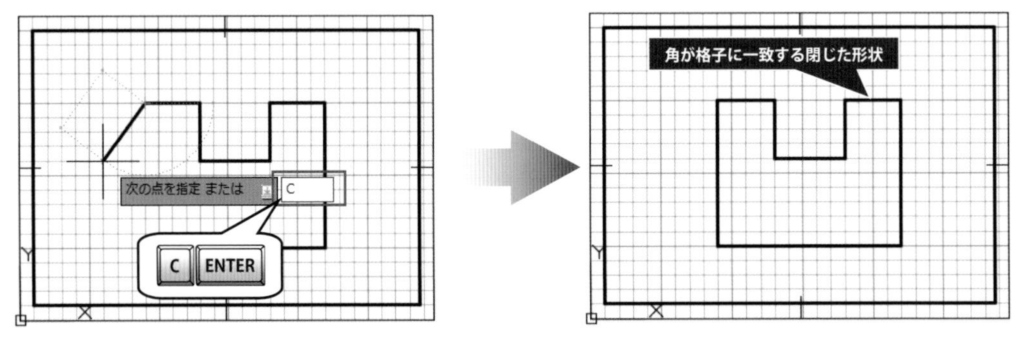

3.6.3 グリッド間隔

グリッド間隔の設定方法について説明します。

1. [スナップモード] 横にある ▼ を クリックし、[**スナップ設定**] を クリック。

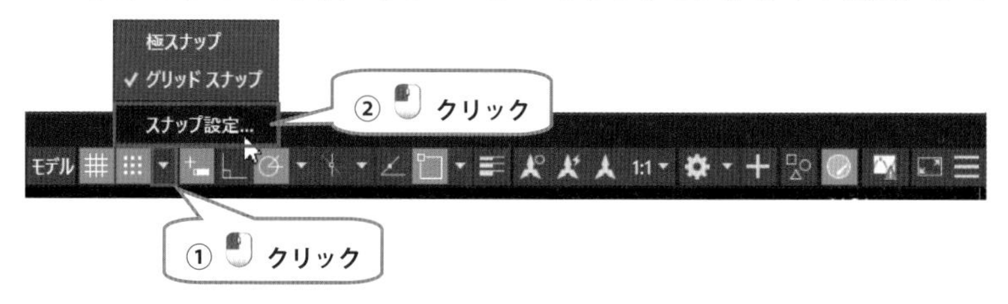

2. 『**作図補助設定**』ダイアログの【**スナップとグリッド**】タブが表示されます。
「**グリッド間隔**」では、**視覚的に表すグリッドの間隔**を設定します。
「**グリッド X 間隔（N）**」に<1>、「**グリッド Y 間隔**」に<1>、「**主線の間隔**」に<5>を入力。
「**主線の間隔（J）**」はグリッド線に対する**主グリッド線の間隔**です。
「**グリッド X 間隔（N）**」と「**グリッド Y 間隔（I）**」に<0>にすると、間隔は「**スナップ X 間隔**」の値になります。 OK を クリックして『**作図補助設定**』ダイアログを閉じます。

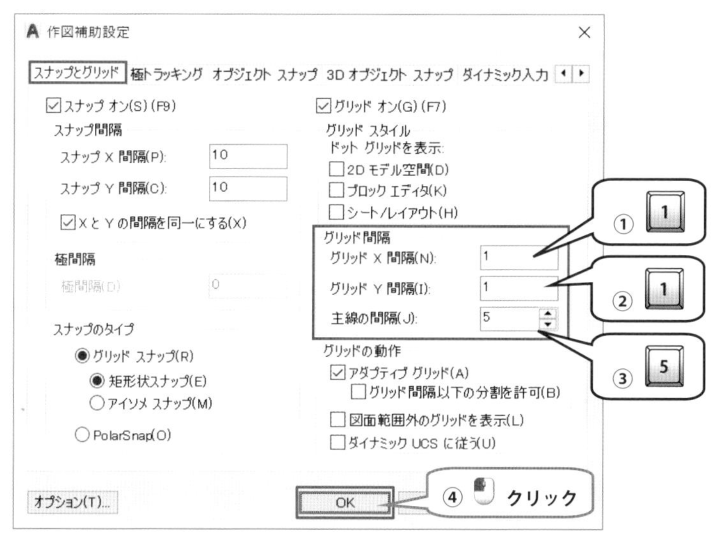

3. マウス中ボタンを ×2 ダブルクリックで［**全体表示（A）**］を実行すると、**主線の間隔「5mm」**で格子を表示します。作図ウィンドウを拡大していくと**グリッド線の間隔「1mm」**で表示します。

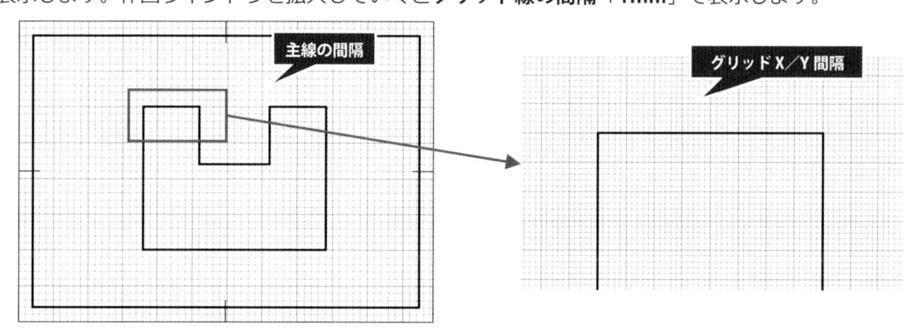

4. **クイックアクセスツールバー**の［**名前を付けて保存**］を クリック。

5. 『**図面に名前を付けて保存**』ダイアログが表示されます。

   「**保存先（I）**」で任意のフォルダーを選択し、「**ファイル名（N）**」に<**凹形状**>と 入力。

   保存(S) を クリック。

6. ［**クローズボックス**］を クリックして図面を閉じます。

POINT スナップ間隔

カーソルの動きを指定された X および Y の間隔に制限した位置でスナップさせます。
作図ウィンドウの大きさにより格子グリッドが表示されない位置でもスナップします。
『**作図補助設定**』ダイアログの「**スナップ間隔**」にて設定します。

スナップ X 間隔（P）

X 方向のスナップ間隔を 入力します。

スナップ Y 間隔（C）

Y 方向のスナップ間隔を 入力します。

スナップ間隔
スナップ X 間隔(P): 10
スナップ Y 間隔(C): 10
☑X と Y の間隔を同一にする(X)

X と Y の間隔を同一にする（X）

チェック ON（☑）にすると、スナップ Y 間隔をスナップ X 間隔を同じ値にします。

POINT グリッドスタイル

『**作図補助設定**』ダイアログの「**グリッドスタイル**」にて設定します。
グリッドスタイルを**ドットグリッド**で表示する場合にチェック ON（☑）にします。

2D モデル空間（D）

2D モデル空間用のグリッドスタイルをドットグリッドに変更します。

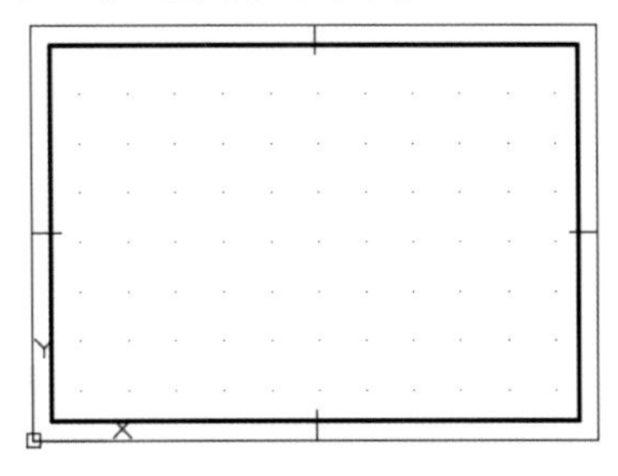

グリッド スタイル
ドット グリッドを表示:
☐2D モデル空間(D)
☐ブロック エディタ(K)
☐シート/レイアウト(H)

ブロックエディタ（K）

ブロックエディタ用のグリッドスタイルをドットグリッドに変更します。

シート／レイアウト（H）

シートとレイアウト用にグリッドスタイルをドットグリッドに変更します。

POINT 極スナップ（PolarSnap）

極スナップ（PolarSnap）は、［**極トラッキング**］が オンの状態で使用します。

カーソルは極トラッキングの角度を使用し、**設定された増分値でスナップ**します。

1. ［**スナップモード**］横にある を クリックし、［**スナップ設定**］を クリック。

2. 『**作図補助設定**』ダイアログが表示されます。

   「**スナップのタイプ**」より［**PolarSnap（O）**］を ◉選択し、間隔は「**極間隔（D）**」に入力します。

   OK を クリックして『**作図補助設定**』ダイアログを閉じます。

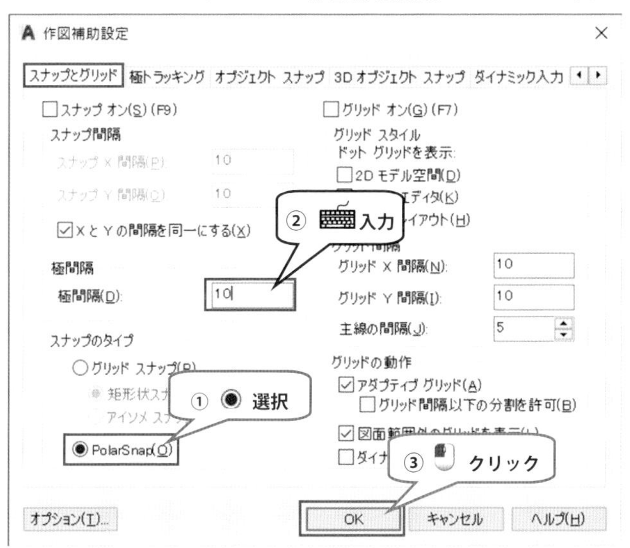

3. ［**極トラッキング**］を オンにします。

   （※「**極角度の計測方法**」は［**最後のセグメントに対する相対角度**］を選択しておきます。）

4. 任意の長さと角度の線分を作成し、その線分の端点から線分を開始します。

   極トラッキングの**位置合わせパスを表示**させ、**位置合わせパス上でカーソルを移動**すると「**極間隔**」で設定した増分値でスナップできます。（※下図は「**極間隔**」を<**10mm**>に設定した場合です。）

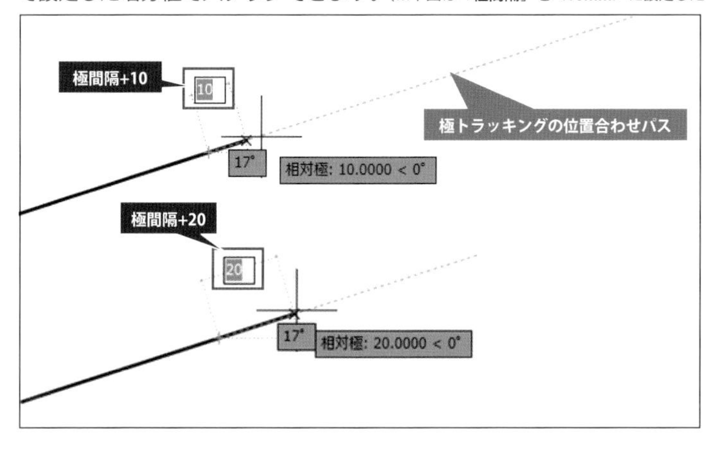

3.7 座標入力方法

図面を寸法どおりに描くには座標を入力して作図・編集する必要があります。

AutoCAD では作図モードや入力する文字により入力方法が異なります。

ここでは**絶対座標入力**と**相対座標入力**について説明します。

3.7.1 絶対座標入力

絶対座標入力は、**座標原点**からの X 方向（横軸）と Y 方向（縦軸）の**距離**を入力する方法です。

［**ダイナミック入力**］の オン／ オフにより、座標入力方法が異なります。

オンの絶対座標入力	オフの絶対座標入力
#（シャープ）X 軸の距離,（カンマ）Y の距離 例：<#10,5>	X 軸の距離,（カンマ）Y の距離 例：<10,5>

［**ダイナミック入力**］を オンで、下図の**点（A）**と**点（B）**を通る線分を**絶対座標入力**で描いてみましょう。

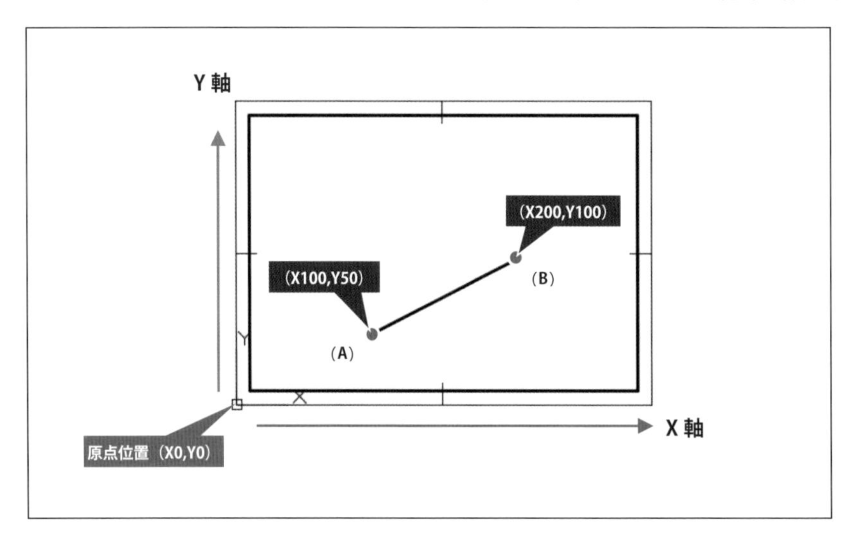

1. **スタート画面**の  ［**図面を開始**］を クリックして新規図面を作成します。

2. ステータスバーの［**ダイナミック入力**］を オンにします。

   ［**直交モード**］、［**作図グリッドを表示**］、［**スナップモード**］は オフにします。

3. リボン【**ホーム**】タブの【**作成**】パネルにある ［**線分**］を クリック。

4. ダイナミックプロンプトメッセージに「**1点目を指定：**」と表示されます。

A4用紙の左下角がXY軸の**原点**（X0, Y0）であり、入力する座標はすべてここからの距離になります。

1点目の**絶対座標**<# 1 0 0 , 5 0 ENTER>を入力。

,（カンマ）を押すと、角度の入力ボックスが**Y座標に変更**されます。

1点目に限り、相対点は存在しないので #（シャープ）を**省略**できます。

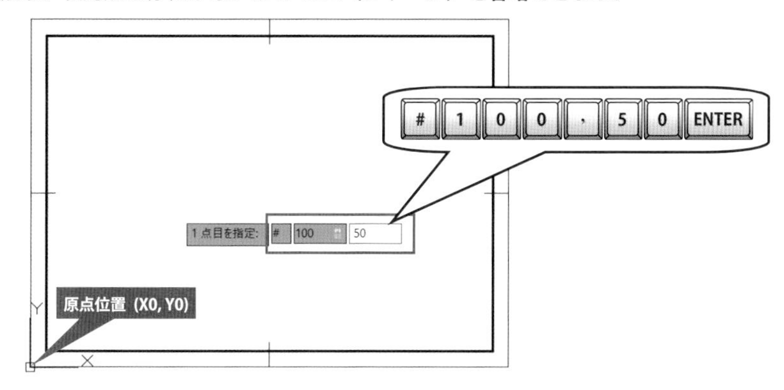

5. ダイナミックプロンプトメッセージに「**次の点を指定 または**」と表示されます。

2点目の**絶対座標**<# 2 0 0 , 1 0 0 ENTER>を入力。

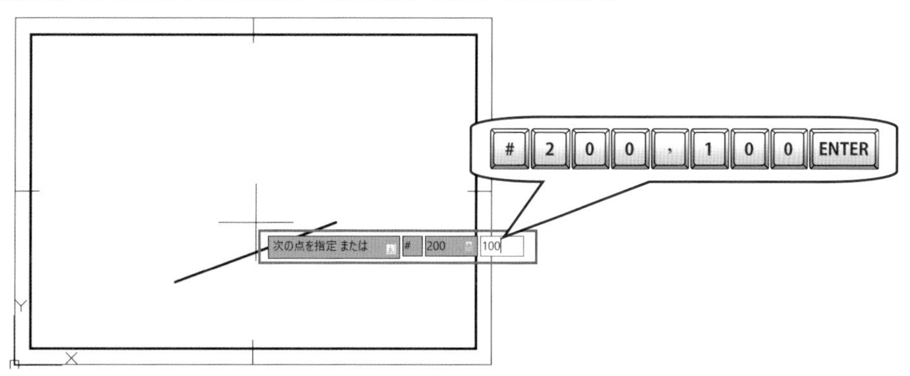

6. ENTER（または SPACE ）を押して［**線分**］コマンドを終了します。

（※寸法の記入は不要です。）

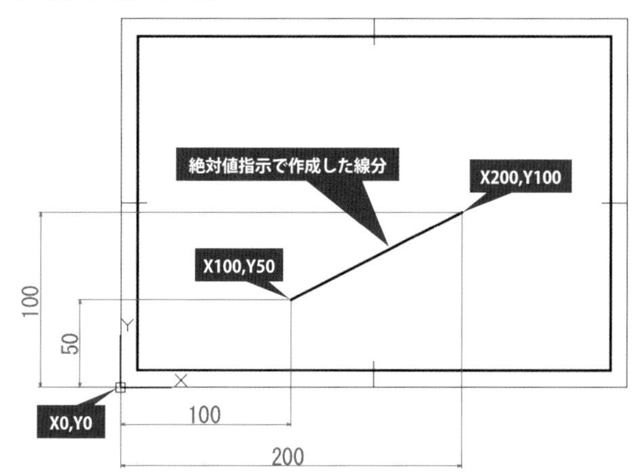

3.7.2　相対座標入力

相対座標入力は、**直前に指定した点**からのX方向（横軸）とY方向（縦軸）の**距離**を入力する方法です。

［**ダイナミック入力**］の オン／ オフにより、座標入力方法が異なります。

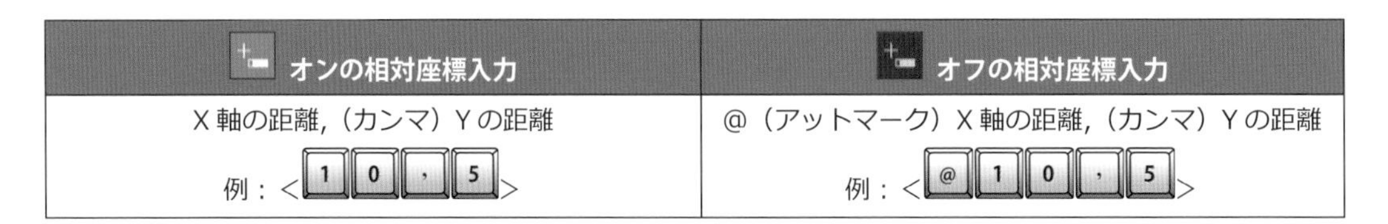

オンの相対座標入力	オフの相対座標入力
X軸の距離,（カンマ）Yの距離 例：<1 0 , 5>	@（アットマーク）X軸の距離,（カンマ）Yの距離 例：<@ 1 0 , 5>

［**ダイナミック入力**］を オンの状態で、**点（B）**と**点（C）**を通る線分を**相対座標入力**で描いてみましょう。

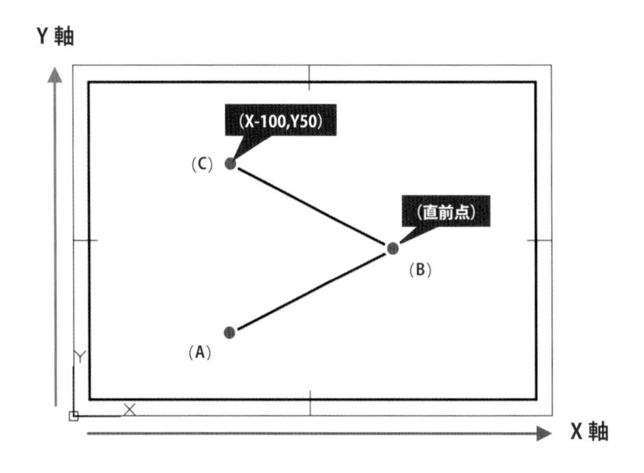

1. リボン【**ホーム**】タブの【**作成**】パネルにある ［**線分**］を クリック。

2. ダイナミックプロンプトメッセージに「**1点目を指定：**」と表示されます。
   線分の端点（B）を1点目（相対原点）として クリックすると、ダイナミックプロンプトメッセージに「**次の点を指定　または** 」と表示されます。
   相対距離として<− 1 0 0 , 5 0 ENTER>と入力。

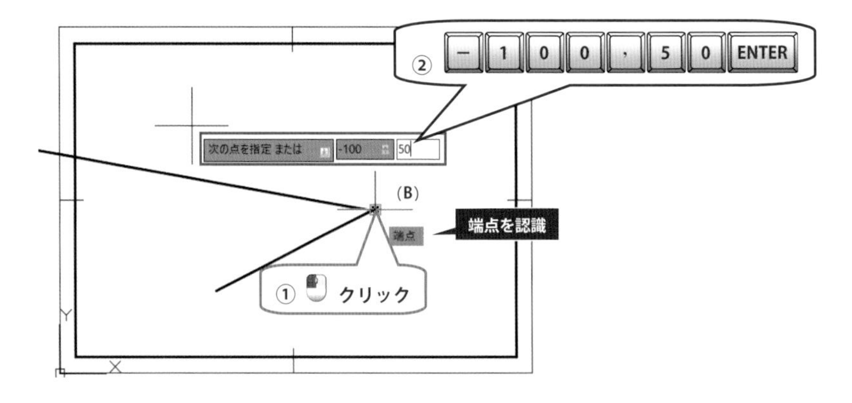

3. ENTER（または SPACE ）を押して［**線分**］コマンドを終了します。

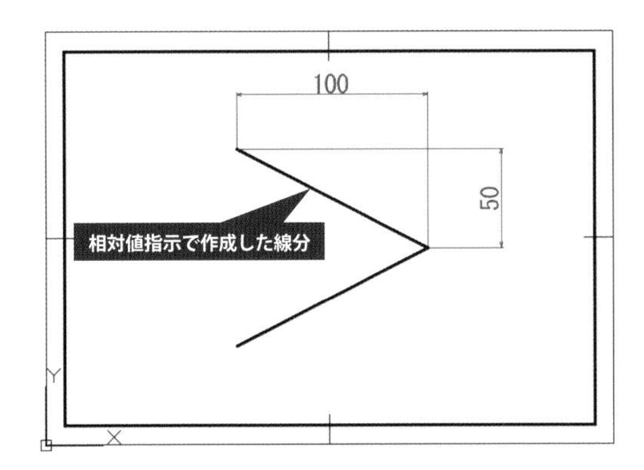

4. **クイックアクセスツールバー**の［**名前を付けて保存**］を クリック。

5. 『**図面に名前を付けて保存**』ダイアログが表示されます。

   「**保存先（I）**」で任意のフォルダーを選択し、「**ファイル名（N）**」に<**座標入力**>と入力。

   保存(S) を クリック。

6. ［**クローズボックス**］を クリックして図面を閉じます。

 POINT ワールド座標系とユーザー座標系

AutoCAD には、**ワールド座標系（WCS）**と**ユーザー座標系（UCS）**という 2 つの座標系があります。

ワールド座標系（WCS）

ワールド座標系の基点は、用紙左下角や作図ウィンドウ左下角にあります。

水平軸が X、鉛直軸が Y、画面に面直な軸が Z です。

基点の位置や軸は固定されており、これを移動や回転させることはできません。

ユーザー座標系（UCS）

ユーザーが移動したり回転したりできる座標系です。

多くの場合、初期の状態でワールド座標系と同じ位置にあります。

テンプレートファイルを保存する場合、ユーザー座標系の情報も含めて保存されます。

原点の位置や角度などは、［**ツール（T）**］＞［**UCS（W）**］にあるコマンドで変更可能です。

（※コマンドの使用方法については STEP2 で説明します。）

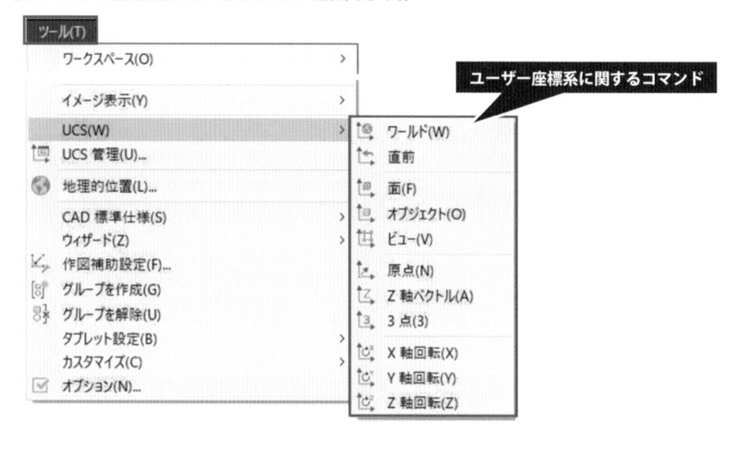

3.8　オブジェクトスナップ

線分には端点と中点、線分と線分が交わる交点などがあり、図を描くにはこれらを正確に認識しなければいけません。これらを認識する機能を一般的には**スナップ**、AutoCAD では**オブジェクトスナップ**と呼んでいます。

オブジェクトスナップは、作図ウィンドウに**スナップ名**とスナップ固有の**マーカー**を**表示**します。
この 2 つが表示されているときに選択すると、オブジェクトの端点や交点などから作図を開始できます。

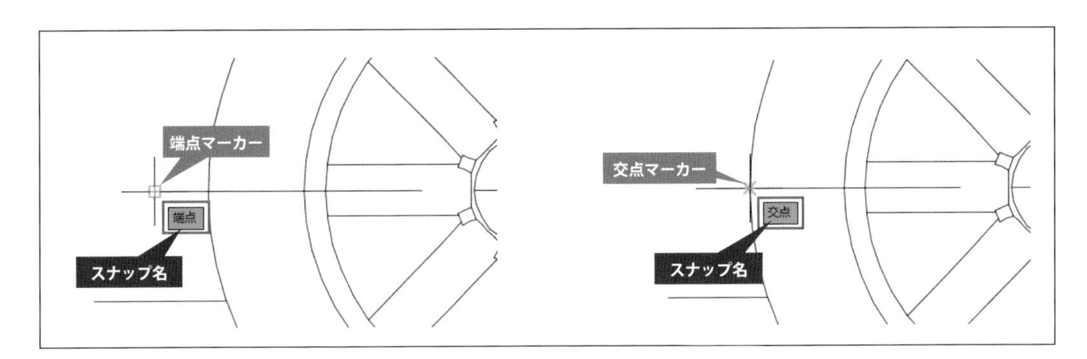

オブジェクトスナップは常にオンの状態で作図するのが一般的で、AutoCAD には**定常オブジェクトスナップ**と**一時オブジェクトスナップ**という 2 つの機能があります。

3.8.1　定常オブジェクトスナップの使用

定常オブジェクトスナップは、ステータスバーで**設定した種類のスナップを常に認識**します。

定常オブジェクトスナップの使用は、ステータスバーにあるアイコンにて設定します。

ステータスバーの [**定常オブジェクトスナップ**] を クリックすると機能のオン／オフが切り替わります。 がオン、 がオフを意味しており、ファンクションキーの F3 で切り替えることもできます。

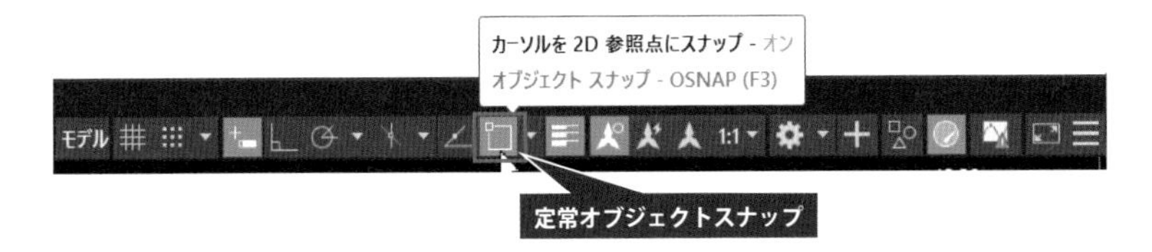

オブジェクトスナップ設定

定常オブジェクトスナップでは、**事前に設定したスナップのみ使用**できます。

［**定常オブジェクトスナップ**］横の ▼ を クリックすると、**スナップメニュー**が表示されます。
✓ を表示しているスナップは使用中（オン）を意味しており、スナップ名を クリックすると ✓ を表示／非表示します。

認識できるスナップの種類は多いので、作図で**よく使用するものを選択**しておくと良いでしょう。

⚠ 使用するスナップの種類を増やし過ぎると、選択したいスナップが認識しづらくなるので注意が必要です。

オブジェクトスナップ設定は、『**作図補助設定**』ダイアログで設定することもできます。
［**定常オブジェクトスナップ**］横の ▼ を クリックし、メニューより［**オブジェクトスナップ設定**］を クリックします。『**作図補助設定**』ダイアログの【**オブジェクトスナップ**】タブが表示されます。
「**オブジェクトスナップモード**」のチェック ON（☑）／OFF（☐）し、スナップの使用を設定できます。

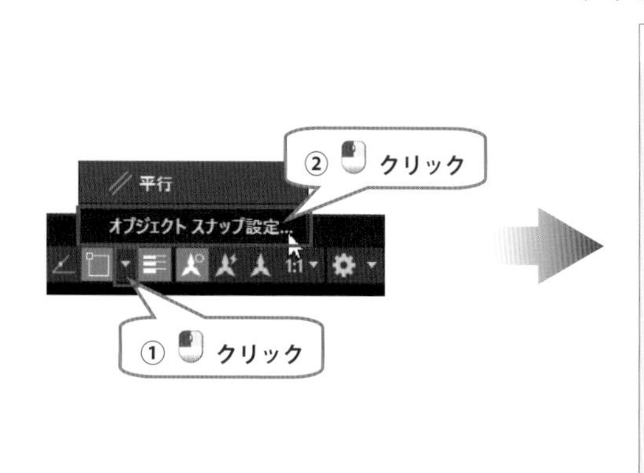

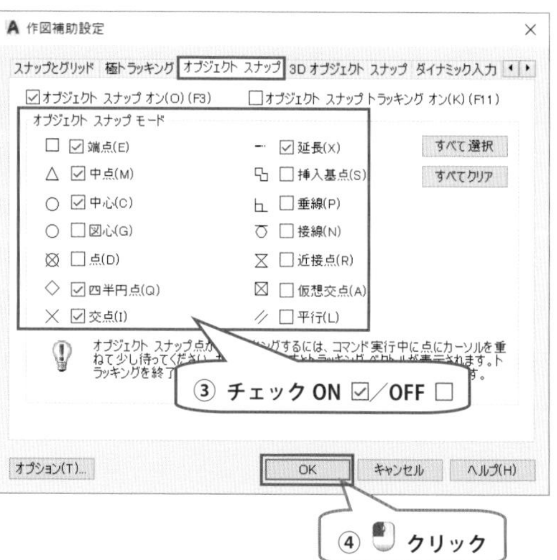

3.8.2 一時オブジェクトスナップの使用

一時オブジェクトスナップは、**選択したスナップを一度だけ使用**できる機能です。

図が複雑になると定常オブジェクトスナップでは多くのスナップを認識してしまいます。

このようなときに一時オブジェクトスナップを使えば、ユーザーが選択したスナップのみ認識できます。

一時オブジェクトスナップは事前に設定するのではなく、その都度設定をします。

作図や編集コマンド実行中に割り込んで設定をします。

SHIFT を押しながら 右クリックすると、**一時オブジェクトスナップのメニューが表示**されます。

ここからスナップを クリックして選択すると、**選択したスナップのみ使用**します。

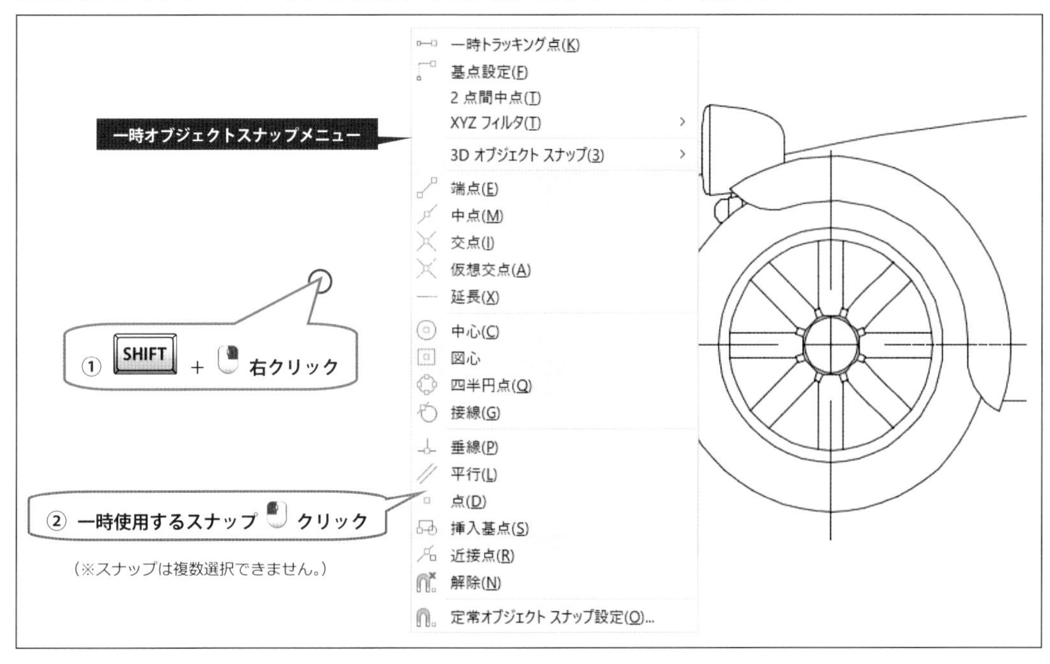

スナップを一度使用すると、一時オブジェクトスナップの設定は**自動解除**されます。

［**中心**］を クリックした場合、**円／円弧の中心点のみスナップ**でき、それ以外はスナップできません。

定常オブジェクトスナップにはない一時オブジェクトスナップ専用のスナップもあります。

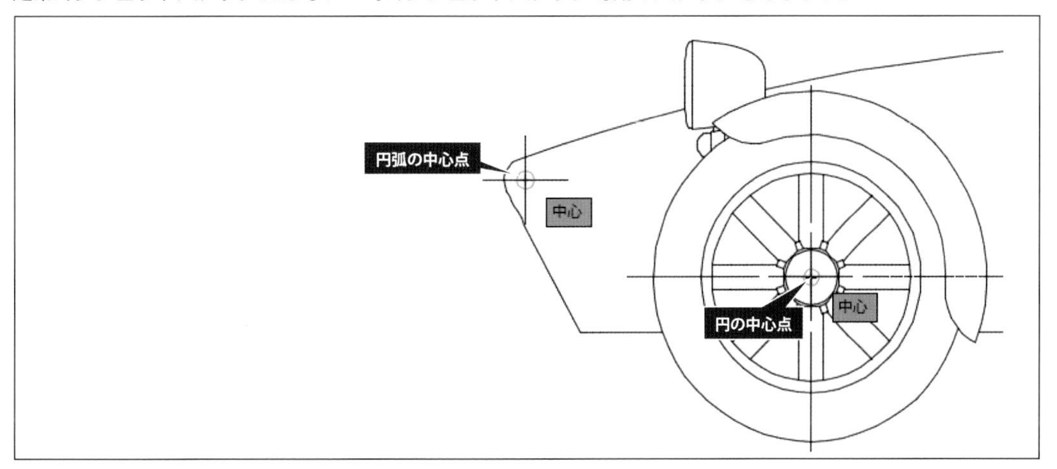

3.8.3　定常オブジェクトスナップを使用した作図

定常オブジェクトスナップを使用した作図方法について説明します。

1. クイックアクセスツールバーまたはアプリケーションメニューより［**開く**］を クリック。

2. 『**ファイルを選択**』ダイアログが表示されます。
   ｛ **Chapter 3**｝より図面ファイル｛ **オブジェクトスナップ**｝を選択し、 開く(O) を クリック。

   オブジェクトスナップを使用して、下図に示す**赤色の線分**を描いてみましょう。

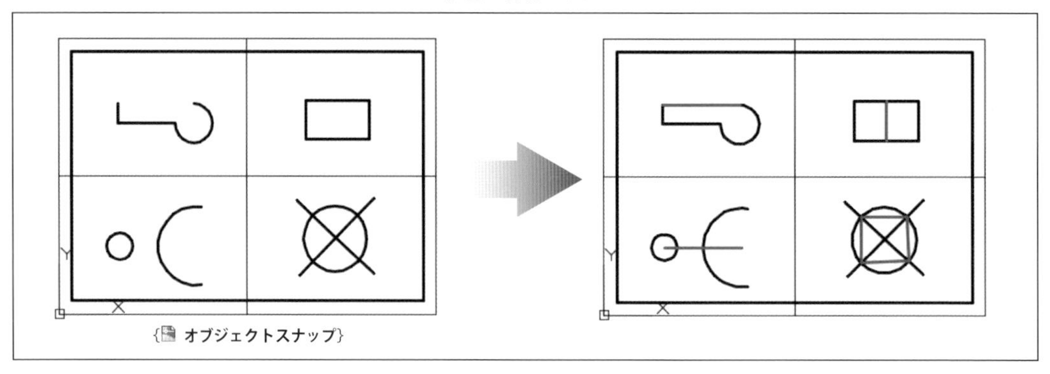

｛オブジェクトスナップ｝

3. ステータスバーの［**ダイナミック入力**］、［**極トラッキング**］、［**定常オブジェクトスナップ**］を オンにします。

4. ［**定常オブジェクトスナップ**］横にある を クリック。
   ［**端点**］［**中点**］［**中心**］［**交点**］は オンにし、それ以外はオフにします。

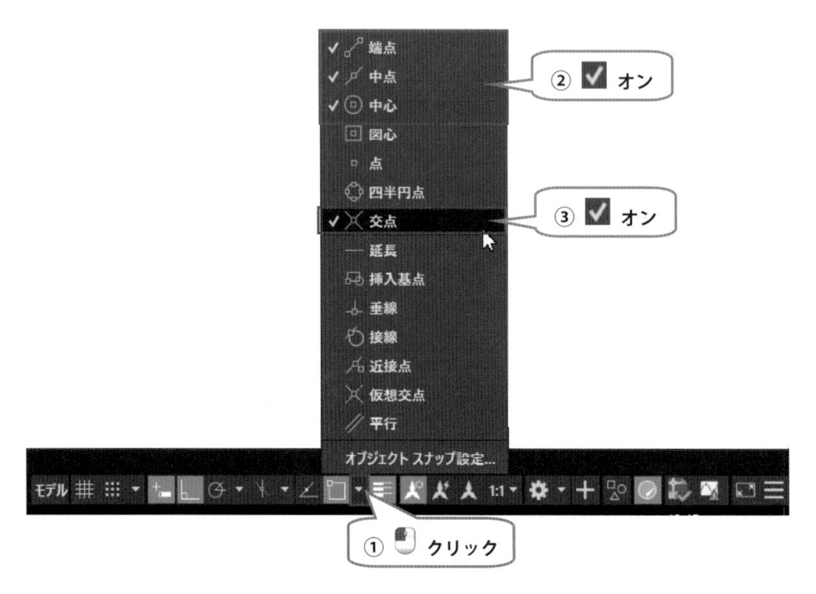

5. リボン【**ホーム**】タブの【**作成**】パネルにある ［**線分**］を クリック。

6. **左上の図**を**拡大**し、**2 つの端点を結ぶ線分**を作成します。
   カーソルを動かして下図に示す**線分の端点**（**A**）に合わせます。
   端点を認識（**スナップ**）すると □ マーカーと「**端点**」と文字が表示されるので、このときに クリックして確定します。カーソルを動かして下図に示す**円弧の端点**（**B**）に**スナップ**し、 クリックして確定します。

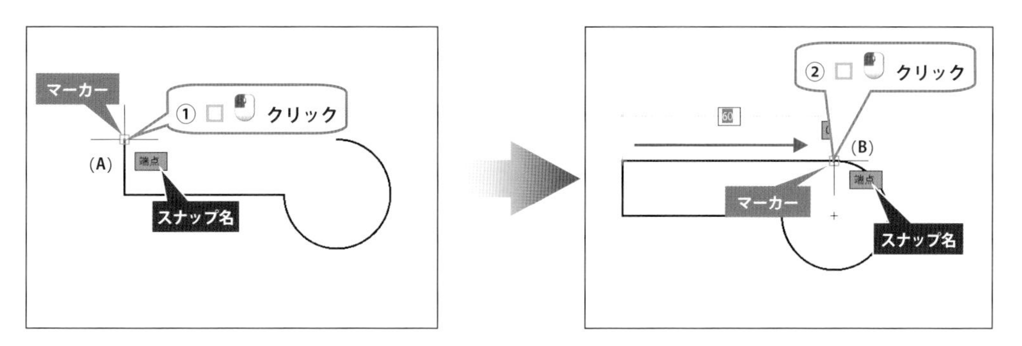

7. ENTER （または SPACE ）を押して ［**線分**］コマンドを終了します。

8. ENTER を押すと**直前に使用したコマンド**を**再実行**できます。
   ENTER を押して ［**線分**］を再実行します。

9. **右上の図**を**拡大**し、**2 つの中点を結ぶ線分**を作成します。
   カーソルを動かして下図に示す**上辺の中点**に合わせます。
   中点を認識すると △ **マーカー**と「**中点**」と文字が表示されるので、このときに クリックして確定します。
   カーソルを動かして下図に示す**下辺の中点**に**スナップ**し、 クリックして確定します。

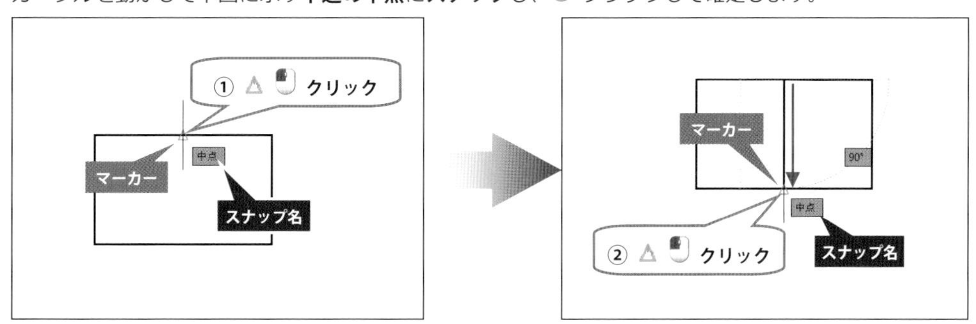

10. ENTER （または SPACE ）を押して ［**線分**］コマンドを終了します。

11. ENTER を押して ［**線分**］コマンドを再実行します。

12. **左下の図**を**拡大**し、**円と円弧の中心を結ぶ線分**を作成します。

カーソルを動かして下図に示す**円の中心**に合わせます。

中心を認識すると ⊕ マーカーと「**中心**」と文字が表示されるので、このときに クリックして確定します。

円弧上にカーソルを移動し、**円弧の中心**にカーソルを移動して**スナップ**し、 クリックして確定します。

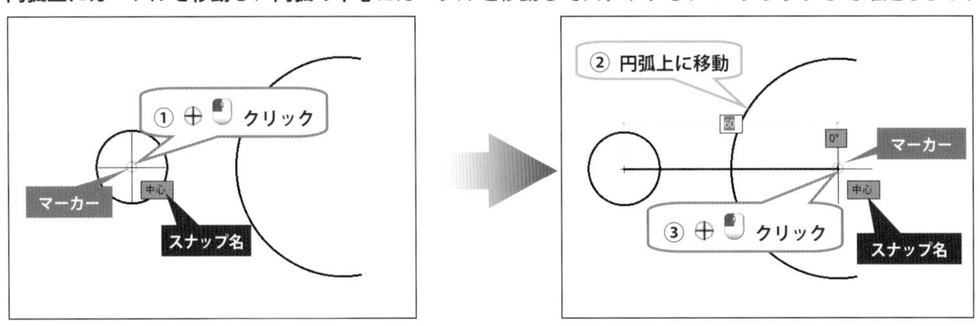

13. ENTER （または SPACE ）を押して ［**線分**］コマンドを終了します。

14. ENTER を押して ［**線分**］コマンドを再実行します。

15. **右下の図**を**拡大**し、**線分と円の交点を結ぶ閉じた形状**を作成します。

カーソルを動かして下図に示す**円と線分の交点（A）**に合わせます。**交点を認識**すると × マーカーと「**交点**」と文字が表示されるので、このときに クリックして確定します。

カーソルを**交点（B）**に合わせ、 クリックして確定します。

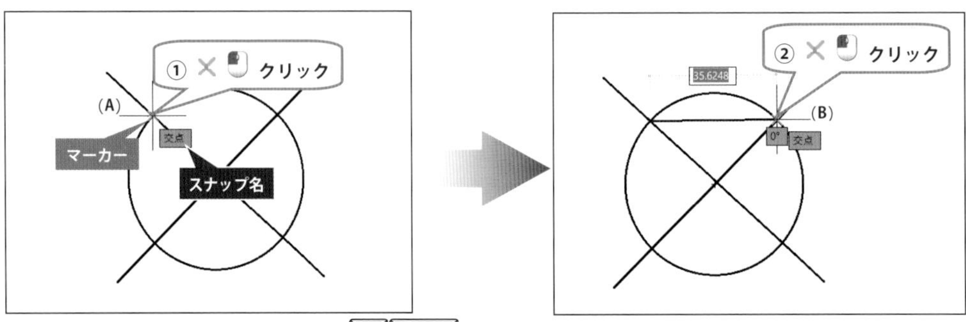

16. **交点（C）（D）**を クリックし、<C ENTER>と 入力して形状を閉じます。

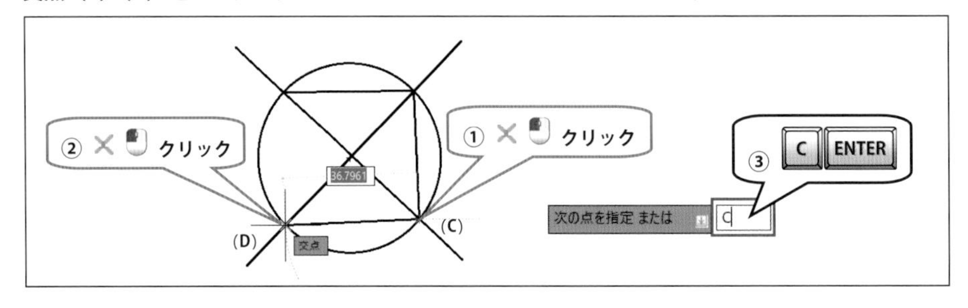

17. ENTER （または SPACE ）を押してコマンドを終了します。

18. クイックアクセスツールバーまたはアプリケーションメニューより ［**上書き保存**］を クリック。

19. ［**クローズボックス**］を クリックして図面を閉じます。

3.8.4 オブジェクトスナップの種類

定常および一時オブジェクトスナップで使用できるスナップの種類と特徴を説明します。

種類と特徴
[端点] 線分、円弧、スプラインなどの端点を認識します。 定常および一時オブジェクトスナップで使用できます。 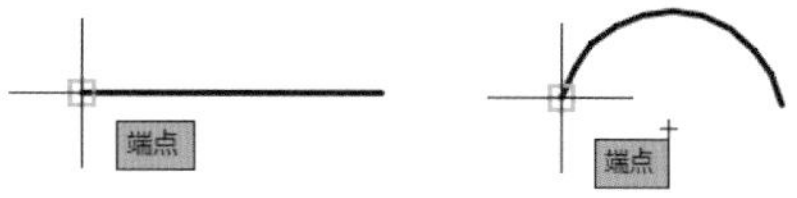
[中点] 線分や円弧などの中間点を認識します。 定常および一時オブジェクトスナップで使用できます。 
[中心] 円や円弧、楕円、楕円弧の中心を認識します。 定常および一時オブジェクトスナップで使用できます。 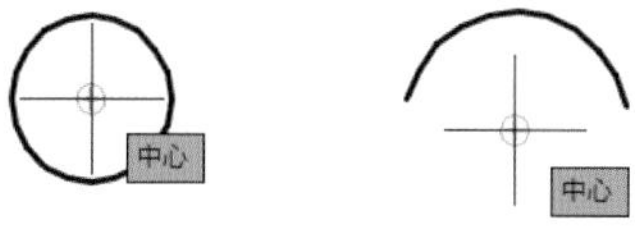
[図心] 閉じたポリラインまたはスプライン図形の図心を認識します。 定常および一時オブジェクトスナップで使用できます。 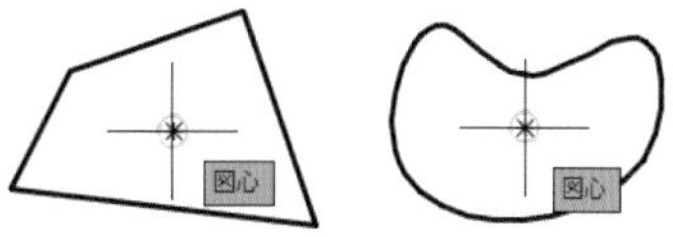
[四半円点] 円、円弧、楕円上の0°、90°、180°、270°方向の４つの分割点を認識します。定常および一時オブジェクトスナップで使用できます。 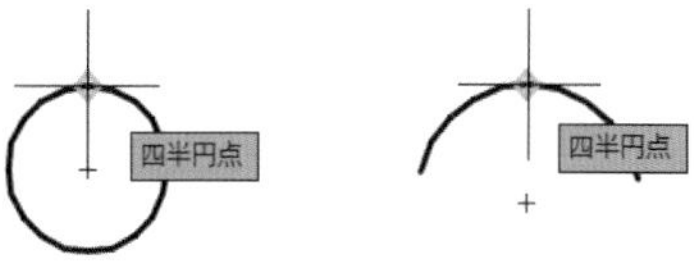
[交点] 線や円などが交差している点を認識します。 定常および一時オブジェクトスナップで使用できます。 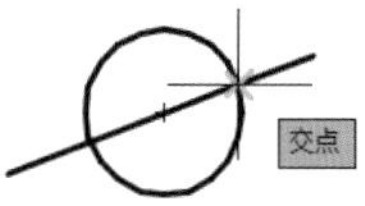
[垂線] 指定した点から指定した図形（線分や円など）に対して、垂線になる図形上の点を認識します。 定常および一時オブジェクトスナップで使用できます。 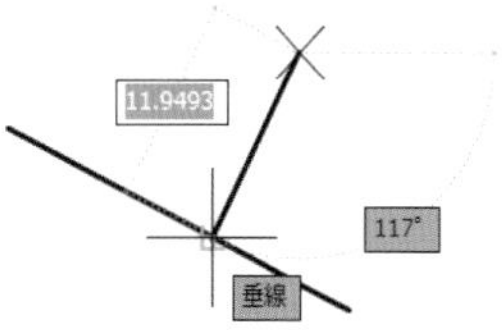
[接線] 円、円弧、楕円、スプラインの接点を認識します。 定常および一時オブジェクトスナップで使用できます。 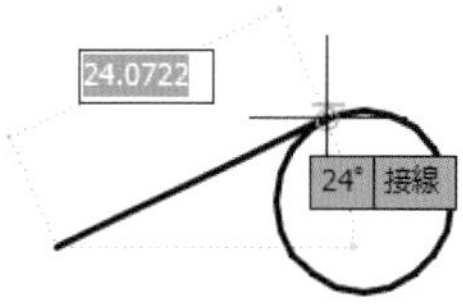
[近接点] 線分、円、円弧、楕円、スプラインなどの図形上のカーソルに最も近い点を認識します。 定常および一時オブジェクトスナップで使用できます。 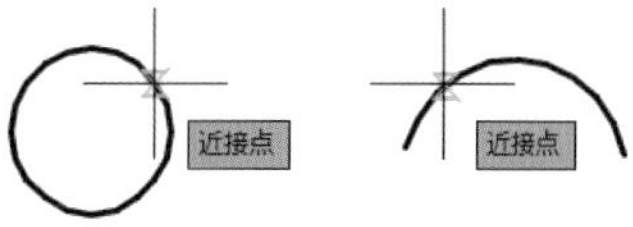

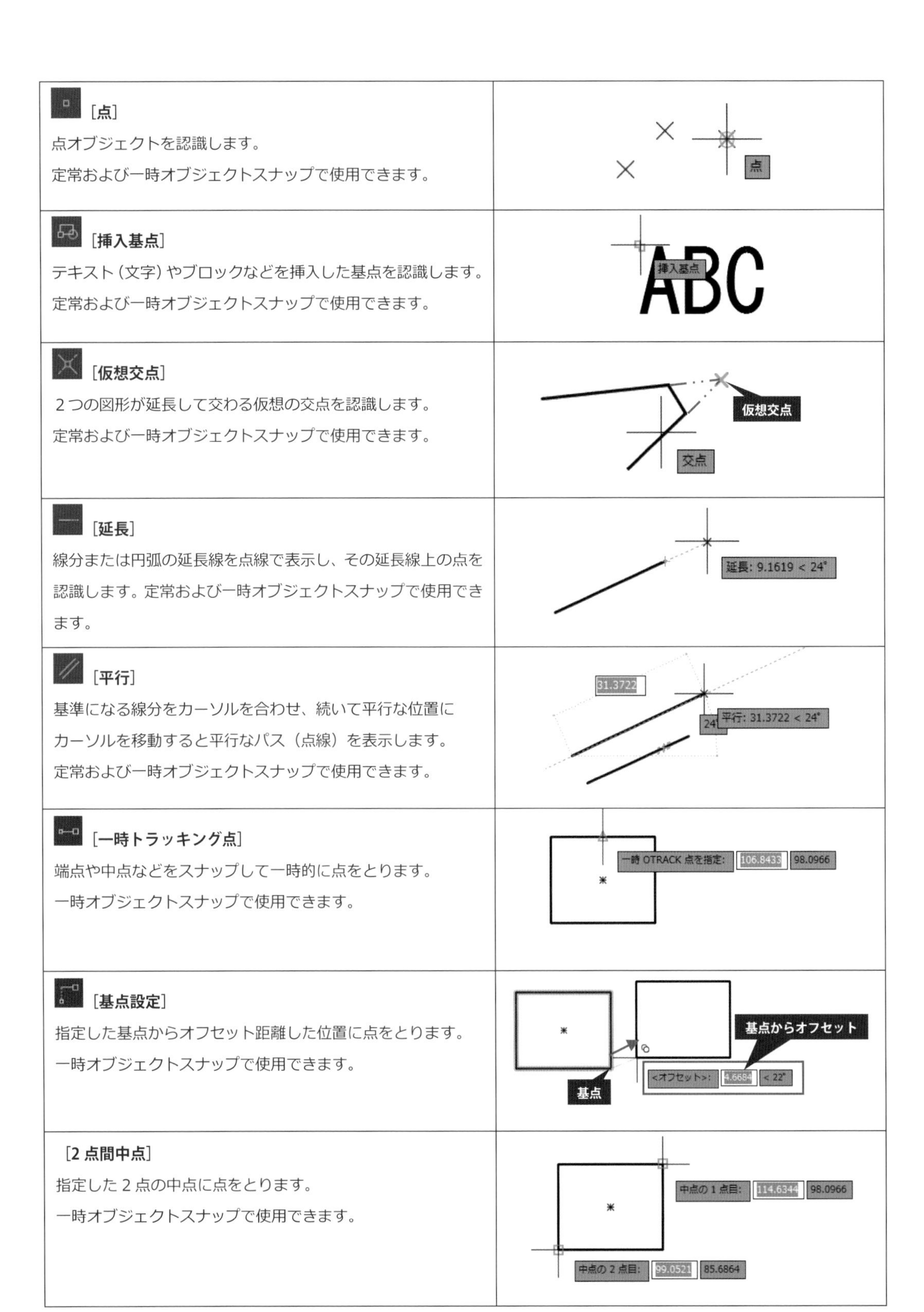

［点］ 点オブジェクトを認識します。 定常および一時オブジェクトスナップで使用できます。	点
［挿入基点］ テキスト（文字）やブロックなどを挿入した基点を認識します。 定常および一時オブジェクトスナップで使用できます。	挿入基点 ABC
［仮想交点］ ２つの図形が延長して交わる仮想の交点を認識します。 定常および一時オブジェクトスナップで使用できます。	仮想交点 交点
［延長］ 線分または円弧の延長線を点線で表示し、その延長線上の点を認識します。定常および一時オブジェクトスナップで使用できます。	延長: 9.1619 < 24°
［平行］ 基準になる線分をカーソルを合わせ、続いて平行な位置にカーソルを移動すると平行なパス（点線）を表示します。 定常および一時オブジェクトスナップで使用できます。	31.3722 平行: 31.3722 < 24°
［一時トラッキング点］ 端点や中点などをスナップして一時的に点をとります。 一時オブジェクトスナップで使用できます。	一時 OTRACK 点を指定: 106.8433 98.0966
［基点設定］ 指定した基点からオフセット距離した位置に点をとります。 一時オブジェクトスナップで使用できます。	基点からオフセット <オフセット>: 4.6684 < 22° 基点
［2 点間中点］ 指定した 2 点の中点に点をとります。 一時オブジェクトスナップで使用できます。	中点の 1 点目: 114.6344 98.0966 中点の 2 点目: 99.0521 85.6864

3.9　オブジェクトスナップトラッキング

［**オブジェクトスナップトラッキング**］は、既存の図形オブジェクトの位置や角度などの情報を基に補助的な線を作図ウィンドウに表示し、これを利用して作図や編集をします。

補助的な線を**位置合わせパス**といい、**定常オブジェクトスナップと共に機能**します。

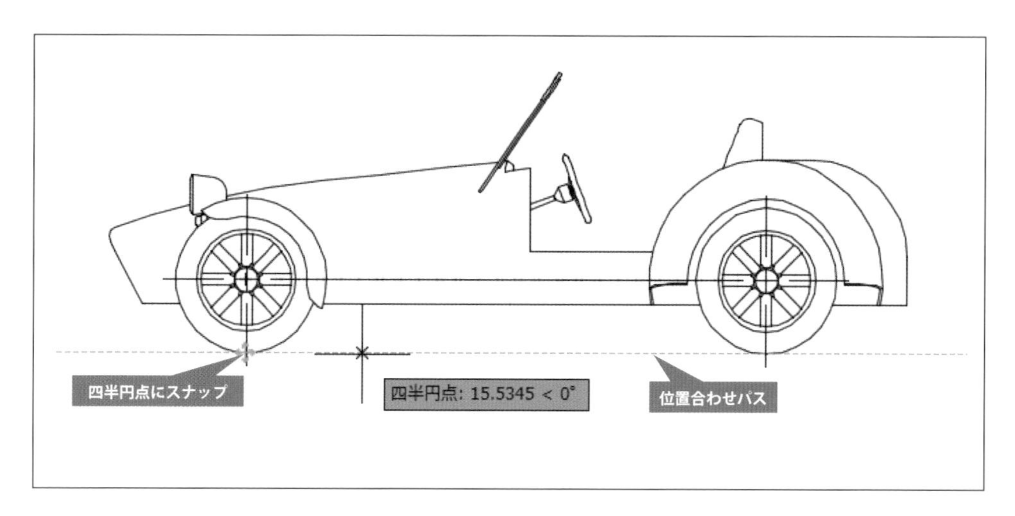

3.9.1　オブジェクトスナップトラッキングの使用

オブジェクトスナップトラッキングは、ステータスバーで**設定した種類のスナップを常に認識**します。

オブジェクトスナップトラッキングの使用は、ステータスバーにあるアイコンにて設定します。

ステータスバーの［**オブジェクトスナップトラッキング**］をクリックすると機能のオン／オフが切り替わります。

がオン、がオフを意味しており、ファンクションキーの F11 で切り替えることもできます。

3.9.2 オブジェクトスナップトラッキングを使用した作図

オブジェクトスナップトラッキングを使用した作図方法について説明します。

1. クイックアクセスツールバーまたはアプリケーションメニューより ［**開く**］を クリック。

2. 『**ファイルを選択**』ダイアログが表示されます。
   {**Chapter 3**} より図面ファイル {**オブジェクトスナップトラッキング**} を選択し、 開く(O) を クリック。

   オブジェクトスナップトラッキングを使用して、下図に示す**赤色の線分**を描いてみましょう。

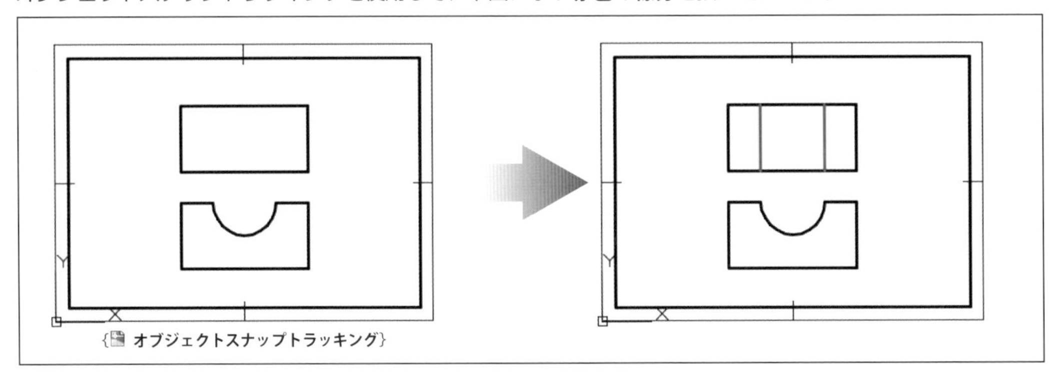

3. ステータスバーの［**ダイナミック入力**］、［**極トラッキング**］、［**定常オブジェクトスナップ**］、
   ［**オブジェクトスナップトラッキング**］を オンにします。

4. ［**定常オブジェクトスナップ**］横にある を クリックし、［**端点**］と［**交点**］に があることを確認します。 がない場合は ［**端点**］と ［**交点**］を クリック。

5. リボン【**ホーム**】タブの【**作成**】パネルにある ［**線分**］を クリック。

6. カーソルを動かして下図に示す**線分の端点**（**A**）で**スナップ**させ、真上にカーソルを移動すると**鉛直な緑色の点線**が表示されます。これが**位置合わせパス**です。
   上側の図（平面図）の下辺まで移動し、**位置合わせパスと下辺の線分との交点**（**B**）を クリック。

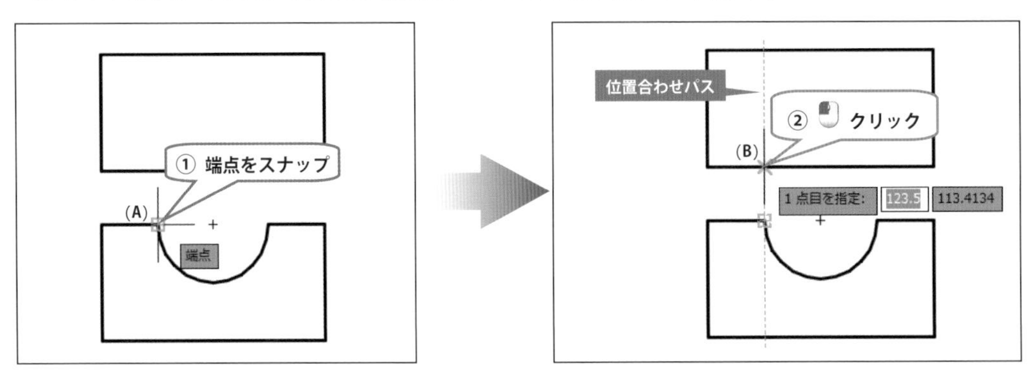

7. 真上にカーソルを移動し、**平面図の上辺と位置合わせパスの交点（C）**を クリック。

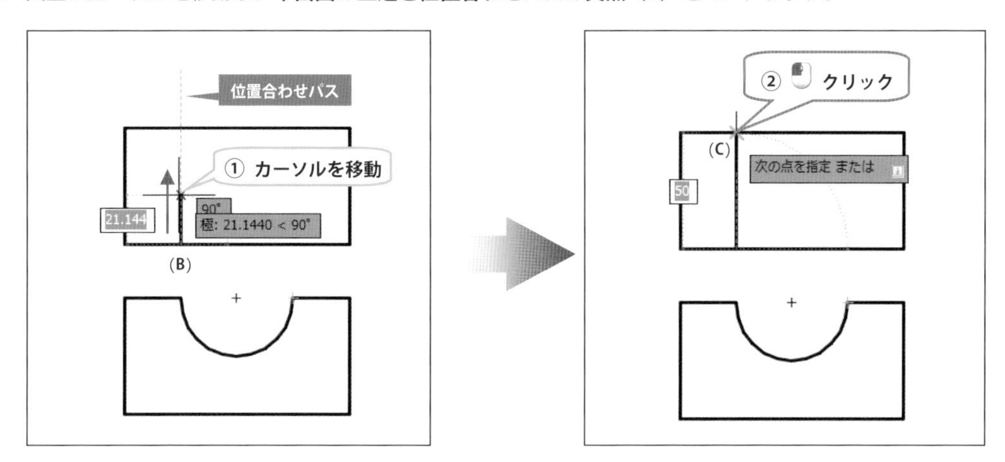

8. ENTER（または SPACE ）を押してコマンドを終了します。

9. ENTER を押して ［**線分**］コマンドを再実行します。

10. もう１つの線分も同様の方法で描きます。

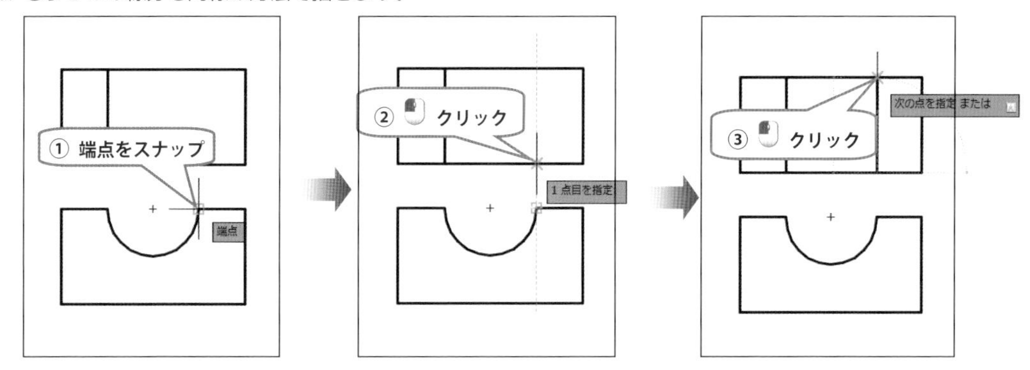

11. クイックアクセスツールバーまたはアプリケーションメニューより ［**上書き保存**］を クリック。

12. ［**クローズボックス**］を クリックして図面を閉じます。

POINT
オブジェクトスナップトラッキングの設定

オブジェクトスナップトラッキングが オンのときに、**極トラッキングの角度を使用するかしないかの設定**ができます。

1. ステータスバーの ［**極トラッキング**］ 横にある を クリックし、メニューより［**トラッキングの設定**］を クリック。

2. 『**作図補助設定**』ダイアログの【**極トラッキング**】タブが表示されます。

「**オブジェクトスナップトラッキングの設定**」にて［**直交軸に沿ってのみトラッキング（L）**］または［**すべての極角度設定を使用してトラッキング（S）**］を◉ラジオボタンにて選択し、 OK を クリック。

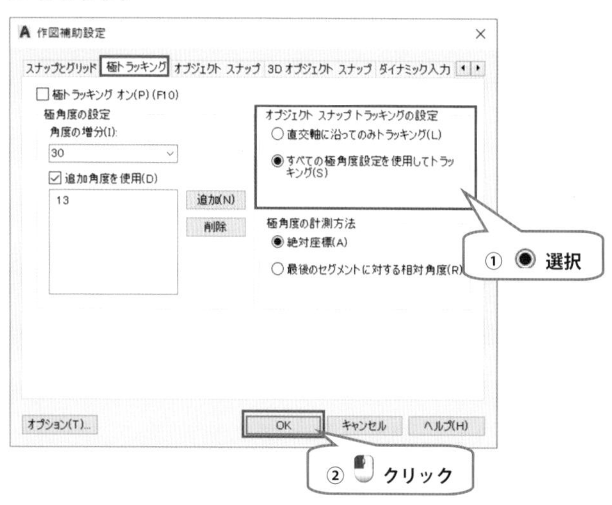

直交軸に沿ってのみトラッキング

オブジェクトスナップトラッキングが オンのとき、取得されたオブジェクトスナップ点に対して、直交（水平方向または垂直方向）の位置合わせパスのみ表示されます。

すべての極角度設定を使用してトラッキング

オブジェクトスナップトラッキングに極トラッキングの設定を適用します。

オブジェクトスナップトラッキングが オンのとき、取得したオブジェクトスナップ点から極トラッキングの位置合わせ角度に沿ってトラッキングします。

3.10 オブジェクトプロパティ

作図ウィンドウに作成した**図、文字、寸法**などを**オブジェクト**といいます。

オブジェクトには**固有のプロパティ**があり、線や円などの図形オブジェクトの場合、**線の種類や色**などがプロパティになります。図形オブジェクトのプロパティは描く前に設定するか、描いた後に設定を変更します。

ここでは**図形オブジェクトのプロパティ**について説明します。

3.10.1 プロパティを設定して描く

プロパティを設定して簡単な図を描いてみましょう。

1. **スタート画面**の 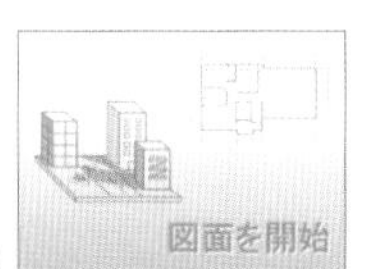 [**図面を開始**] を クリックして新規図面を作成します。

2. 図形オブジェクトの**色を設定**します。
   リボン【**ホーム**】タブの【**プロパティ**】パネルにある 横の ByLayer を クリック。
   色のメニューが展開されるので、「**インデックスカラー**」より**任意の色**を クリックして選択します。

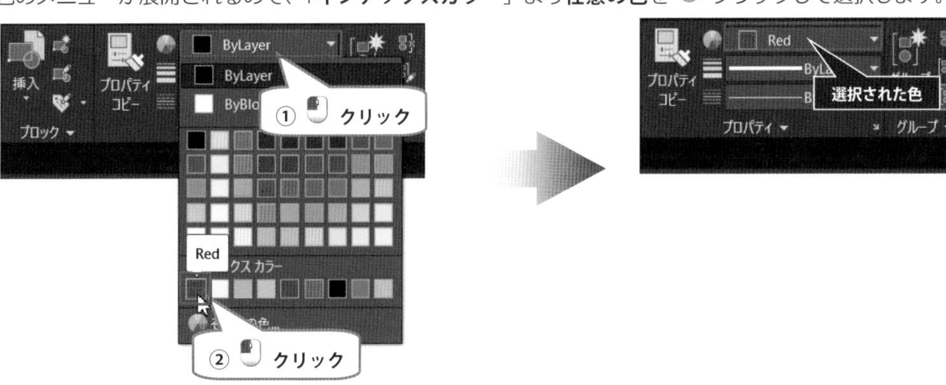

3. ステータスバーの [**ダイナミック入力**] と [**直交モード**] を オンにします。

4. リボン【**ホーム**】タブの【**作成**】パネルにある [**線分**] を クリック。

5. **100mm 角の四角形**を図枠内に描くと、**選択した色**になります。

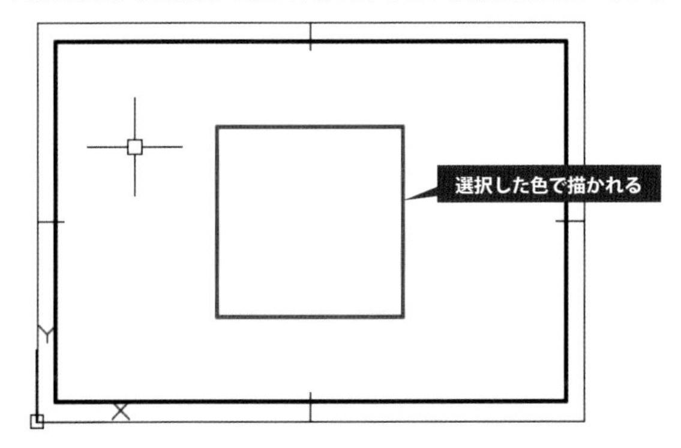

6. 図形オブジェクトの**線の太さ**を設定します。
リボン【**ホーム**】タブの【**プロパティ**】パネルにある 横の ByLayer を クリック。
線の太さがリスト表示されるので、0.13 mm を クリックして選択します。
［**既定**］の太さは「**0.25mm**」に設定されています。

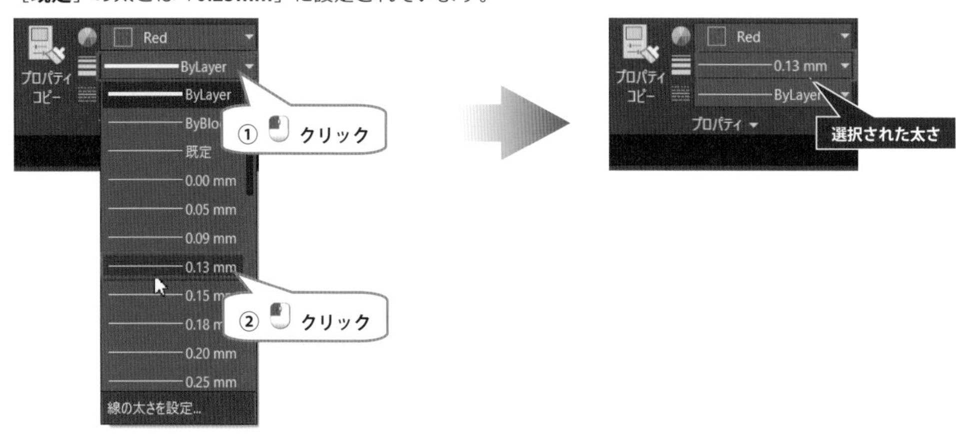

7. **線の太さ**を**作図ウィンドウに反映**させるには、ステータスバーの［**線の太さを表示／非表示**］をオンにしておく必要があります。 クリックすると機能のオン／オフが切り替わります。
 がオン、 がオフを意味しています。

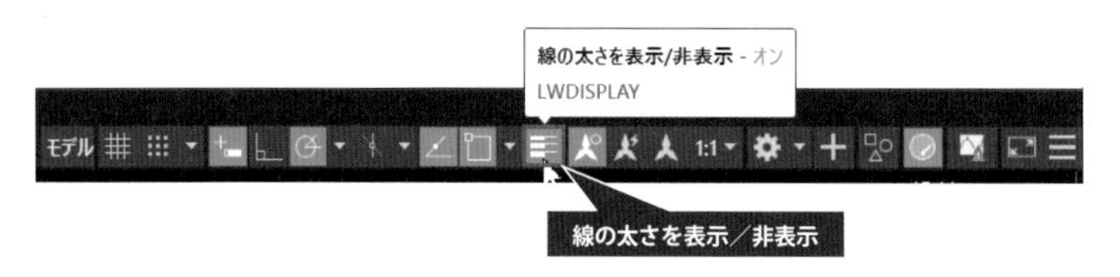

8. リボン【**ホーム**】タブの【**作成**】パネルにある ［**線分**］を クリック。

9. 四角形の**上辺と下辺の中点同士を結ぶ線分**を描くと、**選択した線の太さ「0.13mm」**になります。
四角形の線分より細いことがわかります。

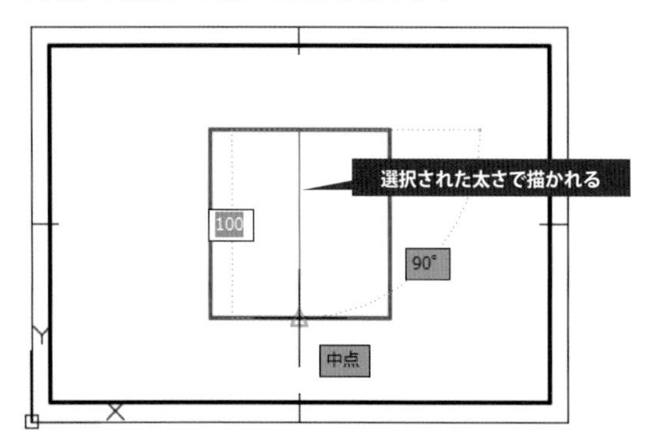

10. 図形オブジェクトの**線の種類**を設定します。

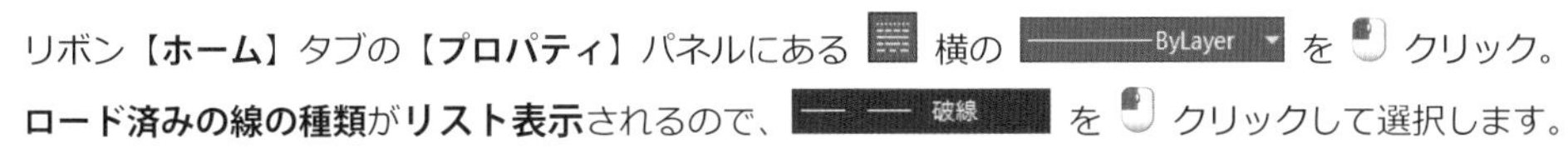

リボン【**ホーム**】タブの【**プロパティ**】パネルにある 横の ByLayer を クリック。
ロード済みの線の種類が**リスト表示**されるので、 破線 を クリックして選択します。

（※線種の名前は、［**名前変更**］コマンド<**RENAME**>で変更できます。）

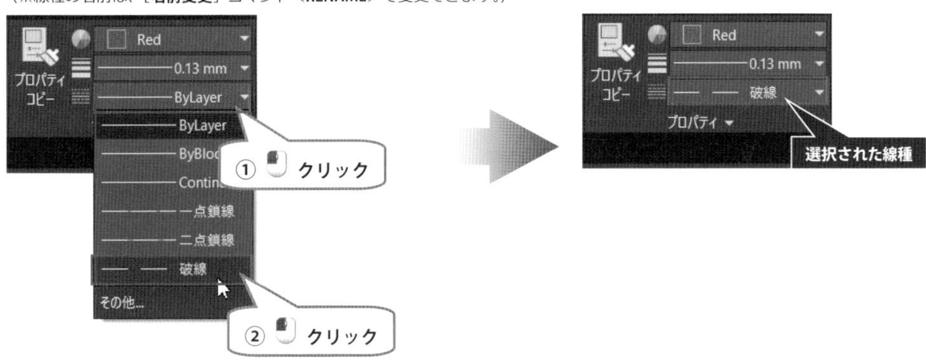

11. リボン【**ホーム**】タブの【**作成**】パネルにある ［**線分**］を クリック。

12. 四角形の**左辺と右辺の中点同士を結ぶ線分**を描くと、**選択した線種「破線」**になります。
破線に見えない場合は、ウィンドウを**拡大**して［**表示（V）**］>［**再作図（G）**］を実行してください。

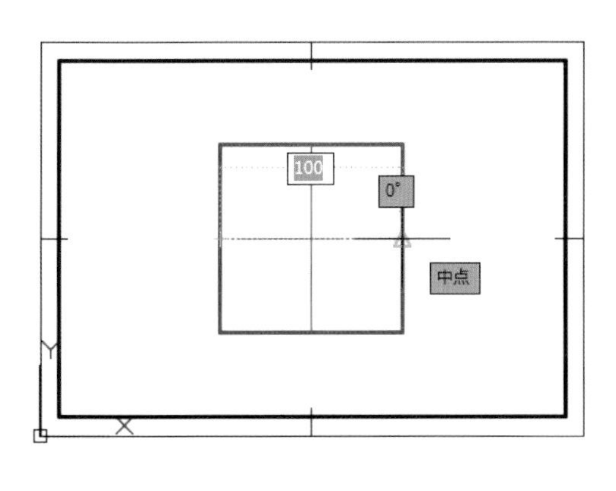

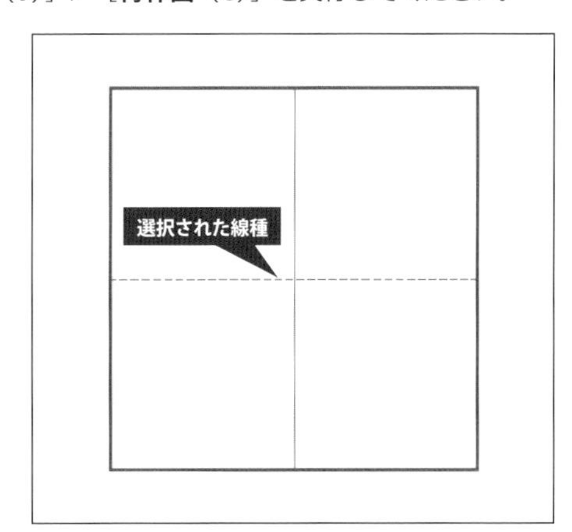

線種のロード（【プロパティ】パネルより）

線種がリストにない場合は、ロードする必要があります。サンプルテンプレートやテンプレートなしで新規ドキュメントを作成すると、線種は**実線**である［**Continuous**］(コンティニュアス)しかありません。
ここでは【**プロパティ**】パネルから**線種をロードする方法**を説明します。

1. リボンの【**ホーム**】タブの【**プロパティ**】パネルにある 横の ByLayer を クリックし、メニューより［**その他**］を クリック。

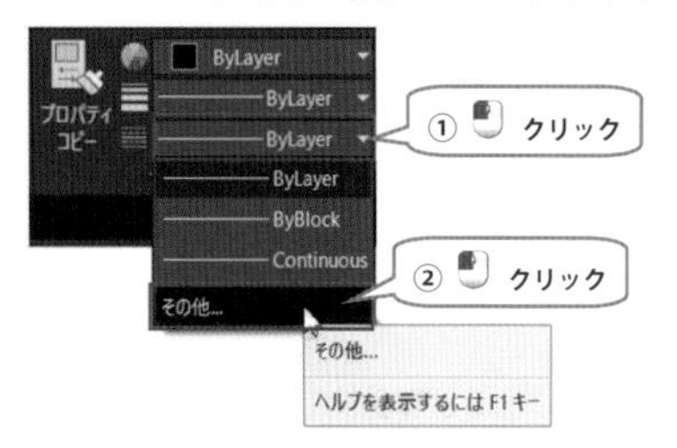

2. 『**線種管理**』ダイアログが表示されます。ここには**ロードされている線種がリスト表示**されています。
線種をロードする場合は ロード(L) を クリック。

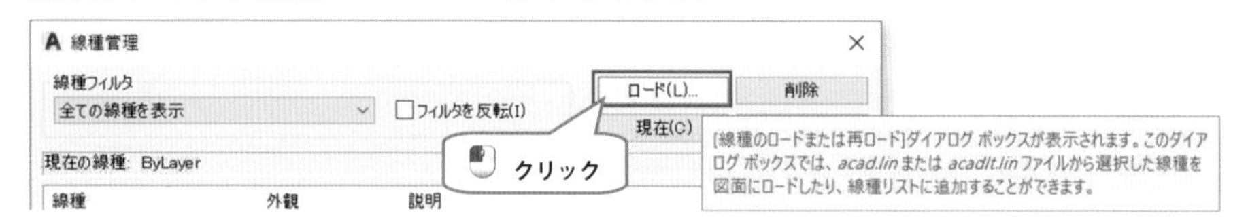

3. 『**線種のロードまたは再ロード**』ダイアログが表示されます。
標準では線種ファイル［**acadiso.lin**］が選択されており、リスト表示された線種はこのファイルにより提供されています。**任意の線種を選択**して OK を クリック。

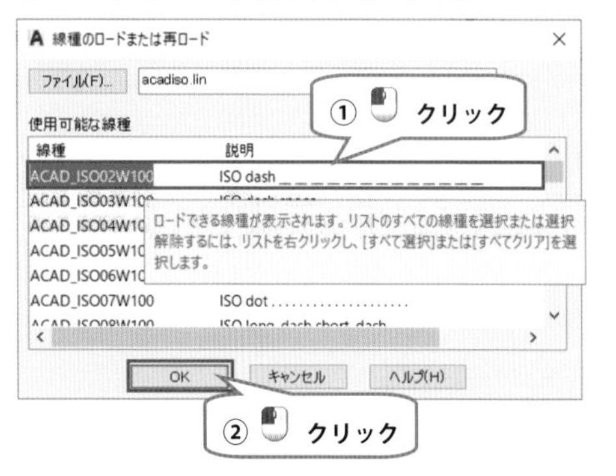

JIS から始まる名称の線種は JIS に完全準拠したものでありませんが、JIS を基に実用性を考えて定義されています。

4. 『**線種管理**』ダイアログに**選択した線種が追加**されます。
OK を クリックして『**線種管理**』ダイアログを閉じます。

現在の線種: ByLayer

線種	外観	説明
ByLayer	────	
ByBlock	────	
ACAD_ISO02W100	── ── ──	ISO dash
Continuous	────	Continuous

ロードされた線種

3.10.2 プロパティの変更

描いた**線分**の**プロパティを変更**してみましょう。

1. **四角形の４つの線分**を クリックして選択、または範囲選択します。
   リボン【**ホーム**】タブの【**プロパティ**】パネルにある 横の Red を クリックし、
   色のメニューより**任意の色**を クリックして選択します。
   ESC を押して**選択解除**し、**色が変更**されたことを確認します。

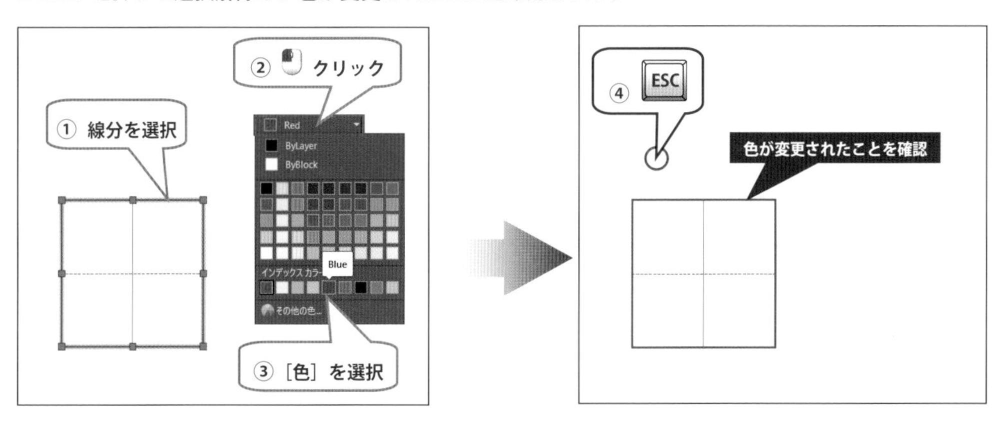

2. **上辺と下辺の中点を結ぶ線分**を クリックして選択します。
   リボン【**ホーム**】タブの【**プロパティ**】パネルにある 横の 0.13 mm を クリック。
   線の太さがリスト表示されるので、 0.30 mm を クリックして選択します。
   ESC を押して**選択解除**し、**太さが変更**されたことを確認します。

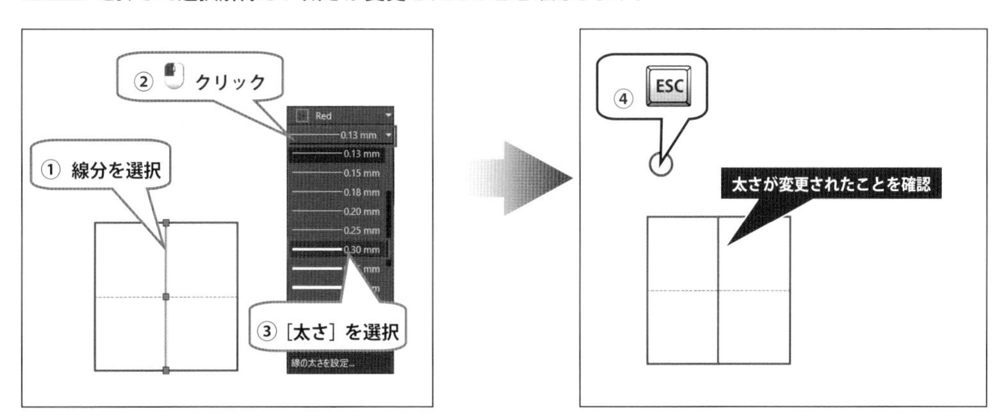

3. **クイックアクセスツールバー**の ［**名前を付けて保存**］を クリック。

4. 『**図面に名前を付けて保存**』ダイアログが表示されます。
   「**保存先（I）**」で任意のフォルダーを選択し、「**ファイル名（N）**」に<**オブジェクトプロパティ**>と 入力。
   保存(S) を クリック。

5. ［**クローズボックス**］を クリックして図面を閉じます。

POINT オブジェクト情報

［**オブジェクト情報**］コマンドは、選択したオブジェクトの**プロパティデータ**を**テキストウィンドウに表示**します。

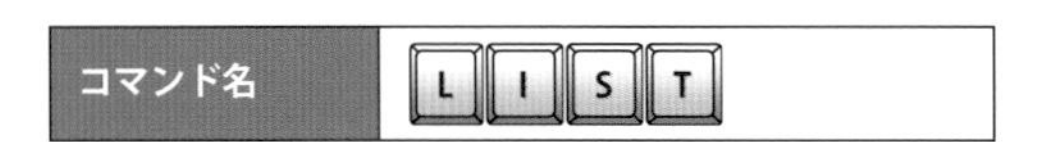

コマンド名	L I S T

1. 作図ウィンドウよりオブジェクトを クリックして選択します。

2. <L I S T ENTER>と入力して［**オブジェクト情報**］コマンドを実行します。

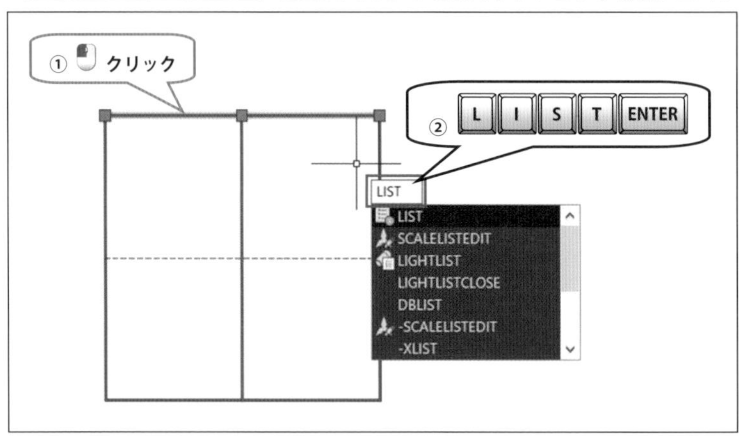

3. **AutoCAD テキストウィンドウ**が**表示**され、選択したオブジェクトのプロパティを表示します。
「オブジェクトタイプ」「オブジェクトの画層」「ユーザ座標系での XYZ 座標」「色」「線種」「線の太さ」などが確認できます。これらは**クリップボード**に**コピー**できます。

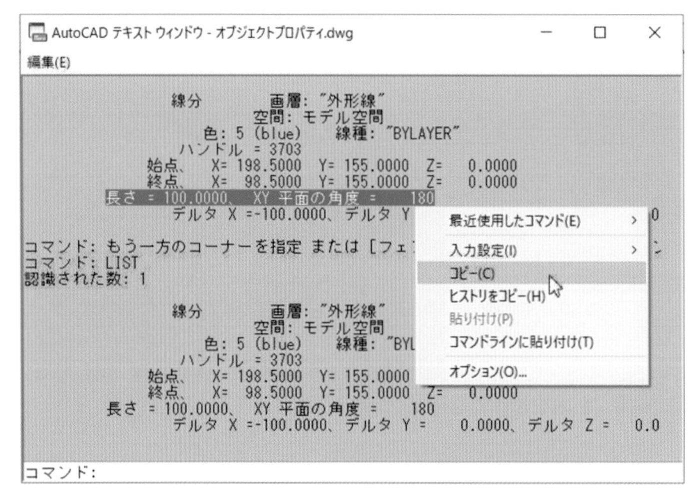

3.11 モデル空間の印刷

AutoCAD にはモデル空間とレイアウト空間という 2 つの作図ウィンドウがあり、印刷の方法も異なります。
ここでは**モデル空間**の**印刷方法**について説明します。

モデル空間には、次の 4 つの印刷対象があります。

印刷対象	機　能
[**オブジェクト範囲**]	すべてのオブジェクトを印刷します。
[**表示画面**]	画面に表示しているオブジェクトを印刷します。
[**図面範囲**]	[**図面範囲設定**] で設定した範囲内のオブジェクトを印刷します。
[**窓**]	ユーザーが矩形で指定した範囲内のオブジェクトのみ印刷します。

3.11.1 窓指定の印刷

モデル空間を**矩形で指定した範囲を印刷**します。窓で指定した範囲を **A4 用紙**で印刷してみましょう。

1. クイックアクセスツールバーまたはアプリケーションメニューより [**開く**] を クリック。

2. 『**ファイルを選択**』ダイアログが表示されます。
   { **Chapter3**} より図面ファイル { **モデル空間の印刷**} を選択し、 **開く(O)** を クリック。

3. クイックアクセスツールバーの [**印刷**] を クリック。
   または [**アプリケーションボタン**] を クリックし、メニューより [**印刷**] を クリック。
   コマンドのショートカットは **CTRL** + **P** です。

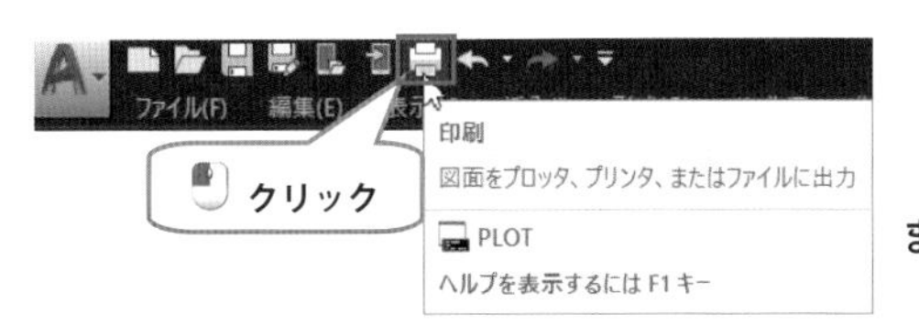

または

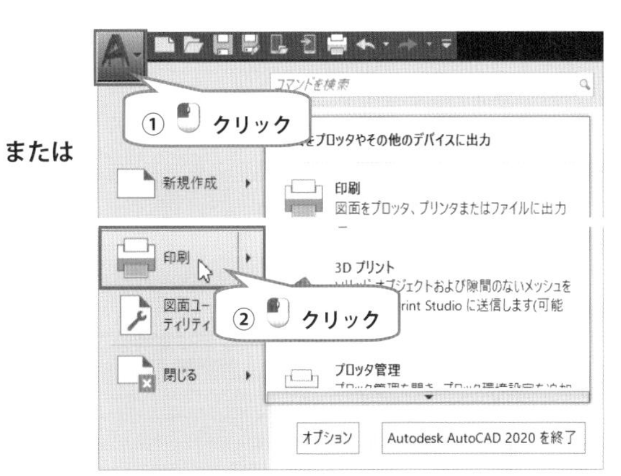

4. 『**印刷-モデル**』ダイアログが表示されます。
「**プリンタ／プロッタ**」で**印刷機器** を選択し、「**用紙サイズ（Z）**」で［**A4**］を選択します。

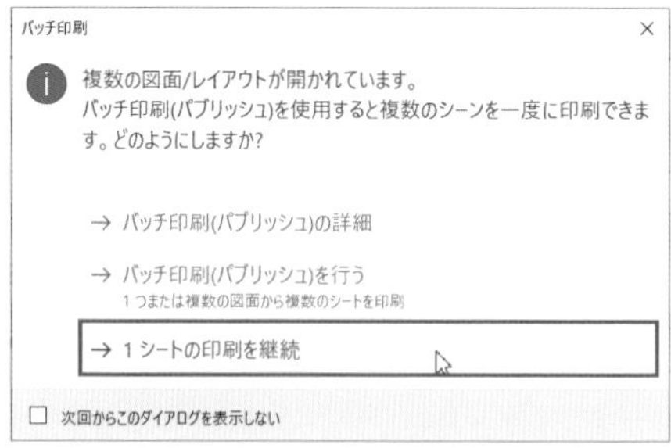

複数の図面ドキュメントを開いている場合、
上図の『**バッチ印刷**』ダイアログが表示されます。
ウィンドウに表示している図面の印刷をする場合は、
→ 1 シートの印刷を継続 を クリックします。

5. 「**印刷対象（W）**」より［**窓**］を選択し、 窓(O)< を クリック。

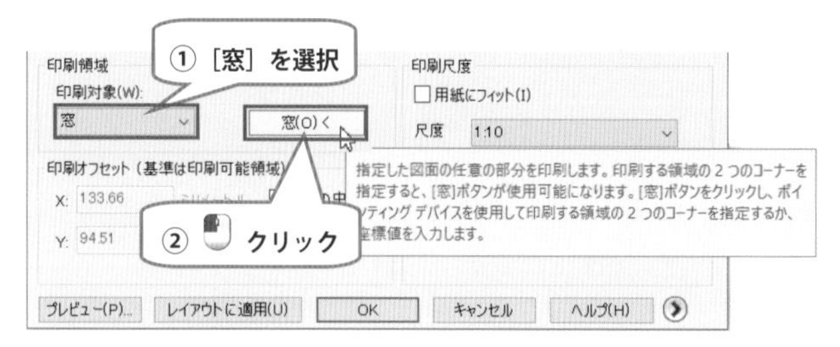

6. 作図ウィンドウに切り替わり、ダイナミックプロンプトメッセージに「**最初のコーナーを指定：**」と表示されます。等角図を印刷する場合は、**矩形の対角点**を クリックして**範囲指定**します。

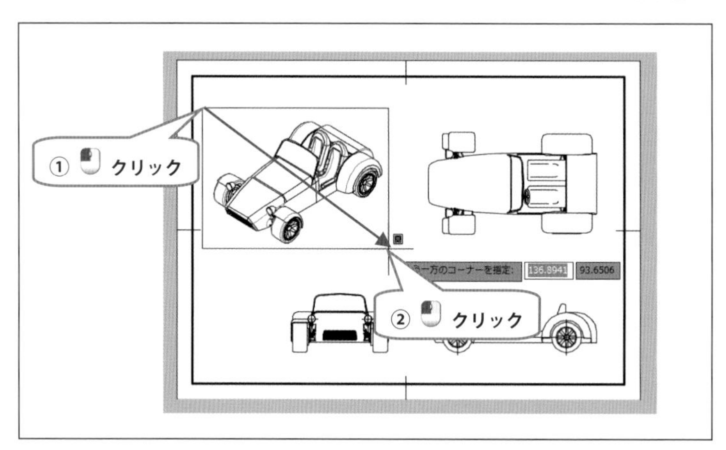

7. 『**印刷-モデル**』ダイアログに戻ります。

「**印刷の中心（C）**」をチェックON（☑）にすると、**用紙の中心にオフセット**します。

「**用紙にフィット（I）**」をチェックON（☑）にすると、用紙サイズに合わせ**尺度を自動調整**します。

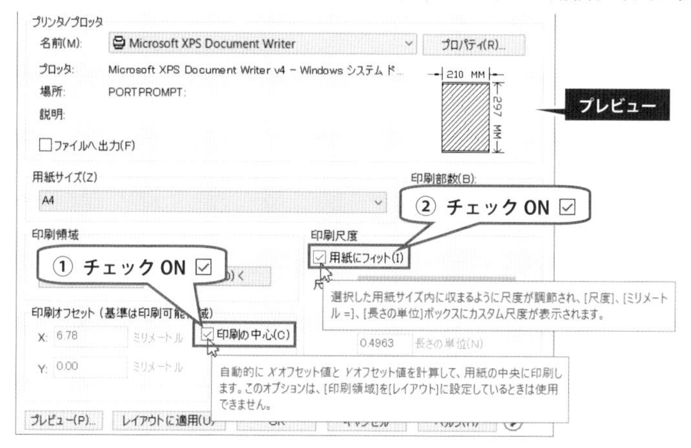

8. ヘルプ(H) の右にある [**オプションを表示**] を クリックして**オプションメニュー**を**表示**します。

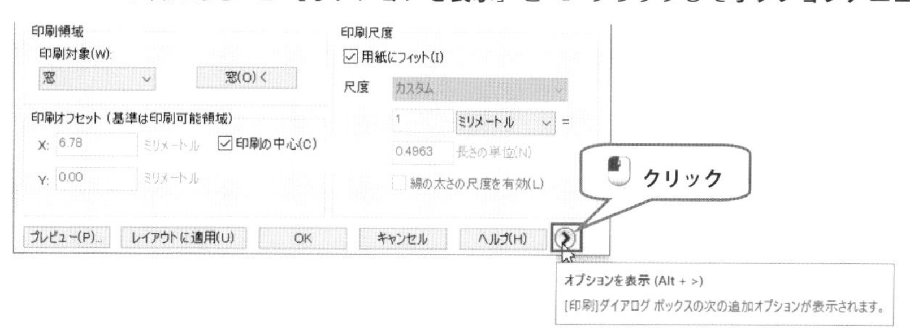

9. **印刷スタイルテーブル**という印刷する際の線の太さと印刷色を定義した**設定ファイル**があり、サンプルでいくつか用意されています。

モノクロ印刷する場合は、ドロップダウンメニューより［**monochrome.ctb**］を選択します。

（※印刷スタイルテーブルを使用しない場合は、オブジェクトの線の太さと色で印刷します。）

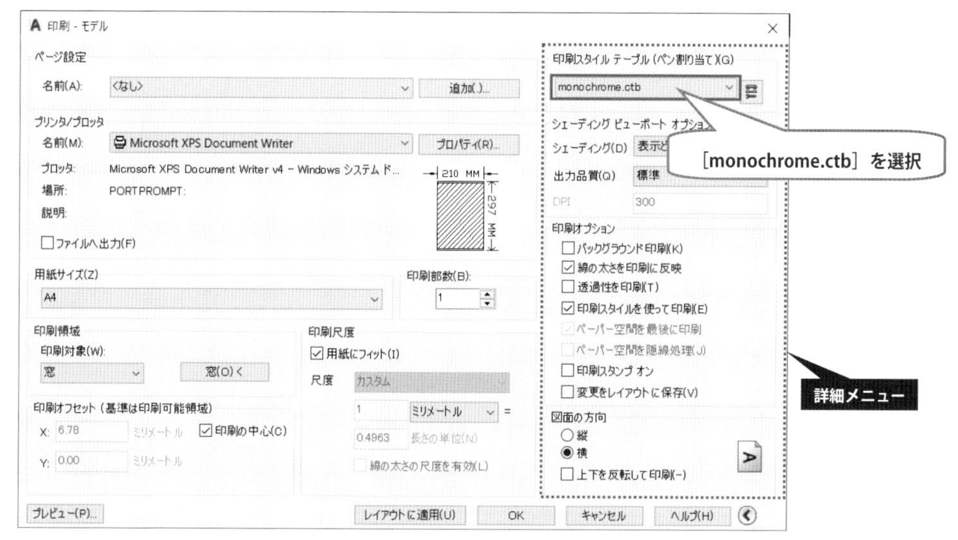

10. 「**図面の方向**」より［**横**］を ◉選択します。機械製図では用紙の向きは横になります。

（※JIS 機械製図では、A4 のみ縦の使用が許されています。）

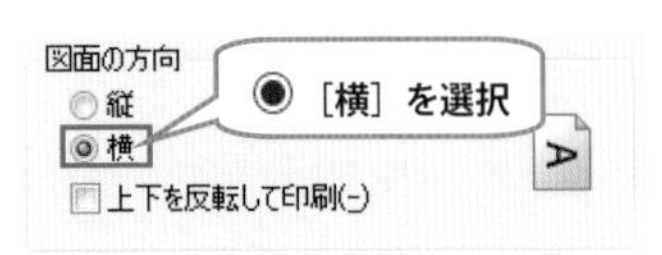

11. レイアウトに適用(U) を クリックすると、**印刷設定を保存**します。

12. **プレビュー(P)** を クリックすると**プレビューウィンドウを表示**します。

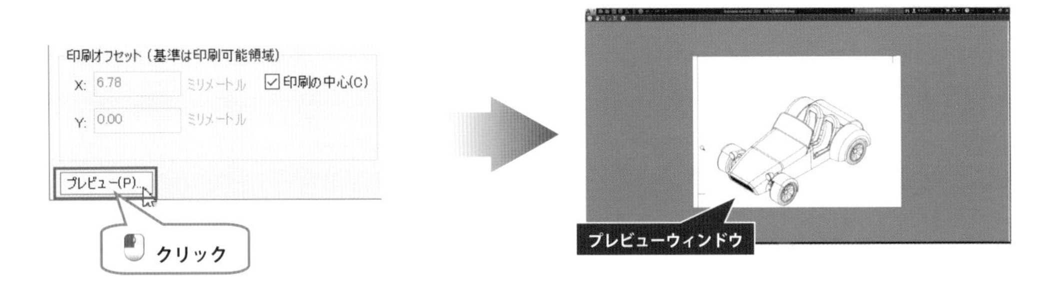

13. ウィンドウ左上のツールバーにある ［**印刷**］を クリックして**印刷を開始**します。

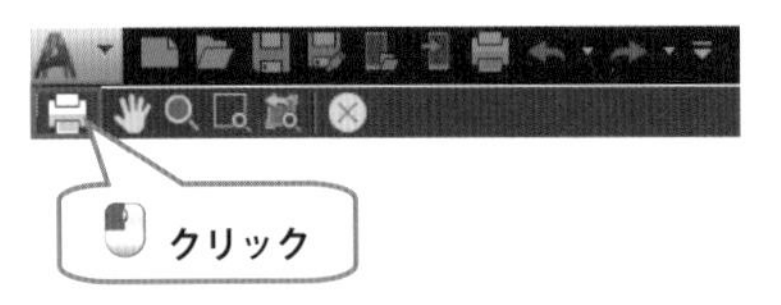

ツールーバーでは、以下の操作が可能です。

- ［**印刷**］を クリックすると**印刷を開始**します。
- ［**画面移動**］を クリックすると、 ドラッグで**画面を移動**できます。
- ［**ズーム**］を クリックすると、 ドラッグで**画面を拡大縮小**できます。（↑拡大、↓縮小）
- ［**窓ズーム**］を クリックすると、 ドラッグで**矩形を指定して画面を拡大**できます。
- ［**前画面ズーム**］を クリックすると、**直前の画面表示状態**に戻ります。
- ［**プレビューウィンドウを閉じる**］を クリックすると『**印刷-モデル**』ダイアログに戻ります。

14. **印刷が完了**すると、ステータスバーに下図のような**メッセージ**が**表示**されます。

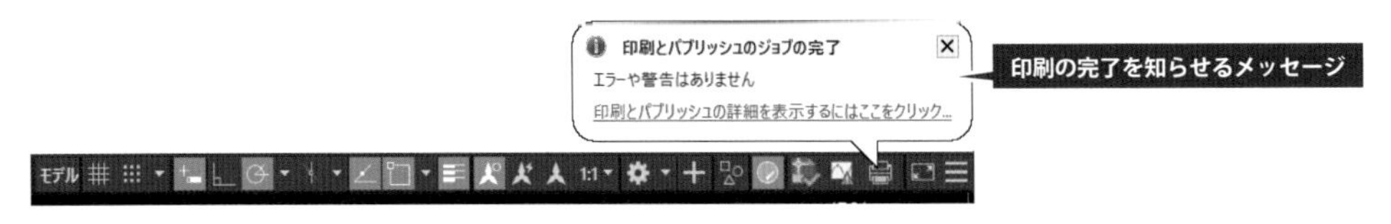

3.11.2 図面範囲の印刷

［**図面範囲設定**］コマンドは、**グリッドの表示範囲を制限**し、その範囲を**印刷対象に指定**できます。
開いている図面で範囲を設定し、その範囲を印刷してみましょう。

コマンド名	L I M I T S

1. メニューバーの［**形式（O）**］＞［**図面範囲設定（I）**］を クリック。

2. ダイナミックプロンプトメッセージに「**モデル空間の図面範囲のリセット：左下コーナーを指定 または** 」と表示されるので、下図に示す用紙の**左下の角**（端点）を クリック。

   ダイナミックプロンプトメッセージに「右上**コーナーを指定：**」と表示されるので、下図に示す用紙の**右上の角**（端点）を クリック。

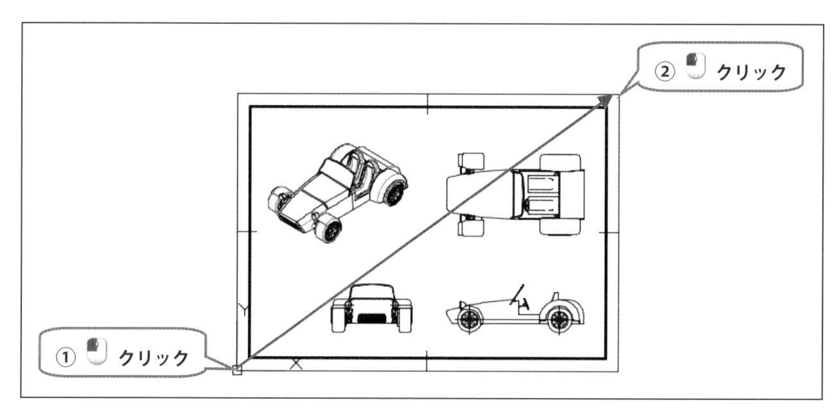

3. ［**アプリケーションボタン**］を クリックし、［**印刷**］を クリック。
   または CTRL を押しながら P を押して実行します。

4. 『**印刷-モデル**』ダイアログが表示されます。「**印刷対象（W）**」より［**図面範囲**］を選択します。

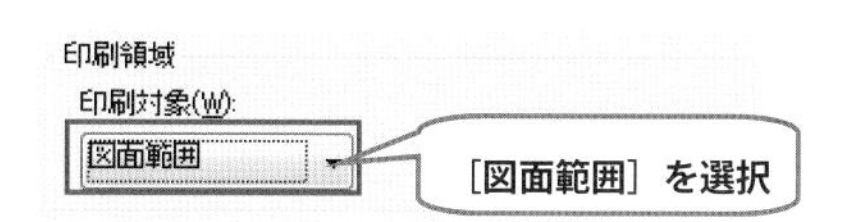

5. 範囲指定した用紙サイズが A4 で、実際に印刷するサイズも A4 なので**尺度**は<**1**>です。
   「**用紙にフィット（I）**」をチェック OFF（□）にし、「**尺度（S）**」より［**1:1**］を選択します。

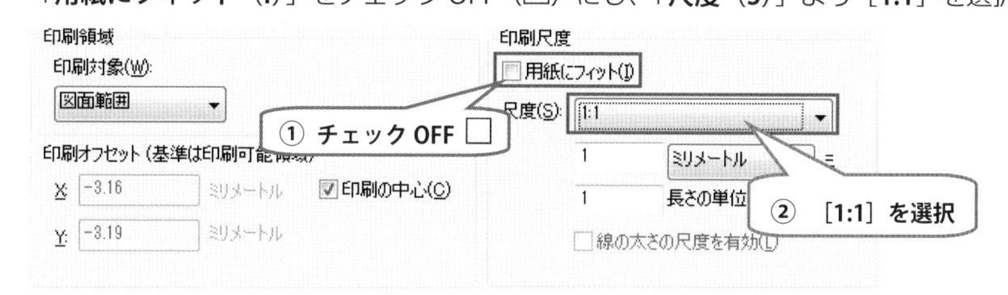

6. 『**印刷-モデル**』ダイアログの プレビュー(P) を クリックし、プレビューウィンドウを確認します。

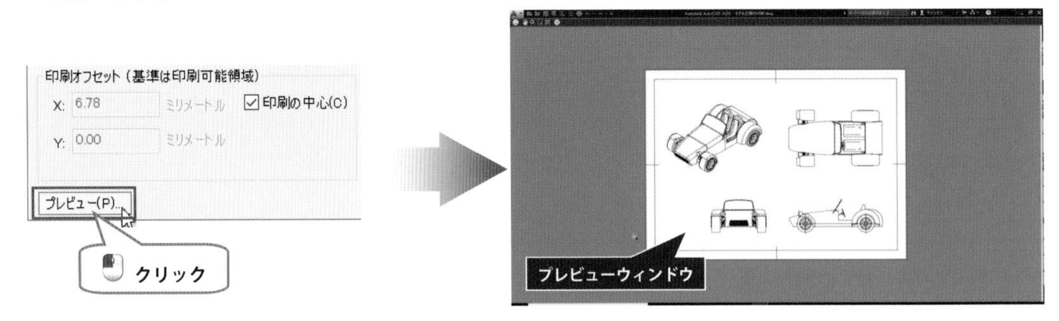

7. ウィンドウ左上のツールバーにある ［**印刷**］を クリックして**印刷を開始**します。

8. クイックアクセスツールバーまたはアプリケーションメニューより ［**上書き保存**］を クリック。

9. ［**クローズボックス**］を クリックして図面を閉じます。

POINT 図面範囲外のグリッドを表示

図面範囲内のみにグリッドを表示するには、『**作図補助設定**』ダイアログの「**図面範囲外のグリッドを表示（L）**」をチェック OFF（□）にします。

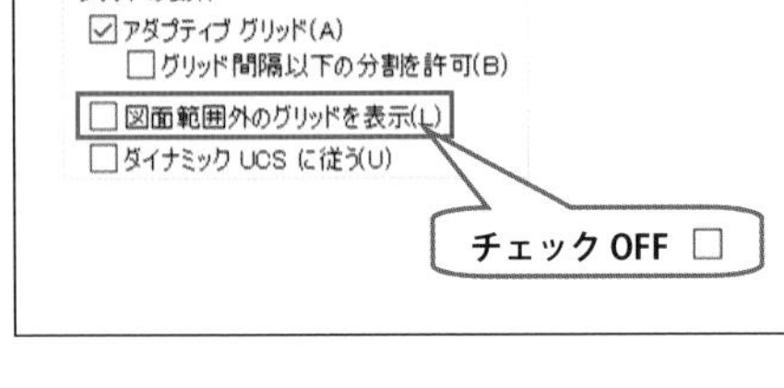

図面範囲内にグリッドを表示

POINT 作図制限

システム変数「**LIMCHECK**」を＜1＞に変更すると、オブジェクトの作成が**グリッド内に制限**されます。

LIMCHECK の新しい値を入力 <0>: 1

グリッドの外側でオブジェクトの作成ができなくなります。

元に戻すには、「**LIMCHECK**」を＜0＞に戻します。

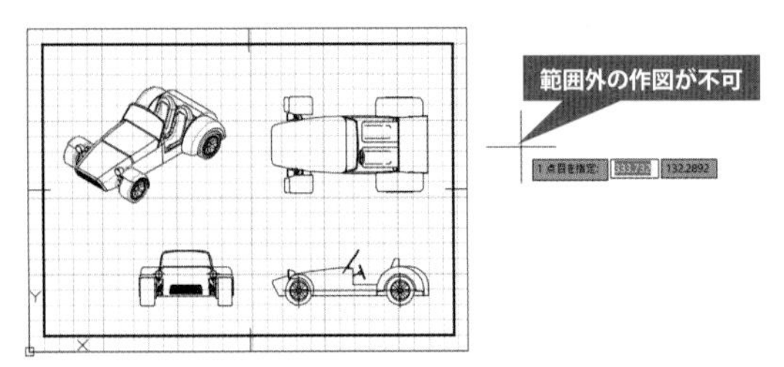

Chapter4

作図コマンド（1）

この章では、AutoCADで使用頻度の高い作図コマンドの操作方法について説明します。

ポリライン

- 閉じたポリライン図形
- 円弧を使用したポリライン図形（長穴）

多角形を作成する

- 長方形
- 正多角形（ポリゴン）

円を作成する

- 半径指定の円
- 直径指定の円
- 2点を通る円
- 3点を通る円
- 2図形に接する円
- 3図形に接する円

円弧を作成する

- 3点を通過する円弧
- 始点、中心、終点を指定した円弧
- 角度を指定した円弧
- 弦の長さを指定した円弧
- 方向を指定した円弧
- 半径を指定した円弧
- 正接につながる円弧

楕円を作成する

- 中心点を指定した楕円
- 軸の両端点を指定した楕円
- 楕円弧

4.1 ポリライン

［**ポリライン**］コマンドは、**連続した線分や円弧**を使用して図形を描きます。

ポリライン図形は、開始点から終了点までが連続した **1 つのオブジェクト**として扱います。

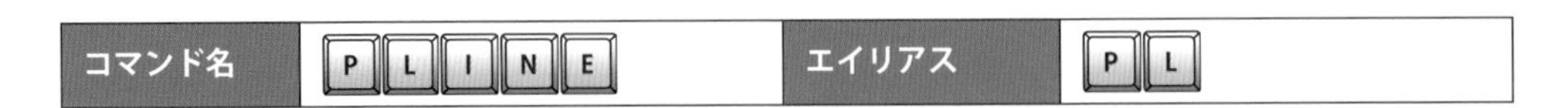

コマンド名	P L I N E	エイリアス	P L

［**ポリライン**］で描いた三角形どれか 1 つの直線を クリックすると、**3 つの直線がすべて選択**されます。

これはこの図形が **1 つのオブジェクト**であることを意味しています。

図形上にカーソルを合わせると、**オブジェクトの種類をポップアップで表示**します。

［**線分**］で描いた三角形どれか 1 つの直線を クリックすると、**その直線のみが選択**されます。

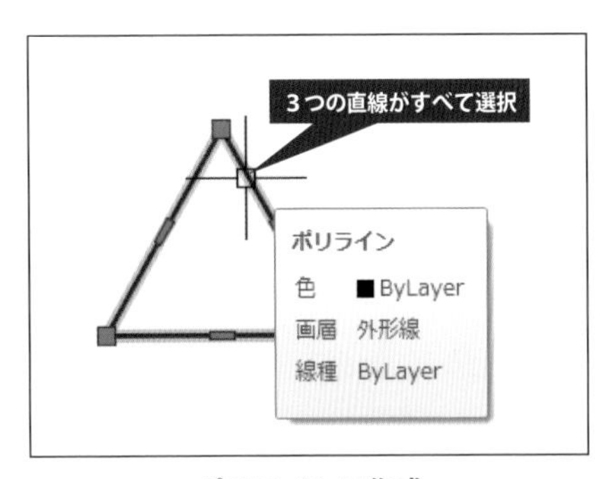

ポリラインで作成

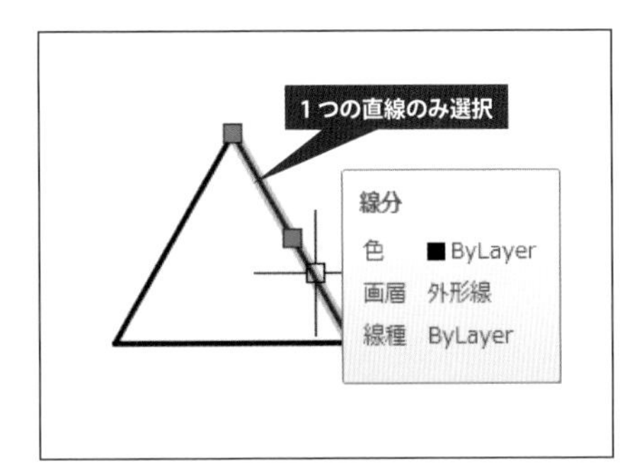

線分で作成

次のオプションが使用可能です。

オプション	機　能
［**円弧（A）**］	正接につながる円弧を作成します。
［**閉じる（C）**］	閉じたポリライン図形を作成します。
［**2 分の 1 幅（H）**］	幅を指定してポリラインを作成します。セグメントの中心からの距離で指定します。
［**長さ（L）**］	コマンドオプションの初期設定です。線分に切り替えます。
［**元に戻す（U）**］	操作を元に戻します。
［**幅（W）**］	幅を指定してポリラインを作成します。

4.1.1 閉じたポリライン図形

［**ポリライン**］コマンドの［**閉じる（C）**］オプションを使用して閉じた図形の作図方法について説明します。

1. クイックアクセスツールバーまたはアプリケーションメニューより ［**開く**］を クリック。

2. 『**ファイルを選択**』ダイアログが表示されます。

   { **Chapter 4**} より図面ファイル { **ポリライン**} を選択し、 開く(O) を クリック。

   三角形を図枠左下の作図スペースに描いてみましょう。（※寸法の記入は不要です。）

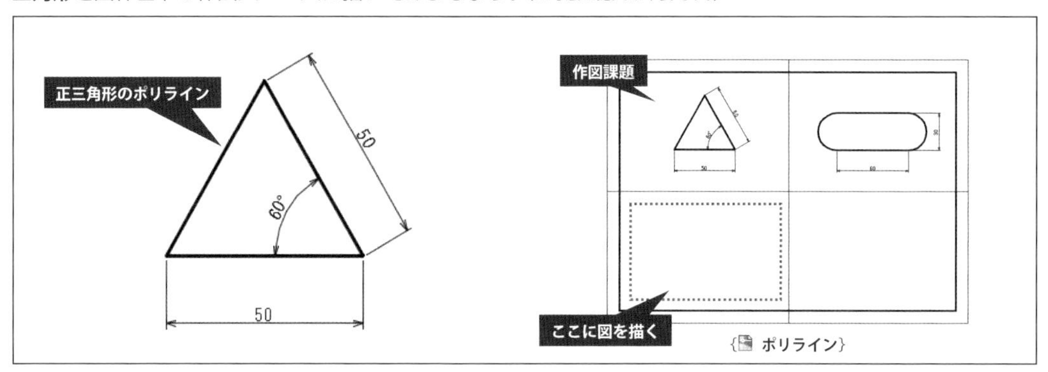

3. ステータスバーの［**ダイナミック入力**］、［**極トラッキング**］（[30,60,90,120...]）を オンにします。［**作図グリッドを表示**］、［**スナップモード**］は オフにします。

4. リボン【**ホーム**】タブの【**作成**】パネルにある ［**ポリライン**］を クリック。

   またはコマンドのエイリアス<P L ENTER>を 入力して実行します。

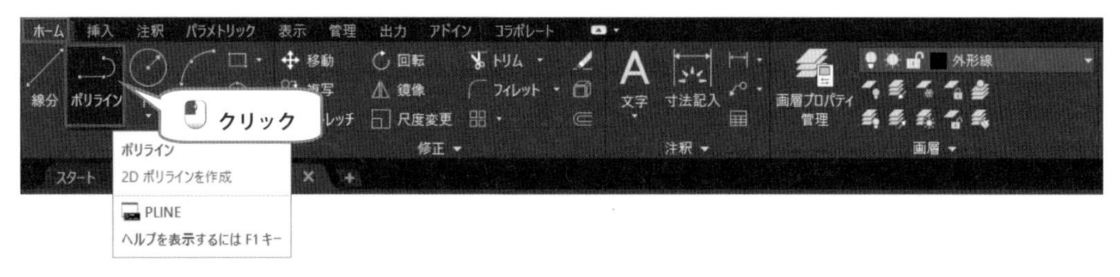

5. ダイナミックプロンプトメッセージに「**始点を指定：**」と表示されます。

   下図に示す**作図スペース中央の左下あたり（A）**を クリック。

   ダイナミックプロンプトメッセージに「**次の点を指定 または** 」と表示されます。

   カーソルを**右側（B）**へ移動し、**水平な位置合わせパスを表示**しているときに<5 0 ENTER>と 入力。

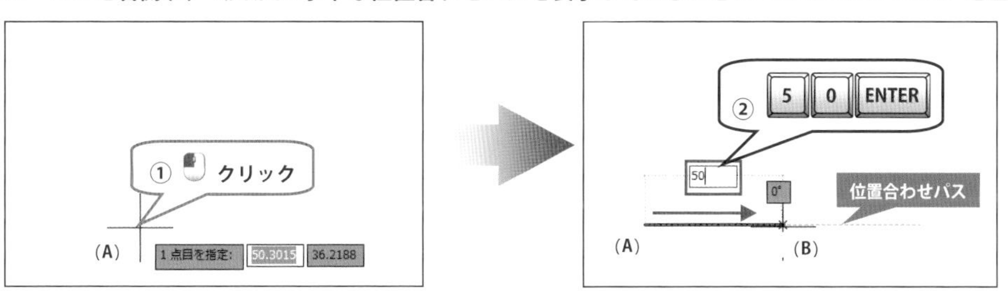

6. ダイナミックプロンプトメッセージに「**次の点を指定 または** 」と表示されます。

カーソルを**左上（C）**へ移動し、**120°の角度に位置合わせパスを表示**させて<5 0 ENTER>と入力。

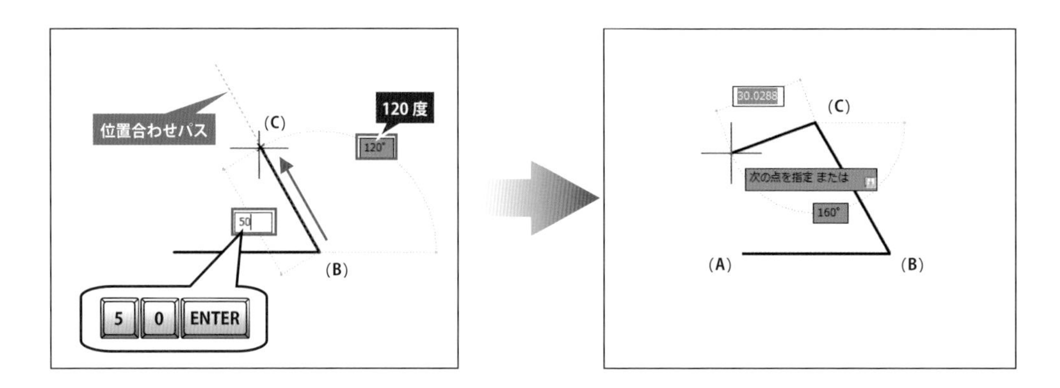

7. ［**線分**］コマンドと同じように［**閉じる（C）**］オプションを使用します。

<C ENTER>と入力して形状を閉じます。

カーソルを描いた三角形に合わせ、**属性をポップアップ表示**させてみましょう。

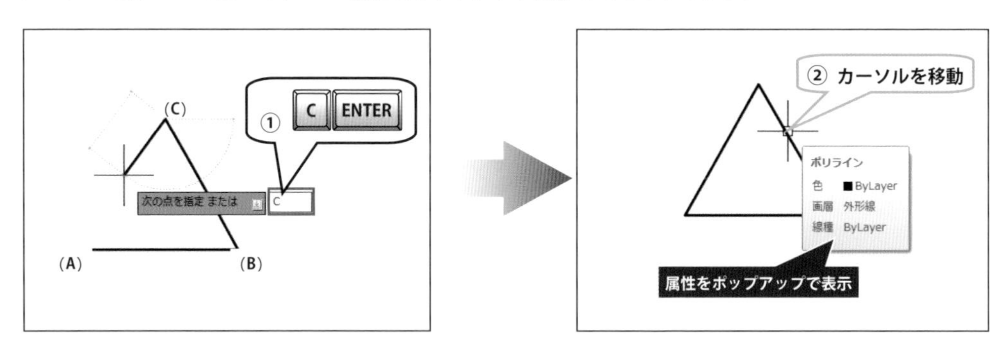

POINT ポリライン図形の分解

ポリライン図形は、［**分解**］コマンドを使用すると線や円弧などの**個々のオブジェクトに分解**できます。

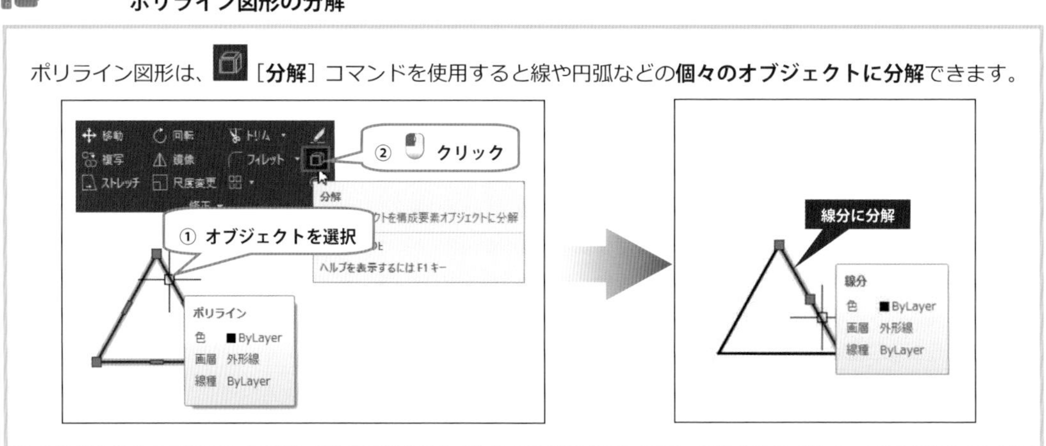

4.1.2 円弧を使用したポリライン図形（長穴）

［**ポリライン**］コマンドの［**円弧（A）**］オプションを使用した作図方法について説明します。

1. **長穴形状**を図枠右下の作図スペースに描いてみましょう。

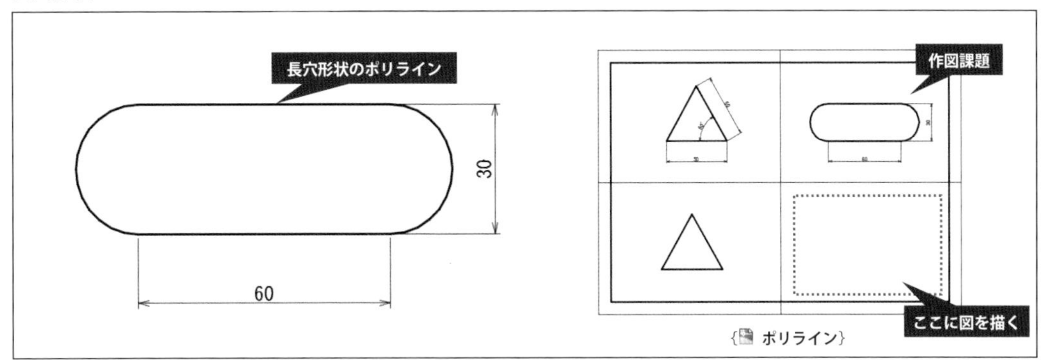

2. リボン【**ホーム**】タブの【**作成**】パネルにある ［**ポリライン**］を クリック。

3. ダイナミックプロンプトメッセージに「**始点を指定：**」と表示されます。
下図に示す**作図スペース中央の左下あたり（A）**を クリック。
ダイナミックプロンプトメッセージに「**次の点を指定 または** 」と表示されます。
カーソルを**右側（B）**へ移動し、**水平な位置合わせパスを表示**しているときに<6 0 ENTER>と入力。

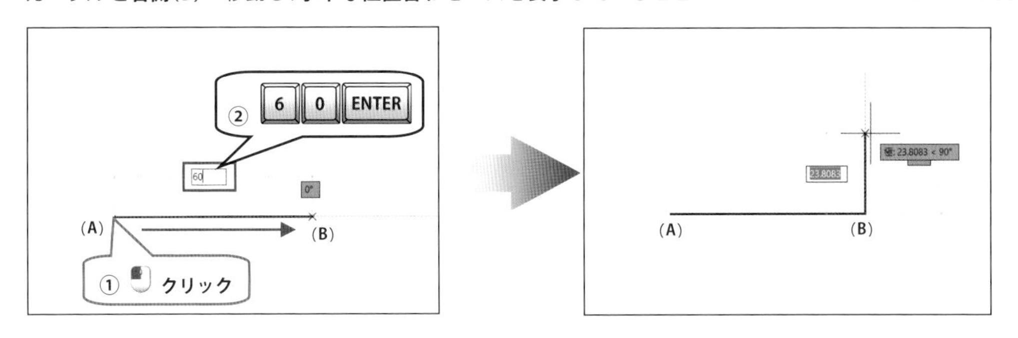

4. ポリラインは線分で開始しましたが、［**円弧（A）**］オプションを使用すると**正接でつながる円弧**に切り替わります。↓を押してメニューより［**円弧（A）**］を クリック、または<A ENTER>と入力。
カーソルを移動して**正接でつながる円弧**が表示されることを確認します。
CTRL を押したままにすると**円弧の方向が反転**します。（※円弧の反転は AutoCAD 2015 以降の機能です。）

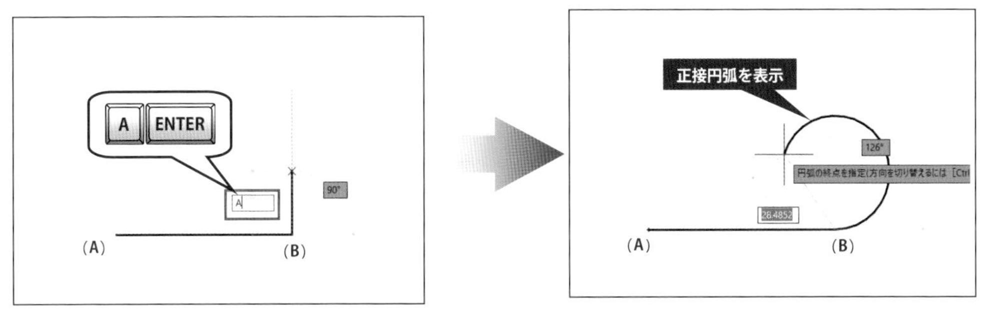

5. カーソルを**上側（C）**へ移動し、**鉛直な位置合わせパスを表示**しているときに<3 0 ENTER>と入力。
   半径 30mm、180° の角度で正接円弧が描かれます。
   ポリラインは［**円弧（A）**］を継続しているので、**線分へ切り替え**ます。
   ↓ を押してメニューより［**線分（L）**］を クリック、または<L ENTER>と入力。

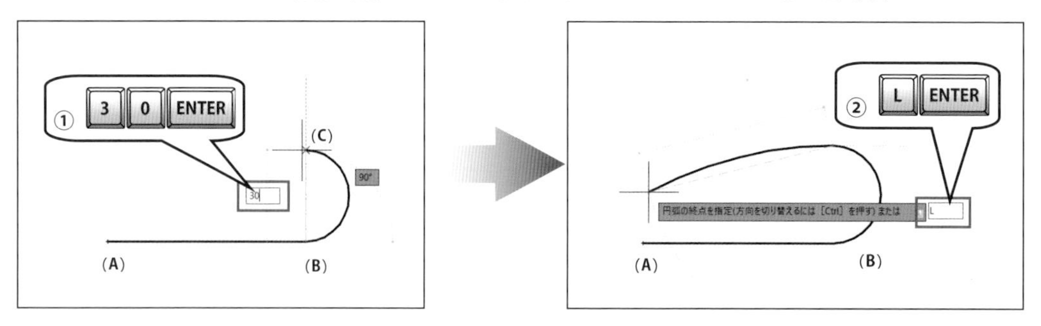

6. カーソルを（**A**）に移動して**端点をスナップ**させ、上側へ移動して**鉛直な位置合わせパスを表示**させます。
   点（**C**）に対して水平な位置まで移動すると**水平な位置合わせパスも表示**されるので、ここで クリック。

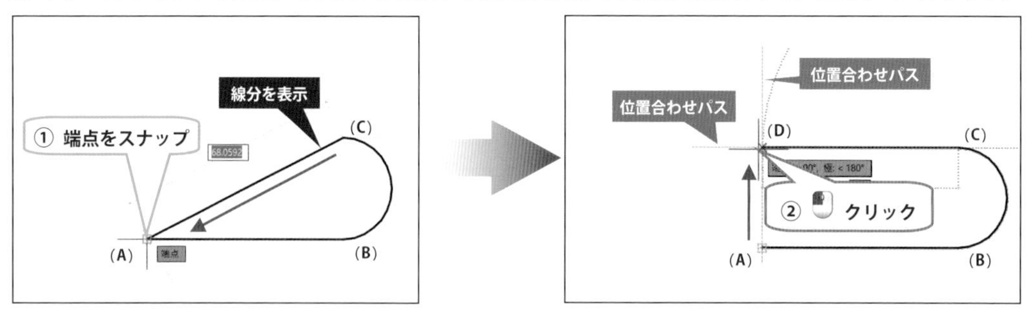

7. <A ENTER>と入力し、（**A**）で**端点をスナップ**させて クリック。

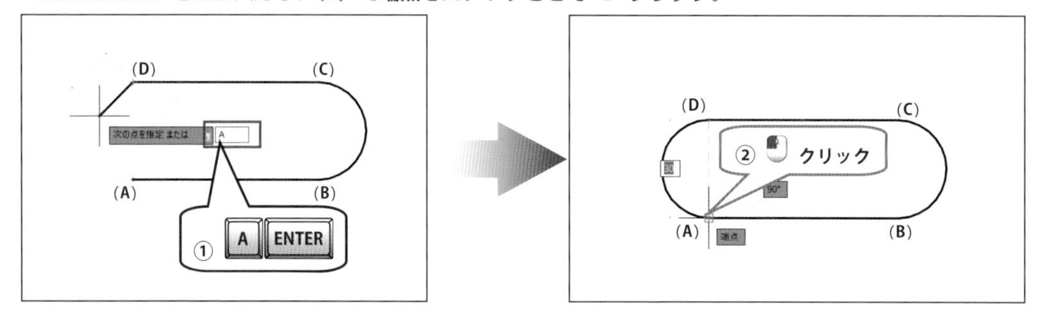

8. ENTER（または SPACE ）を押してコマンドを終了します。

9. クイックアクセスツールバーまたはアプリケーションメニューより ［**上書き保存**］を クリック。

10. ［**クローズボックス**］を クリックして図面を閉じます。

POINT ポリラインの面積を知りたい（オブジェクトプロパティ管理）

ポリライン図形のプロパティ（面積や周長など）は、**オブジェクトプロパティ管理**で確認できます。

1. 作成したポリライン図形を クリックして選択します。
   右クリックし、メニューより ［**オブジェクトプロパティ管理（S）**］を クリック。
   または CTRL を押しながら 1 ぬ を押します。

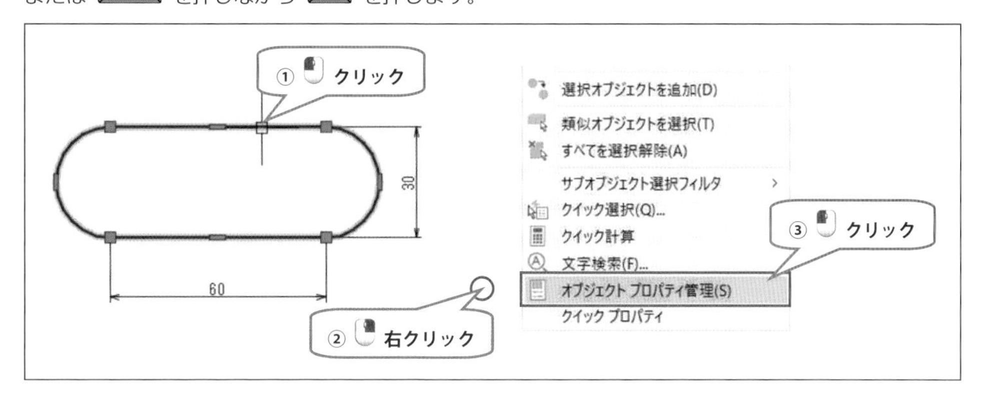

2. 『**プロパティ**』パレットが表示されます。
   「**ジオメトリ**」で「**面積**」と「**長さ（周長）**」などを確認できます。

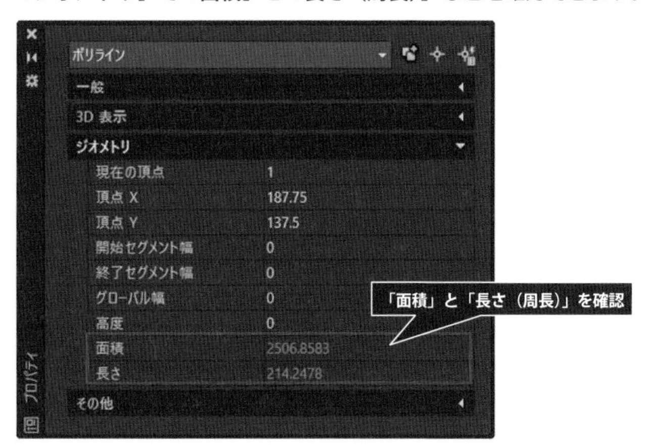

3. 『**プロパティ**』パレットの ［**閉じる**］を クリック、または CTRL を押しながら 1 ぬ を押すと『**プロパティ**』パレットを閉じます。

4.2 多角形を作成する

多角形のポリゴン図形を作成するコマンドについて説明します。

4.2.1 長方形

対角点を指定して**長方形**を作成します。作成した長方形は**ポリゴン図形**になります。

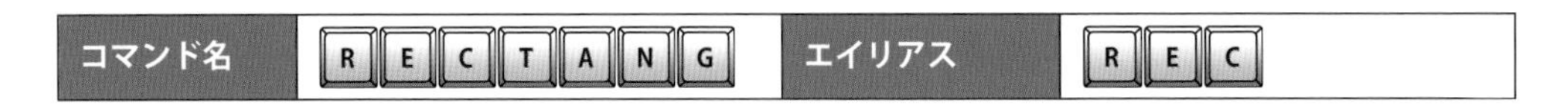

多くのオプションが使用可能であり、「**面取りおよびフィレットを処理**」「**サイズ**」「**面積**」などを指定して作成できます。Z 方向の情報を追加して作成することもできます。

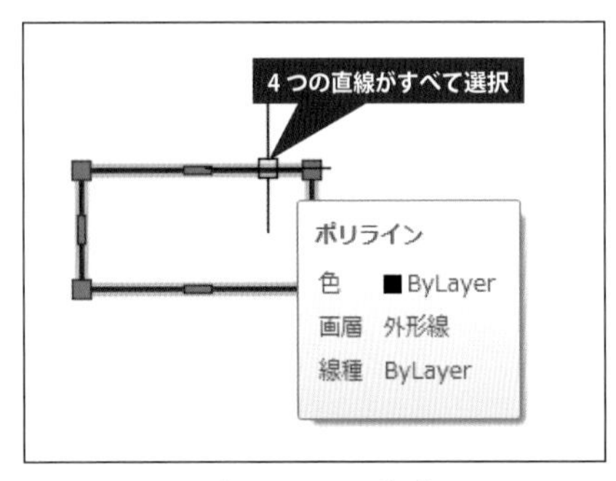

ポリラインで作成

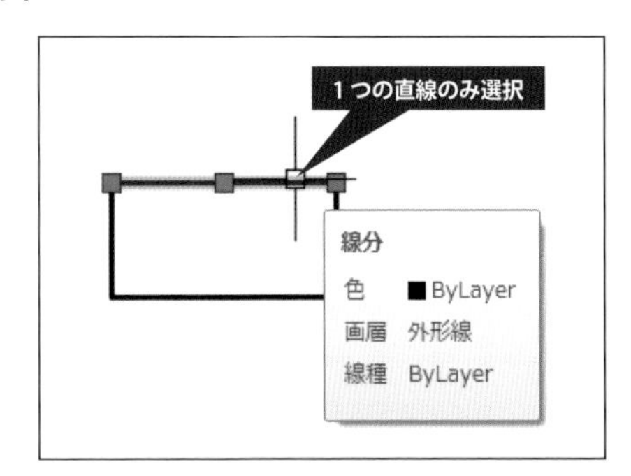

線分で作成

最初の点を指定するときには、次のオプションが使用可能です。

オプション	機　能
[**面取り**（**C**）]	4角が面取りされた長方形を作成します。
[**高度**（**E**）]	長方形の高度（作画するZ高さ）を指定します。
[**フィレット**（**F**）]	4角がフィレット処理された長方形を作成します。
[**厚さ**（**T**）]	長方形の厚さを指定します。長方形はZ方向に厚みがある立体になります。
[**幅**（**W**）]	長方形のポリライン図形に線幅を指定します。

次の点を指定するときには、次のオプションが使用可能です。

オプション	機　能
[**面積**（**A**）]	面積と1辺の長さを指定して長方形を作成します。
[**サイズ**（**D**）]	長さと幅を指定して長方形を作成します。
[**回転角度**（**R**）]	指定した回転角度で長方形を作成します。

［**長方形**］コマンドを使用し、長方形を作成する方法を説明します。

1. クイックアクセスツールバーまたはアプリケーションメニューより［**開く**］を クリック。

2. 『**ファイルを選択**』ダイアログが表示されます。
   ｛**Chapter 4**｝より図面ファイル｛**多角形**｝を選択し、開く(O) を クリック。
   図枠左下の作図スペースの**指定した位置に長方形**を描いてみましょう。（※寸法の記入は不要です。）

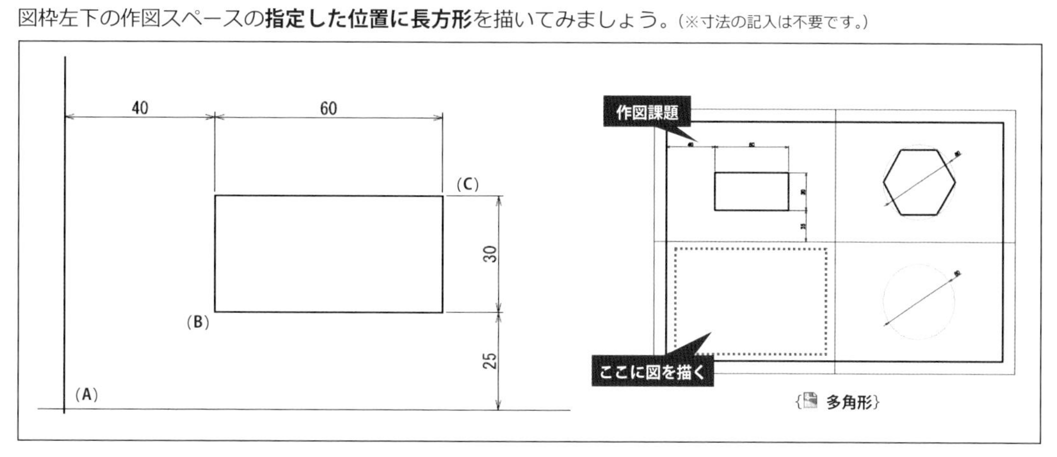

3. ステータスバーの［**ダイナミック入力**］を オンにします。
   ［**作図グリッドを表示**］と［**スナップモード**］は オフにします。

4. リボン【**ホーム**】タブの【**作成**】パネルにある［**長方形**］を クリック。
   またはコマンドのエイリアス<R E C ENTER>を 入力して実行します。

5. ダイナミックプロンプトメッセージに「**一方のコーナーを指定 または：**」と表示されます。
   一時的な基点（**A**）を指定し、そこから指定した距離離れた位置に点（**B**）を取ります。

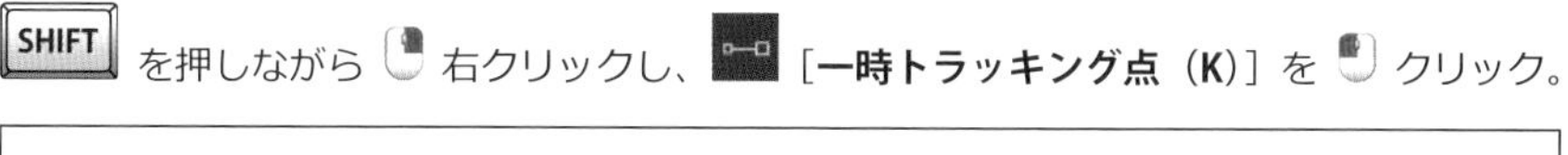

   を押しながら 右クリックし、［**一時トラッキング点（K）**］を クリック。

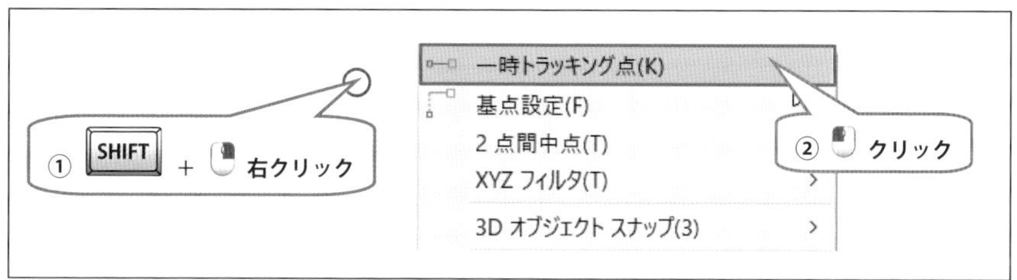

6. ダイナミックプロンプトメッセージに「**一時 OTRACK 点を指定：**」と表示されます。
作図スペース左下の角（A）を**一時的な点**として クリック。

ダイナミックプロンプトメッセージに「**もう一方のコーナーを指定 または** 」と表示されます。
一時的な点（A）から**点（B）**までの距離<@40,25ENTER>を入力。
［**ダイナミック入力**］が オンの状態でも、先頭に @（**アットマーク**）が必要です。

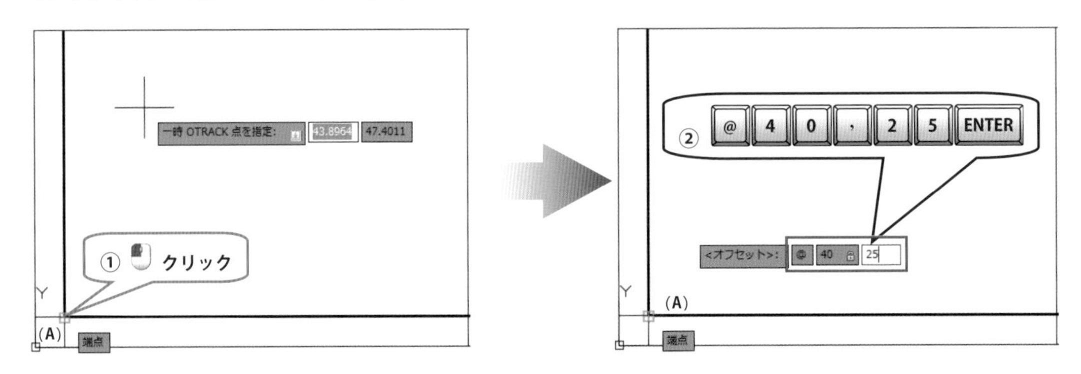

7. ダイナミックプロンプトメッセージに「**もう一方のコーナーを指定 または** 」と表示されます。
対角点の座標を１点目（**B**）からの**相対距離**（**C**）で指定します。

<60,30ENTER>と入力。

［**長方形**］コマンドは自動的に終了します。

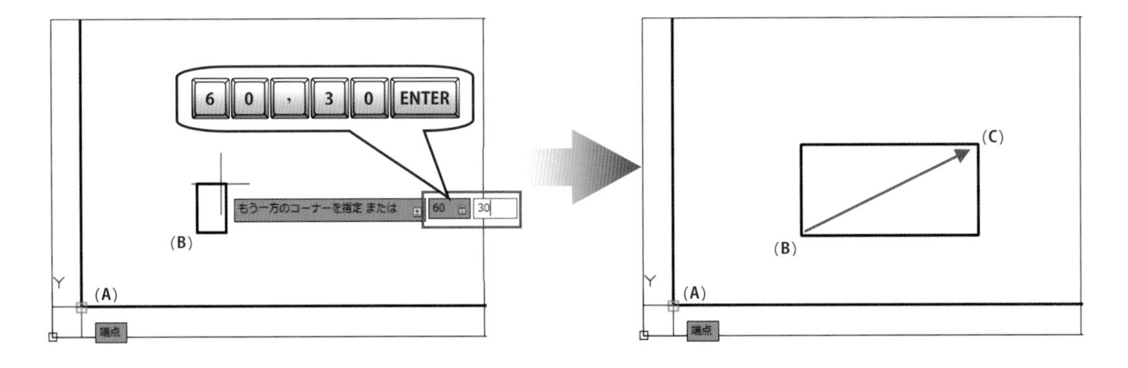

4.2.2 正多角形（ポリゴン）

［**ポリゴン**］コマンドは、**円に内接または外接**する**正多角形**のポリゴン図形を作成します。
指定できる**角数**（エッジ数）は 3 から 1024 です。

コマンド名	P O L Y G O N	エイリアス	P O L

次のオプションが使用可能です。

オプション	機　能
［エッジ（E）］	最初のエッジの両端を指定することにより、ポリゴンの角度を指定します。

円に内接する正六角形を図枠右下の作図スペースに描いてみましょう。

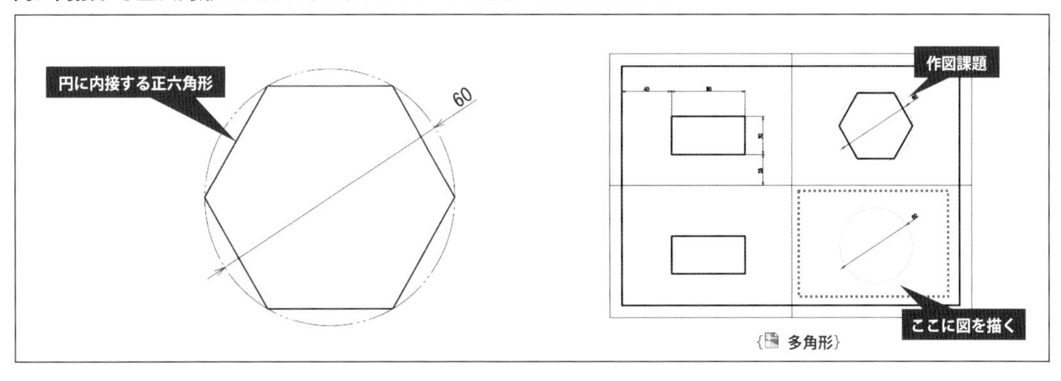

1. リボン【**ホーム**】タブの【**作成**】パネルにある［**長方形**］横の ▼ を クリックして展開し、［**ポリゴン**］を クリック。
   またはコマンドのエイリアス <P O L ENTER> を 入力して実行します。

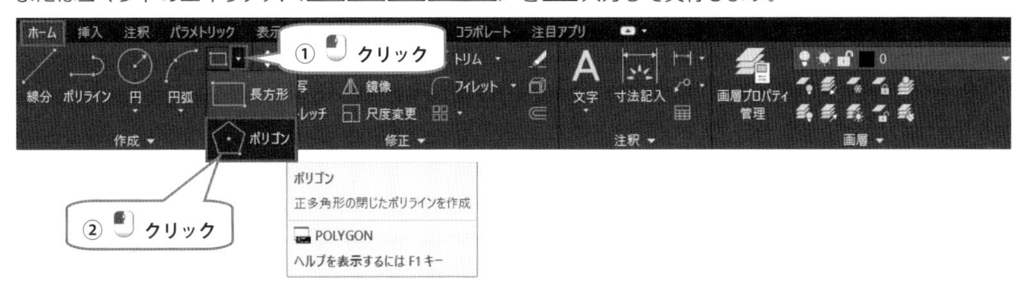

2. ダイナミックプロンプトメッセージに「**エッジの数を入力**」と表示されます。<6 ENTER>と入力すると、ダイナミックプロンプトメッセージに「**ポリゴンの中心を指定 または**」と表示されます。

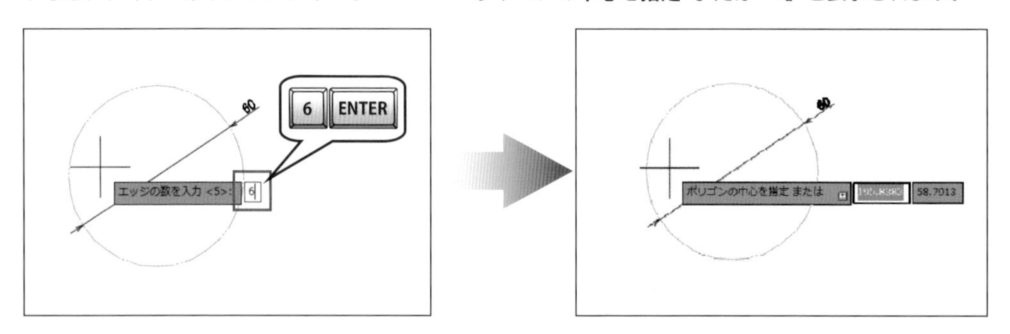

3. 作図スペースにある**円の中心**をスナップさせてクリックすると、ダイナミックプロンプトメッセージに「**オプションを入力**」と表示されます。

メニューより［**内接（I）**］をクリック、または<I ENTER>と入力。

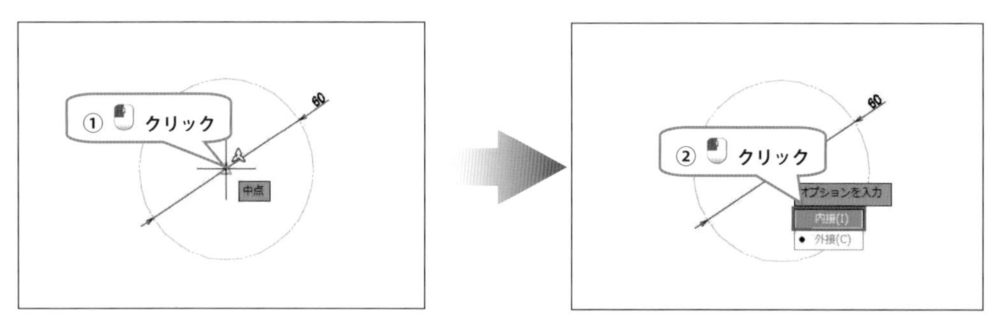

4. ダイナミックプロンプトメッセージに「**円の半径を指定**」と表示されます。

<3 0 ENTER>と入力すると、**半径30mmの円に内接する正六角形**が作成されます。

［**ポリゴン**］コマンドは自動的に終了します。

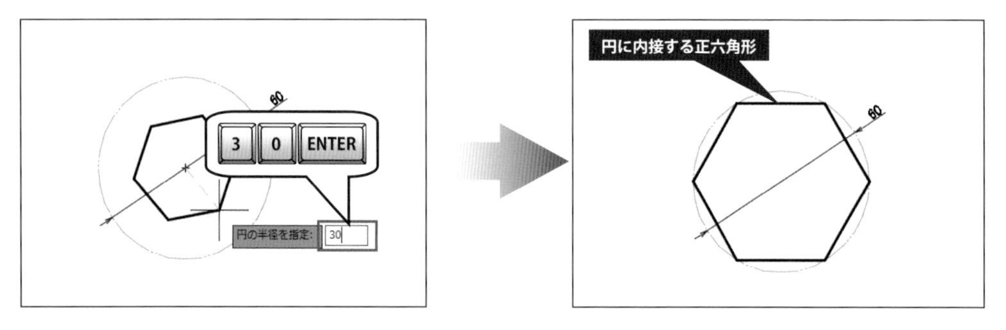

5. クイックアクセスツールバーまたはアプリケーションメニューより［**上書き保存**］をクリック。

6. ［**クローズボックス**］をクリックして図面を閉じます。

4.3　円を作成する

［円］コマンドは、「**直径**」「**半径**」「**通過点**」などを指定して**円**を作成します。

コマンド名	C I R C L E	エイリアス	C

コマンドオプションにより作図方法を6通りの中から選択できます。

次のオプションが使用可能です。

オプション	機　能
［**中心、半径**］	既定のオプションです。中心点と半径値を指定して円を作成します。
［**中心、直径**］	中心点と直径値を指定して円を作成します。
［**3点**］	指定した3点を通る円を作成します。
［**2点**］	指定した2点を通る円を作成します。2点間の距離が直径になります。
［**接点、接点、半径**］	2図形の接し、半径値を指定した円を作成します。
［**接点、接点、接点**］	3図形に接する円を作成します。

4.3.1　半径指定の円

［**中心、半径**］を使用し、**中心点**と**半径値**を指定して**円**を描いてみましょう。

1. クイックアクセスツールバーまたはアプリケーションメニューより［**開く**］をクリック。

2. 『**ファイルを選択**』ダイアログが表示されます。

   ｛**Chapter 4**｝より図面ファイル｛**円1**｝を選択し、開く(O) をクリック。

   半径30mmの円を図枠左下の作図スペースに描いてみましょう。

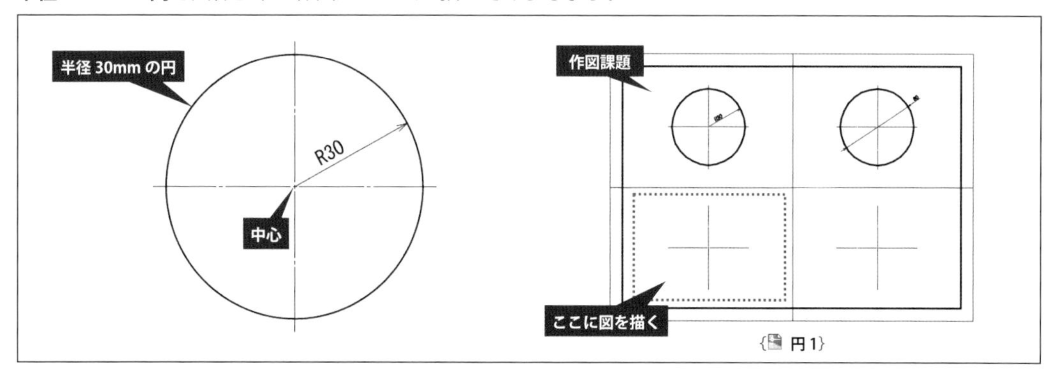

3. ステータスバーの［**ダイナミック入力**］をオンにします。

   ［**作図グリッドを表示**］と［**スナップモード**］はオフにします。

4. リボン【**ホーム**】タブの【**作成**】パネルにある ［**中心、半径**］を クリック。

またはコマンドのエイリアス <C ENTER> を 入力して実行します。

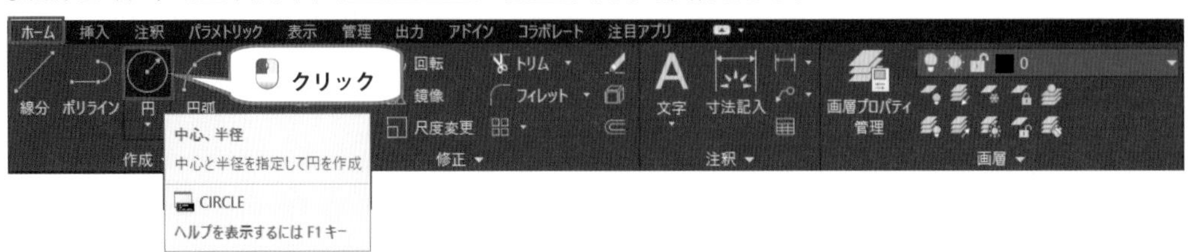

5. ダイナミックプロンプトメッセージに「**円の中心点を指定 または**」と表示されます。

作図スペースに描かれている**中心線の交点**（または中点）をスナップさせて クリック。

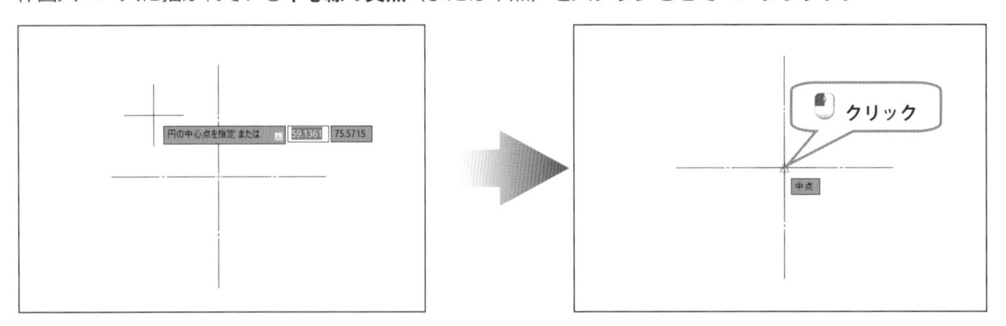

6. ダイナミックプロンプトメッセージに「**円の半径を指定 または**」と表示されます。

このとき <D ENTER> で［**中心、直径**］オプションに切り替わります。

<3 0 ENTER> と 入力すると、**半径 30mm の円**が作成されます。

［**円**］コマンドは自動終了します。

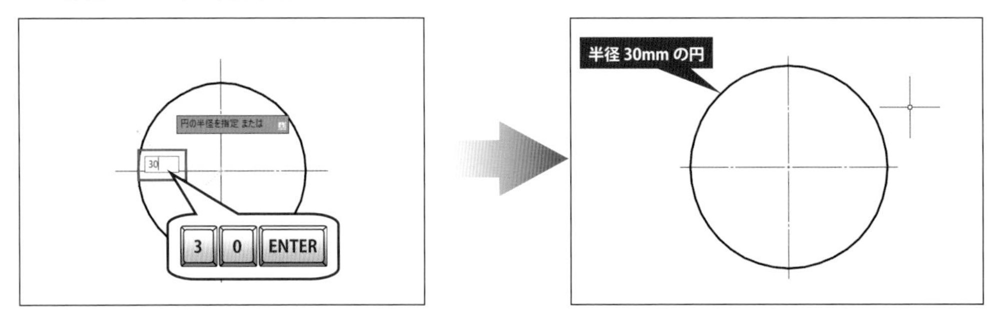

4.3.2　直径指定の円

［**中心、直径**］を使用し、**中心点**と**直径値**を指定して**円**を描いてみましょう。

直径 60mm の円を図枠右下の作図スペースに描いてみましょう。

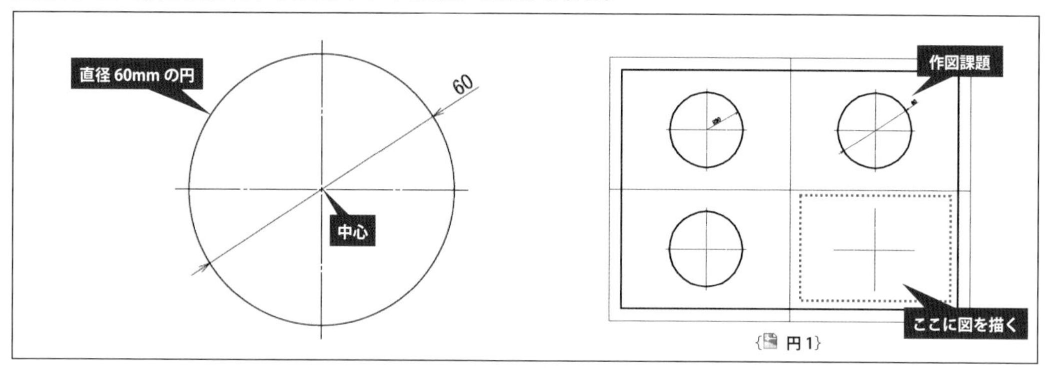

1. リボン【**ホーム**】タブの【**作成**】パネルにある［**円**］の下にある を クリックし、展開されるメニューより［**中心、直径**］を クリック。

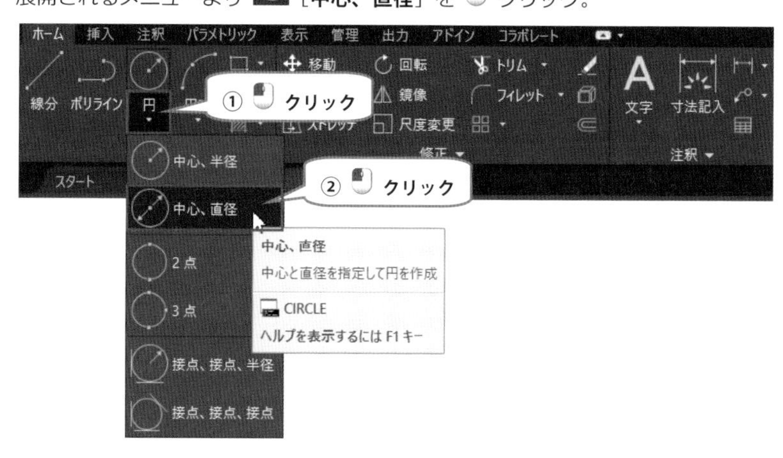

2. ダイナミックプロンプトメッセージに「**円の中心点を指定　または** 」と表示されます。
作図スペースに描かれている**中心線の交点**（または中点）をスナップさせて クリック。

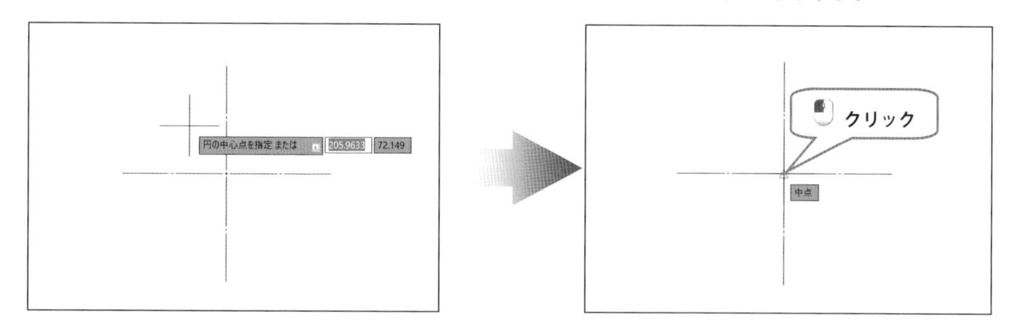

3. ダイナミックプロンプトメッセージに「**円の直径を指定**」と表示されます。

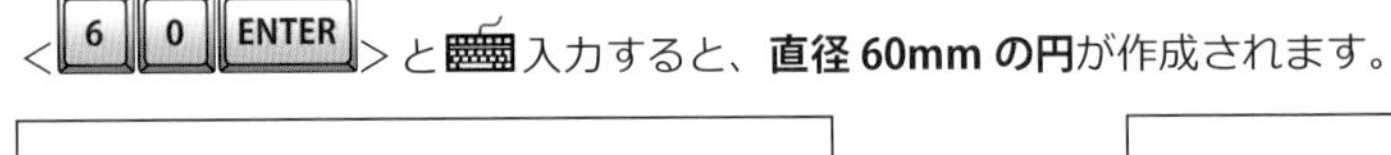

<6 0 ENTER> と入力すると、**直径 60mm の円**が作成されます。

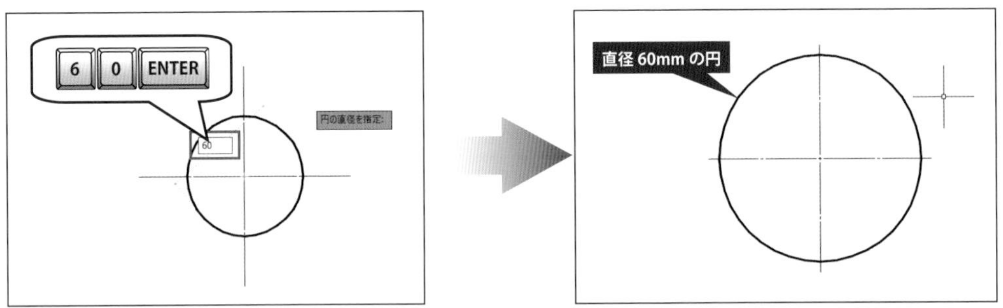

4. クイックアクセスツールバーまたはアプリケーションメニューより [**上書き保存**] を クリック。

5. [**クローズボックス**] を クリックして図面を閉じます。

POINT 同心円の描き方

機械製図では部品や記号などで同心円を描くことが多くあります。

AutoCAD では同心円を一括で描くコマンドはありませんが、@（アットマーク）を使用することで効率的に同心円を描けます。

[**中心、半径**] および [**中心、直径**] を繰り返し実行した場合、中心点を指定する操作で<@ ENTER> を押すと**直前に描いた円と同じ中心点が指定**されます。

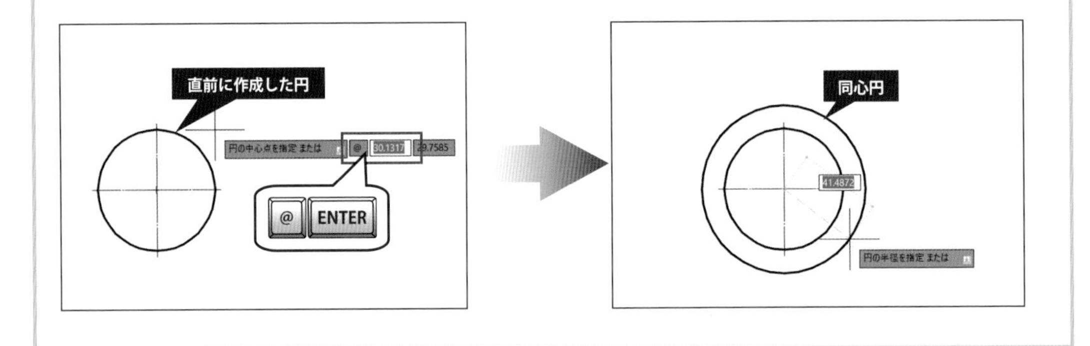

4.3.3　2 点を通る円

［**2 点**］を使用し、指定した **2 つの点を通る円**を描いてみましょう。**2 点間の距離が直径**になります。

1. クイックアクセスツールバーまたはアプリケーションメニューより ［**開く**］を クリック。
2. 『**ファイルを選択**』ダイアログが表示されます。

   ｛ **Chapter 4**｝より図面ファイル｛ **円 2**｝を選択し、 開く(O) を クリック。

   2 つの点を通る円を図枠左下の作図スペースに描いてみましょう。

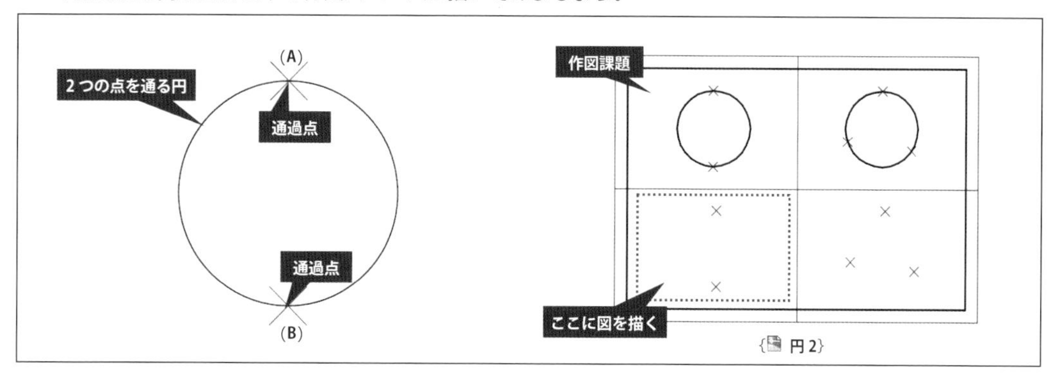

3. ステータスバーの［**ダイナミック入力**］を オンにします。

   ［**作図グリッドを表示**］と［**スナップモード**］は オフにします。

4. ［**定常オブジェクトスナップ**］横にある を クリックし、 ［**点**］を オンにします。

5. リボン【**ホーム**】タブの【**作成**】パネルにある ［**円**］の下にある を クリックし、

   展開されるメニューより ［**2 点**］を クリック。

   または ［**円**］を クリックした後に<2 P ENTER>と 入力。

6. ダイナミックプロンプトメッセージに「**円の直径の一端を指定：**」と表示されます。
下図に示す**点**（**A**）をスナップさせて クリック。

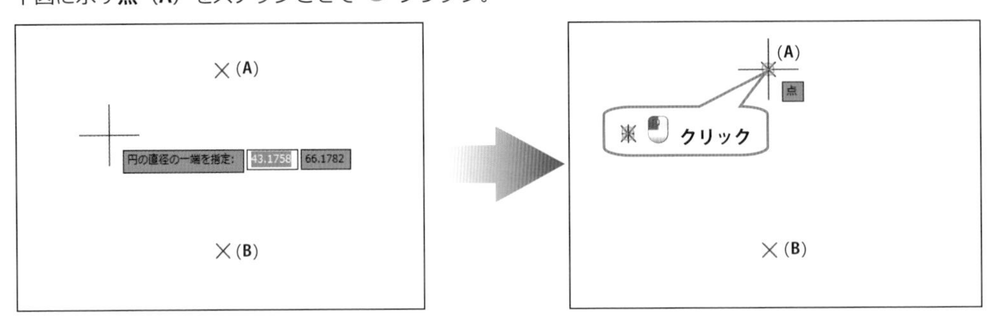

画面に表示されている点オブジェクトのタイプや大きさは、本書で示しているものと違うかもしれません。
点オブジェクトの表示スタイルや大きさは、**点スタイル管理**にて設定します。

参照 STEP1 Chapter4 POINT 点スタイル管理（P125）

7. ダイナミックプロンプトメッセージに「**円の直径の他端を指定：**」と表示されます。
下図に示す**点**（**B**）を クリックすると**2点を通る円**が作成されます。
［**2点**］コマンドは自動終了します。

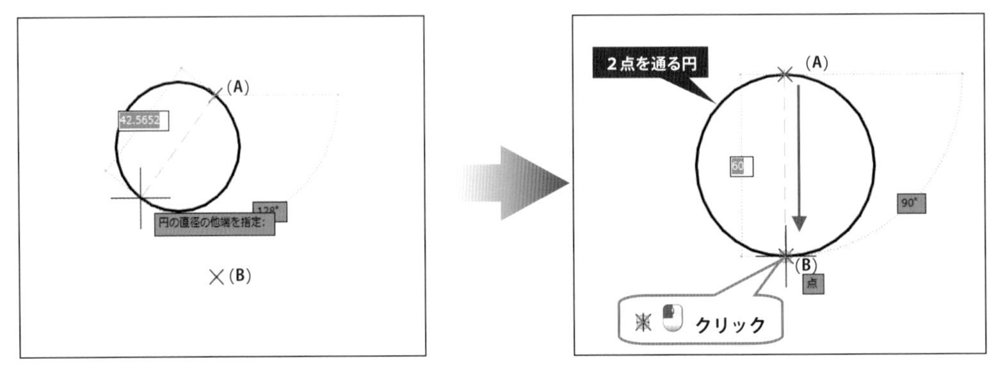

POINT
点スタイル管理

点オブジェクトの表示スタイルや大きさは、**点スタイル管理**にて設定します。

1. メニューバー［**形式（O）**］＞ ［**点スタイル管理（P）**］を クリック。

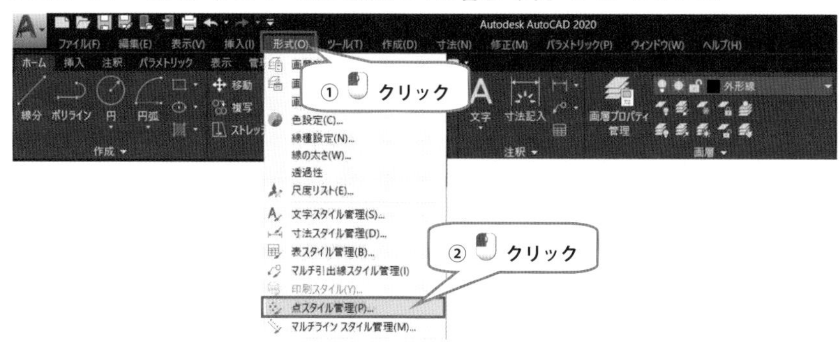

2. 『**点スタイル管理**』ダイアログが表示されます。

   点オブジェクトの選択と表示スタイルと大きさを設定し、 OK を クリック。

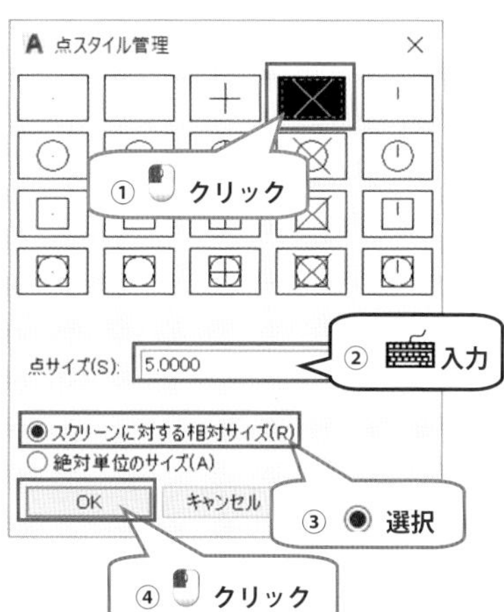

スクリーンに対する相対サイズ

点の表示サイズをスクリーンサイズとの相対的な比率で設定します。画面を拡大または縮小しても、表示される点の大きさは変わりません。

絶対単位のサイズ

点の表示サイズを入力設定した大きさにします。

画面を拡大または縮小すると、表示される点の大きさも変わります。

点オブジェクトが極端に大きい、または小さい場合は［**表示（V）**］＞［**再作図（G）**］を実行します。

4.3.4 3点を通る円

3つの点を通る円を図枠右下の作図スペースに [**3点**] を使用して描いてみましょう。

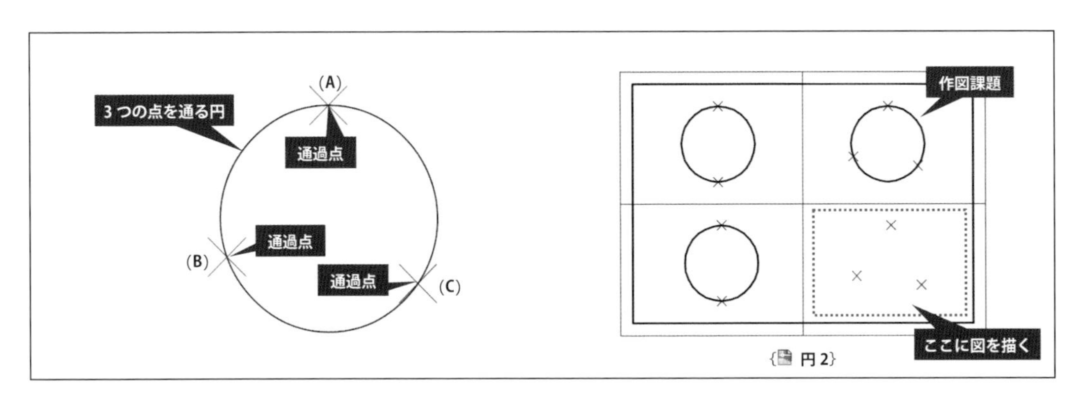

1. リボン【**ホーム**】タブの【**作成**】パネルにある [**円**] の下にある を クリックし、
   展開されるメニューより [**3点**] を クリック。
   または [**円**] を クリックした後に<3 P ENTER>と入力。

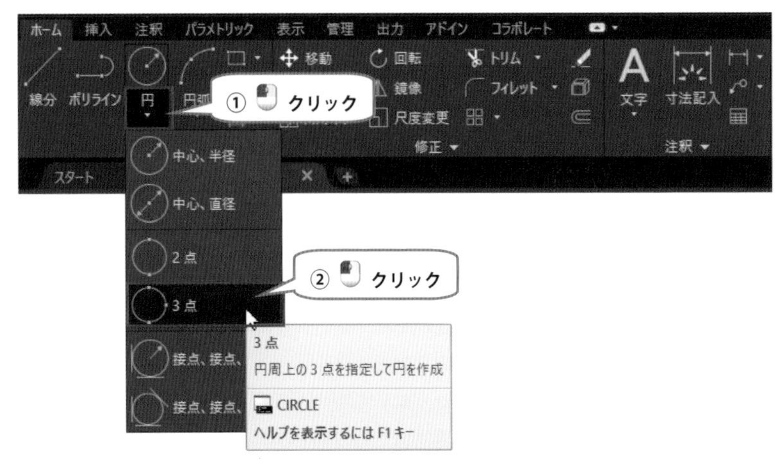

2. ダイナミックプロンプトメッセージに「**円周上の1点目を指定：**」と表示されます。
   下図に示す**点（A）**を クリック。

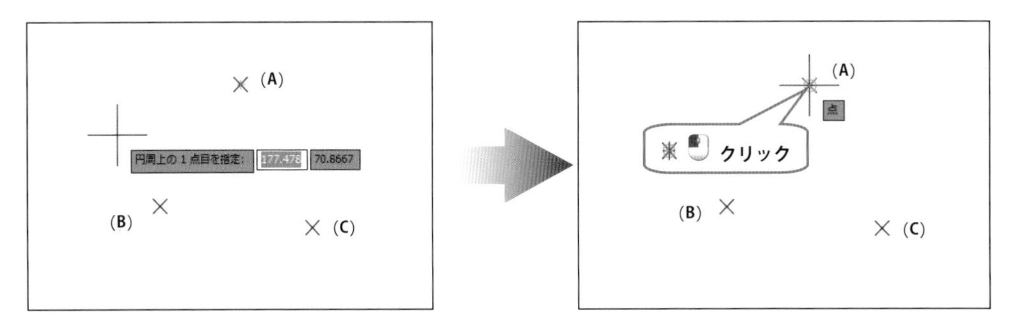

3. ダイナミックプロンプトメッセージに「**円周上の 2 点目を指定：**」と表示されます。
下図に示す**点（B）**を クリックします。

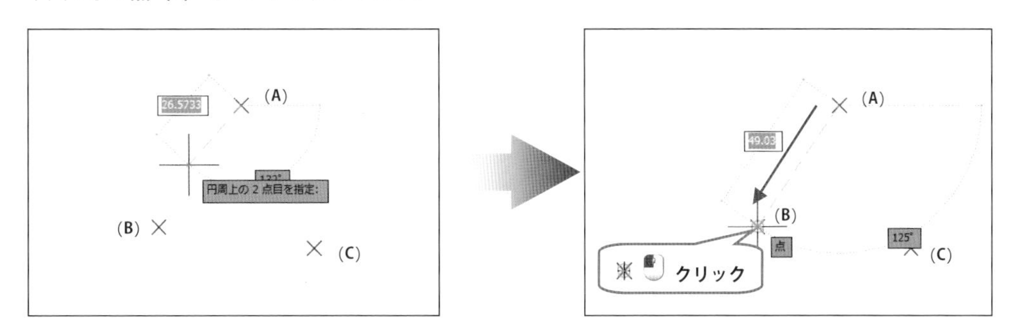

4. ダイナミックプロンプトメッセージに「**円周上の 3 点目を指定：**」と表示されます。
下図に示す**点（C）**を クリックすると、**3 つの点を通る円**が作成されます。
［**3 点**］コマンドは自動終了します。

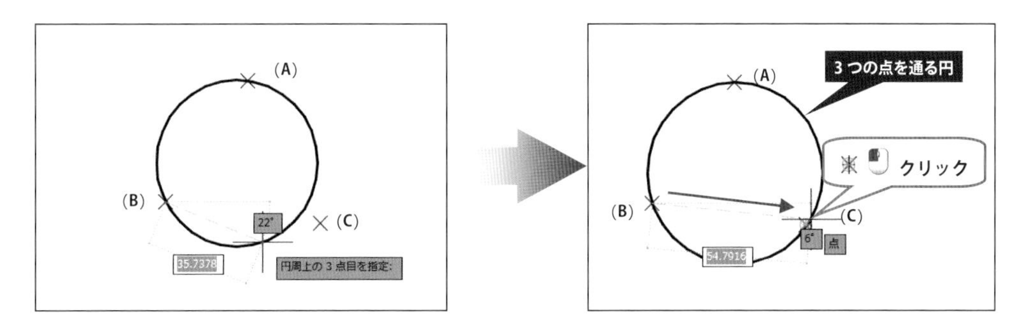

5. クイックアクセスツールバーまたはアプリケーションメニューより ［**上書き保存**］を クリック。

6. ［**クローズボックス**］を クリックして図面を閉じます。

4.3.5 2図形に接する円

［**接点、接点、半径**］は**2つの図形に接し、半径を指定した円**を作成します。

1. クイックアクセスツールバーまたはアプリケーションメニューより［**開く**］を クリック。

2. 『**ファイルを選択**』ダイアログが表示されます。
   {**Chapter 4**} より図面ファイル {**円3**} を選択し、**開く(O)** を クリック。
   半径20mmの接円を図枠左下の作図スペースに描いてみましょう。

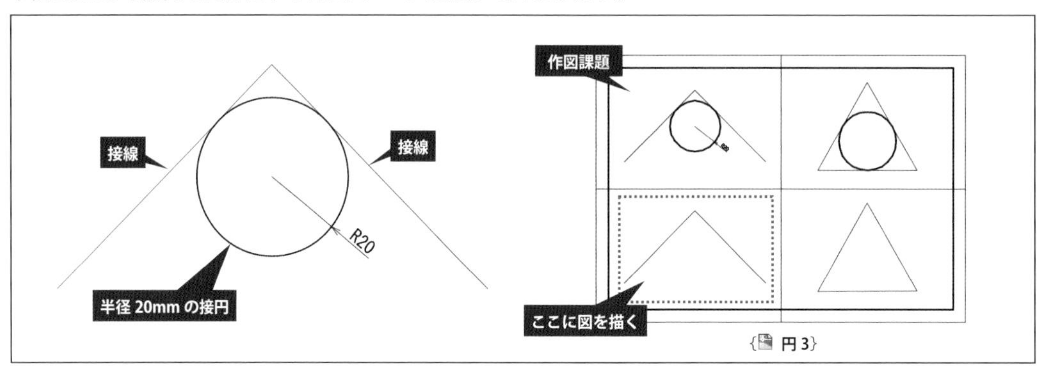

3. ステータスバーの［**ダイナミック入力**］を オンにします。
   ［**作図グリッドを表示**］と［**スナップモード**］は オフにします。

4. リボン【**ホーム**】タブの【**作成**】パネルにある［**円**］の下にある を クリックし、
   展開されるメニューより［**接点、接点、半径**］を クリック。
   または［**円**］を クリックした後に<T ENTER>と入力。

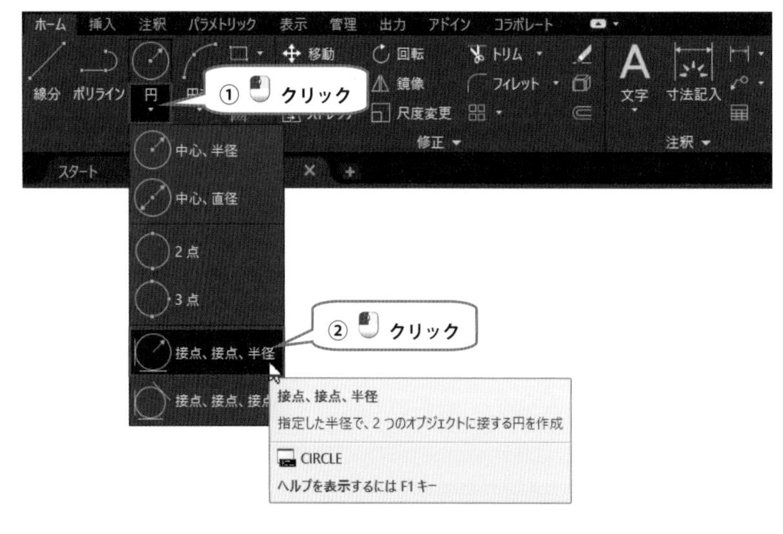

5. ダイナミックプロンプトメッセージに「**円の第 1 の接線に対するオブジェクト上の点を指定：**」と表示されます。**どちらかの線分上**にカーソルを移動し、「**暫定接線**」と表示されたら クリック。

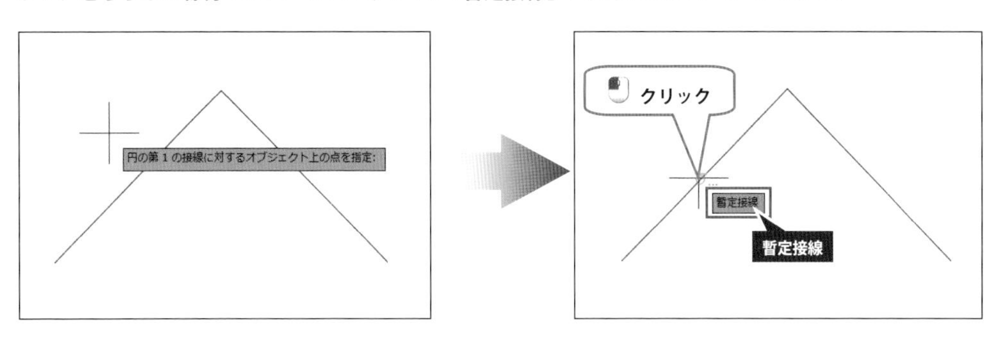

6. ダイナミックプロンプトメッセージに「**円の第 2 の接線に対するオブジェクト上の点を指定：**」と表示されます。**もう 1 つの線分上**にカーソルを移動し、「**暫定接線**」と表示されたら クリック。

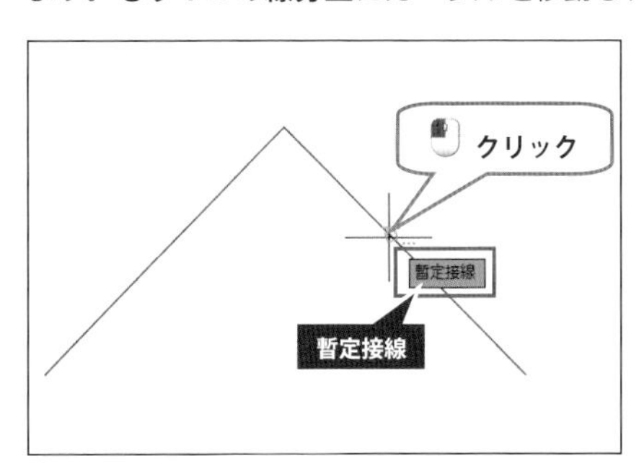

7. ダイナミックプロンプトメッセージに「**円の半径を指定：**」と表示されます。

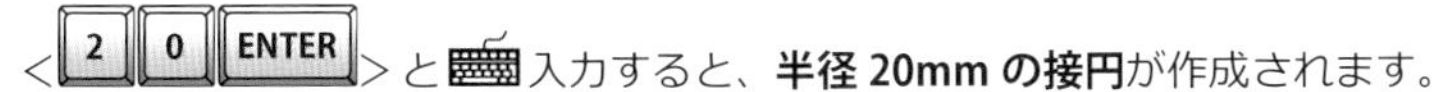
<2 0 ENTER> と 入力すると、**半径 20mm の接円**が作成されます。

［**接点、接点、半径**］コマンドは自動終了します。

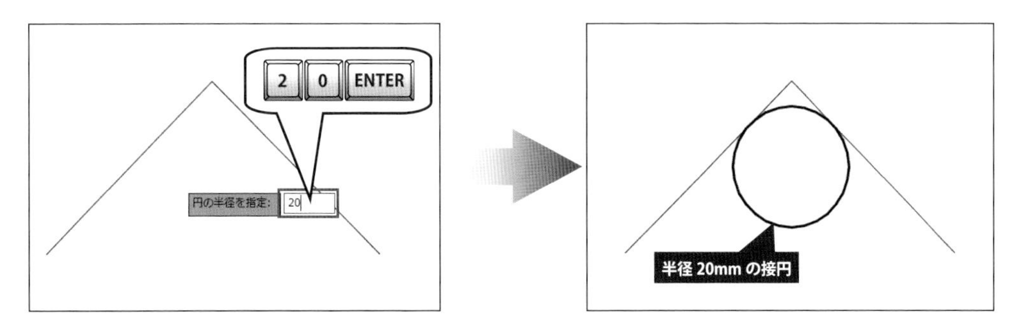

4.3.6　3 図形に接する円

［**接点、接点、接点**］を使用し、**3 つの線分に接する円**を描いてみましょう。

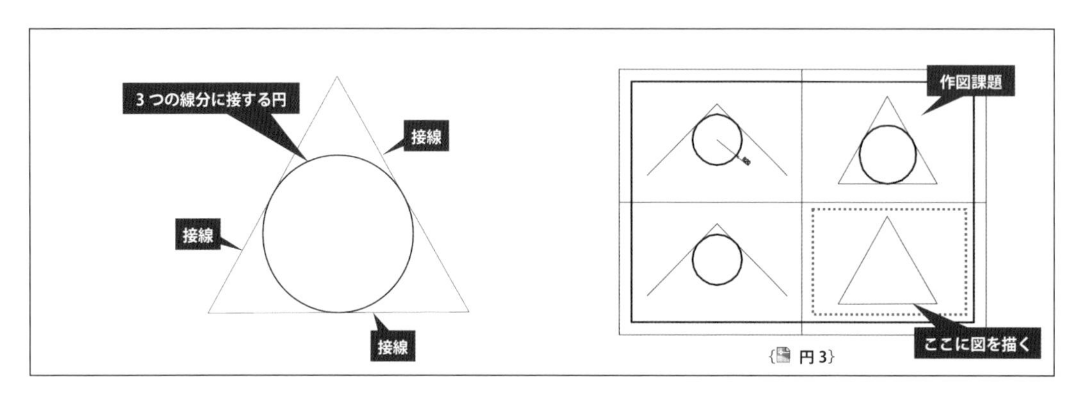

1. リボン【**ホーム**】タブの【**作成**】パネルにある［**円**］の下にある を クリックし、展開されるメニューより［**接点、接点、接点**］を クリック。

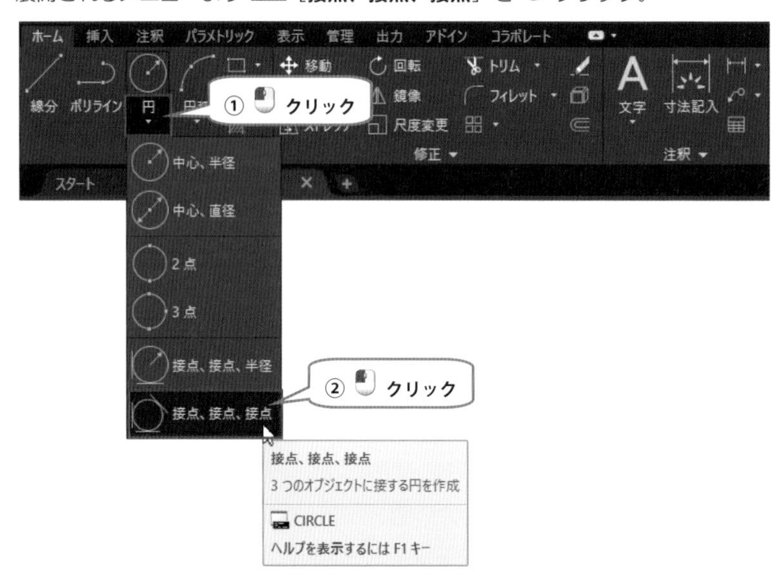

2. ダイナミックプロンプトメッセージに「**円周上の 1 点目を指定：どこに**」と表示されます。
   3 本ある線分の**任意の線分上**にカーソルを移動し、「**暫定接線**」と表示されたら クリック。

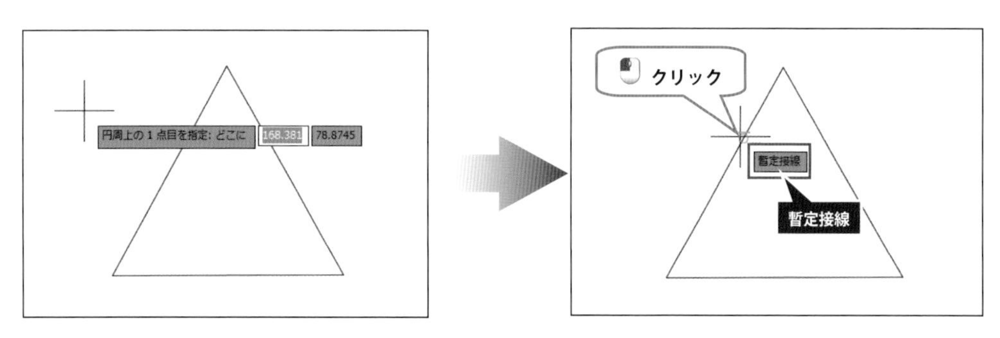

3. ダイナミックプロンプトメッセージに「**円周上の 2 点目を指定：どこに**」と表示されます。
2 つ目の線分上にカーソルを移動し、「**暫定接線**」と表示されたら クリック。

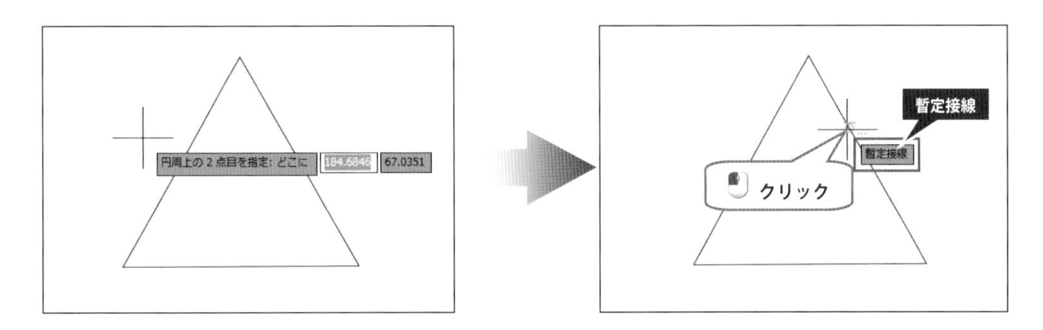

4. ダイナミックプロンプトメッセージに「**円周上の 3 点目を指定：どこに**」と表示されます。
3 つ目の線分上にカーソルを移動し、「**暫定接線**」と表示されたら クリック。
3 つの線分に接する円が作成され、 ［**接点、接点、接点**］コマンドは自動終了します。

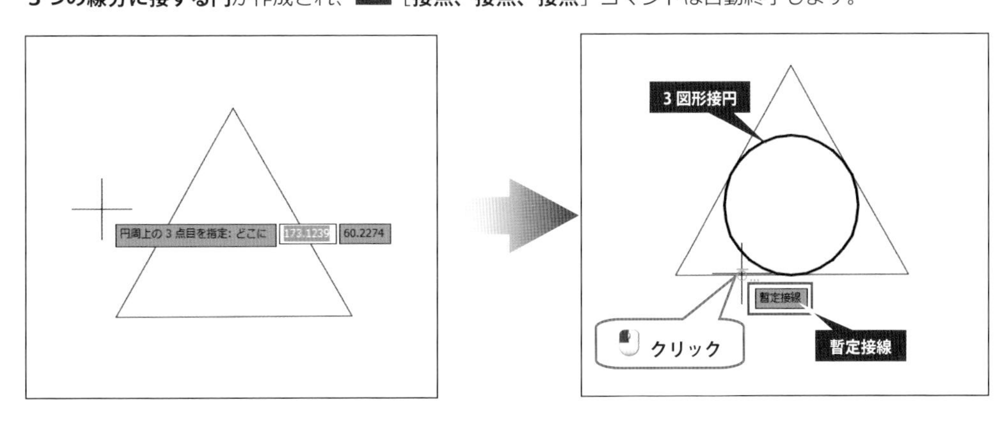

5. クイックアクセスツールバーまたはアプリケーションメニューより ［**上書き保存**］を クリック。

6. ［**クローズボックス**］を クリックして図面を閉じます。

4.4 円弧を作成する

［**円弧**］コマンドは、「**始点**」「**中心**」「**終点**」「**半径**」「**角度**」「**弦の長さ**」などを指定して**円弧**を作成します。

コマンド名	A R C	エイリアス	A

コマンドオプションにより作図方法を 11 通りの中から選択できます。次のオプションが使用可能です。

オプション	機　能
［**3 点**］	指定した 3 点を通る円弧を作成します。
［**始点、中心、終点**］	円弧の始点、中心点、終点を順番に指定して円弧を作成します。
［**中心、始点、終点**］	円弧の中心点、始点、終点を順番に指定して円弧を作成します。
［**始点、中心、角度**］	円弧の始点と中心点を指定し、最後に円弧の角度を指定して円弧を作成します。
［**始点、終点、角度**］	円弧の始点と終点を指定し、最後に円弧の角度を指定して円弧を作成します。
［**中心、始点、角度**］	円弧の中心点と始点を指定し、最後に円弧の角度を指定して円弧を作成します。
［**始点、終点、長さ**］	円弧の始点と中心点を指定し、最後に弦の長さ指定して円弧を作成します。
［**中心、始点、長さ**］	円弧の中心点と始点を指定し、最後に弦の長さ指定して円弧を作成します。
［**始点、終点、方向**］	円弧の始点と終点を指定し、始点方向と角度を指定して円弧を作成します。
［**始点、終点、半径**］	円弧の始点と終点を指定し、最後に円弧の半径を指定して円弧を作成します。
［**継続**］	直線に作成したオブジェクトから正接円弧を作成します。

4.4.1 3 点を通過する円弧

［**3 点**］は、「**始点**」「**通過点**」「**終点**」**を通る円弧**を作成します。

1. クイックアクセスツールバーまたはアプリケーションメニューより［**開く**］を クリック。

2. 『**ファイルを選択**』ダイアログが表示されます。

   ｛**Chapter 4**｝より図面ファイル｛**円弧 1**｝を選択し、 開く(O) を クリック。

   3 つの点を通過する円弧を図枠左下の作図スペースに描いてみましょう。

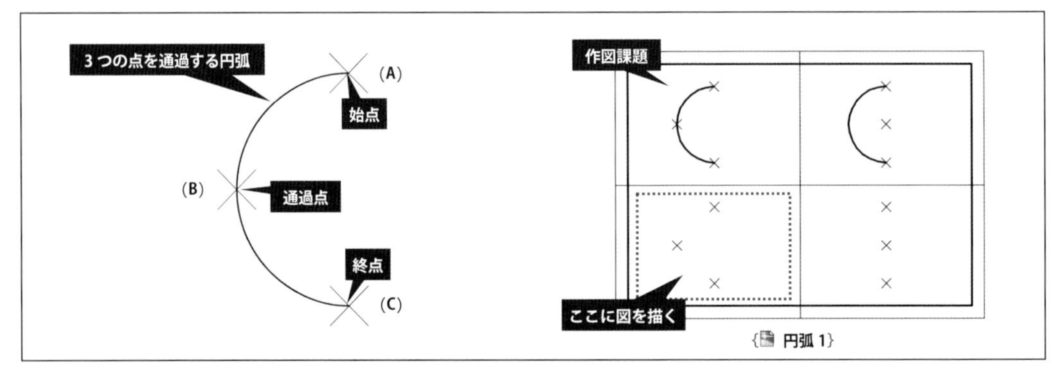

3. ステータスバーの［**ダイナミック入力**］を オンにします。

   ［**作図グリッドを表示**］と［**スナップモード**］は オフにします。

4. リボン【**ホーム**】タブの【**作成**】パネルにある [**3 点**] を クリック。

またはコマンドのエイリアス<A ENTER>を入力して実行します。

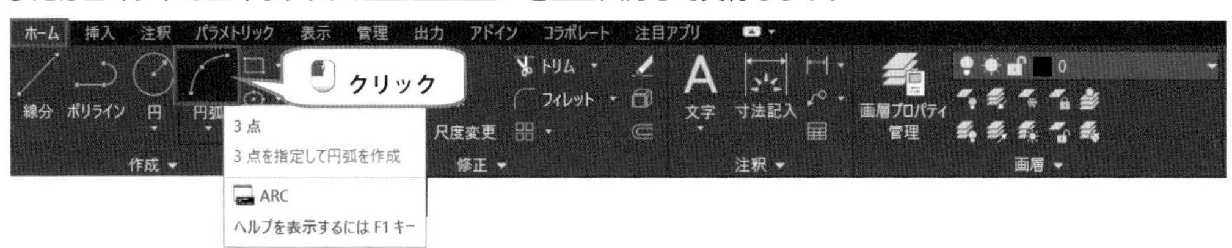

5. ダイナミックプロンプトメッセージに「**円弧の始点を指定 または** 」と表示されます。

作図スペースに描かれている**点（A）**をスナップさせて クリック。

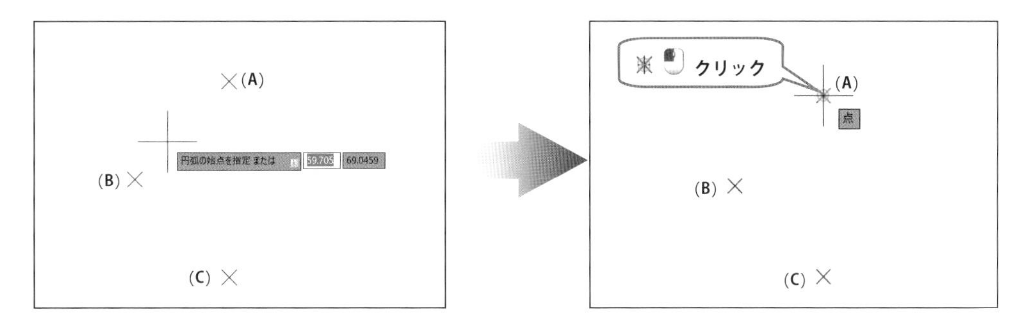

6. ダイナミックプロンプトメッセージに「**円弧の 2 点目を指定 または** 」と表示されます。

作図スペースに描かれている**点（B）**をスナップさせて クリック。

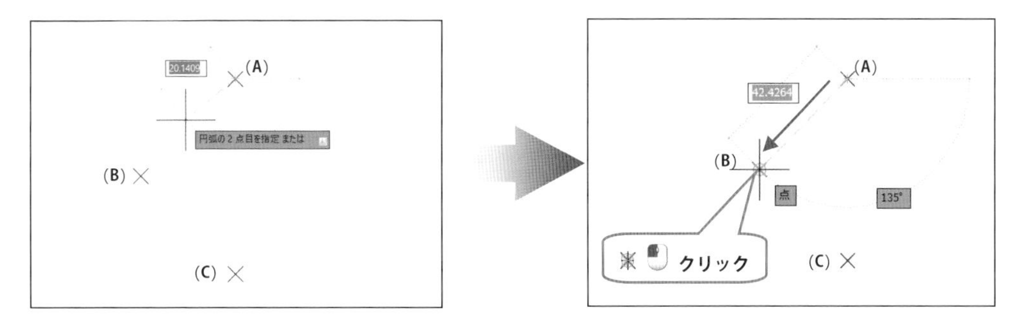

7. ダイナミックプロンプトメッセージに「**円弧の終点を指定：**」と表示されます。

作図スペースに描かれている**点（C）**をスナップさせて クリックすると、**3 点を通る円弧**が作成されます。 [**3 点**] コマンドは自動終了します。

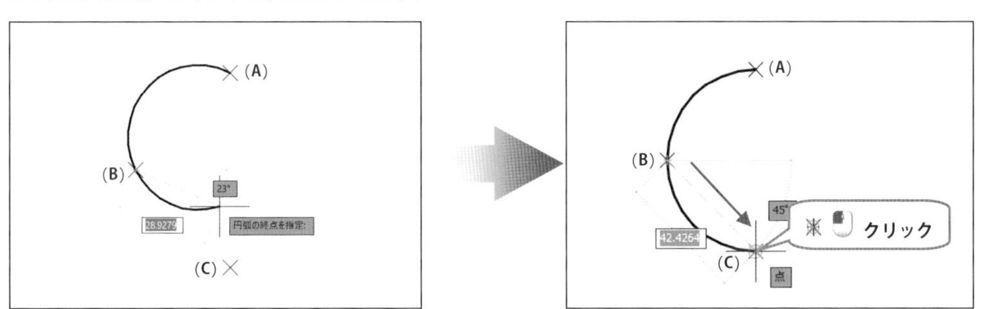

4.4.2 始点、中心、終点を指定した円弧

［**始点、中心、終点**］と ［**中心、始点、終点**］では「**始点**」「**中心**」「**終点**」を選択することにより円弧を作成します。既定では、円弧は**反時計回り**に描かれます。

下図に示す円弧を「**始点（A）**」「**中心（B）**」「**終点（C）**」を指定して図枠右下の作図スペースに描いてみましょう。

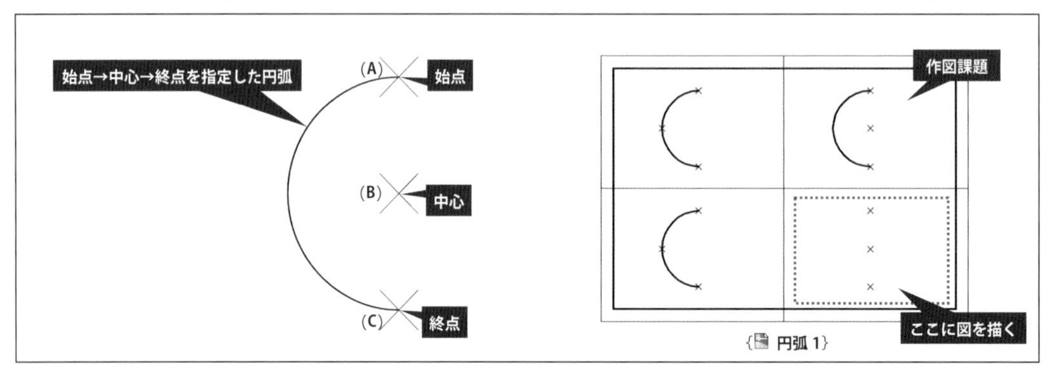

1. リボン【**ホーム**】タブの【**作成**】パネルにある ［**3 点**］の下にある を クリックし、展開されるメニューより ［**始点、中心、終点**］を クリック。

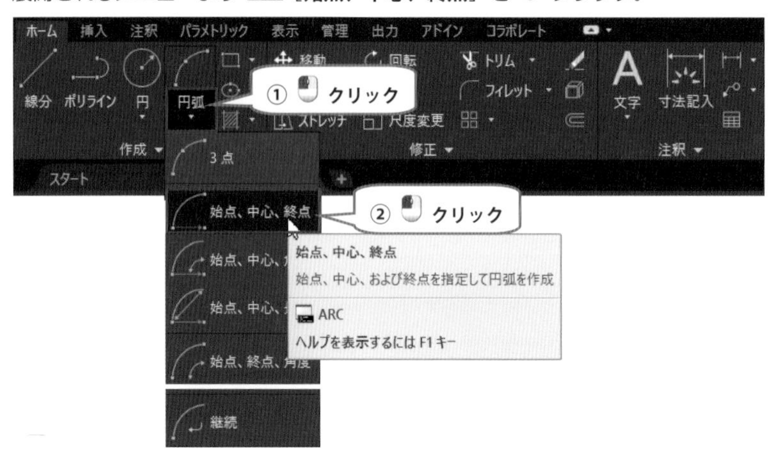

2. ダイナミックプロンプトメッセージに「**円弧の始点を指定 または** 」と表示されます。作図スペースに描かれている**点（A）**をスナップさせて クリック。

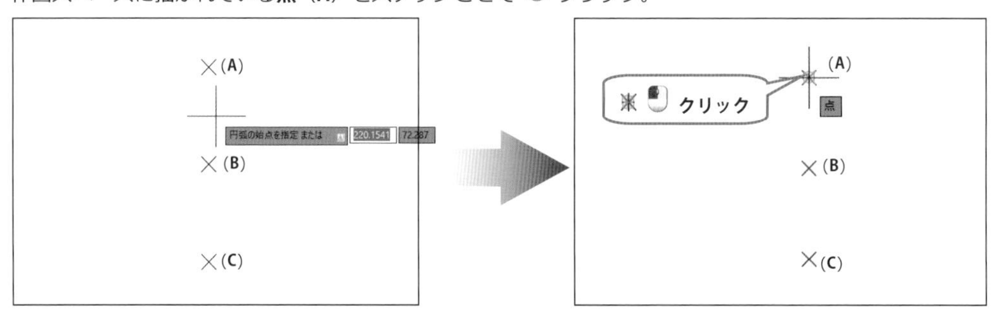

3. ダイナミックプロンプトメッセージに「**円弧の中心点を指定：**」と表示されます。
作図スペースに描かれている**点（B）**をスナップさせて クリック。

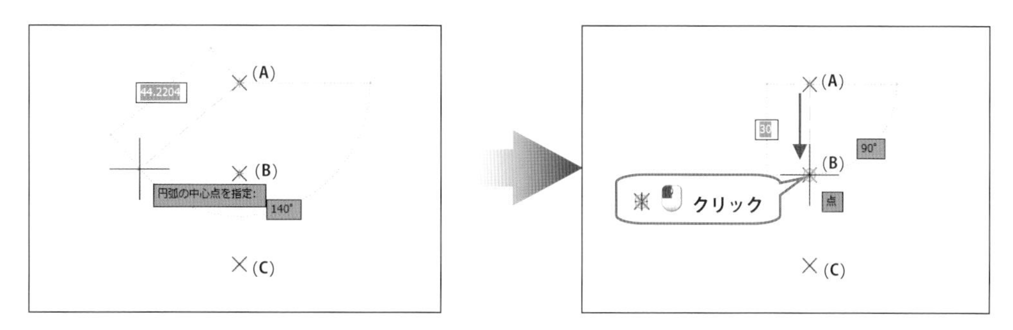

4. ダイナミックプロンプトメッセージに「**円弧の中心点を指定（方向を切り替えるには［Ctrl］を押す）または**」と表示されます。 CTRL を**押した状態**にすると**円弧が反転**することを確認します。

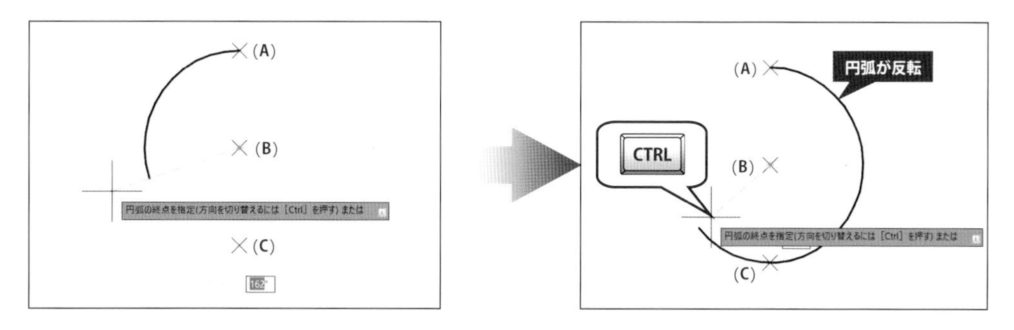

CTRL の押した状態では、ダイナミック入力で距離と角度を入力指定できません。

5. 作図スペースに描かれている**点（C）**をスナップさせて クリック。
円弧を反転させる場合は、 CTRL を押しながら**点（C）**をスナップさせて クリック。
指定した始点（**A**）、中心点（**B**）、終点（**C**）で円弧が作成されます。
［**始点、中心、終点**］コマンドは自動終了します。

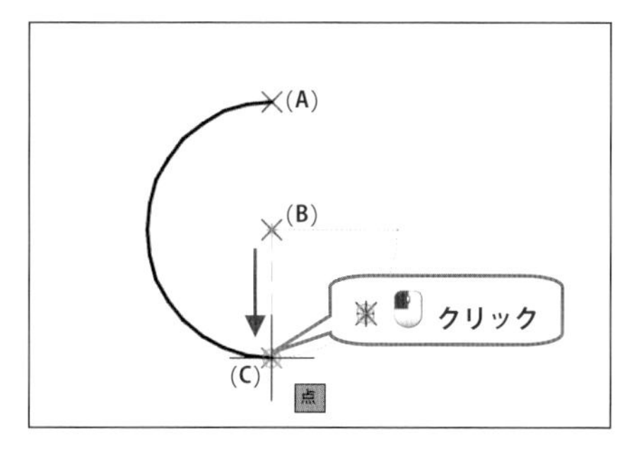

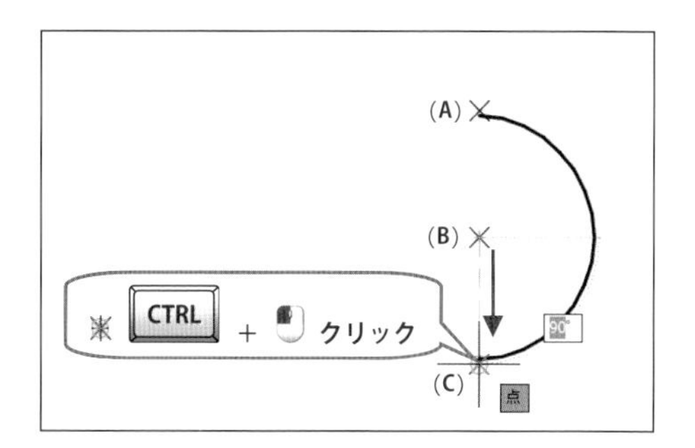

6. クイックアクセスツールバーまたはアプリケーションメニューより ［**上書き保存**］を クリック。

7. ［**クローズボックス**］を クリックして図面を閉じます。

4.4.3 角度を指定した円弧

[**始点、中心、角度**]、[**始点、終点、角度**]、[**中心、始点、角度**] は**中心角を指定**して円弧を作成します。

1. クイックアクセスツールバーまたはアプリケーションメニューより [**開く**] を クリック。

2. 『**ファイルを選択**』ダイアログが表示されます。
   {**Chapter 4**} より図面ファイル {**円弧 2**} を選択し、 開く(O) を クリック。

   120° の角度の円弧を図枠左下の作図スペースに描いてみましょう。

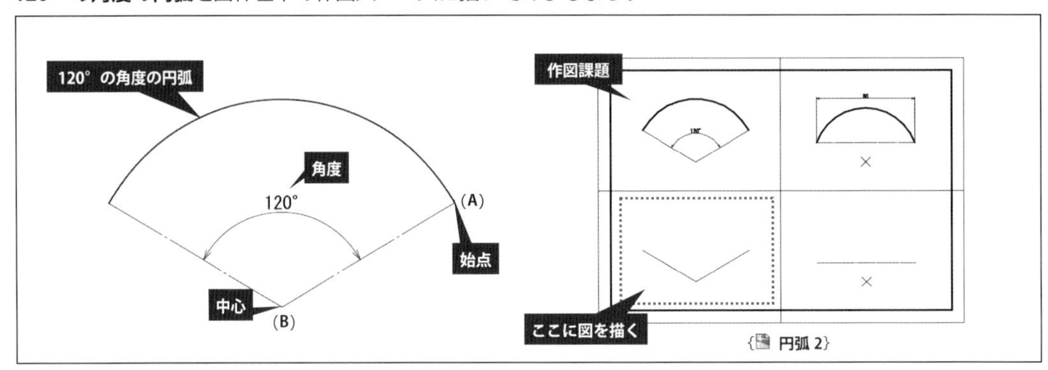

3. ステータスバーの [**ダイナミック入力**] を オンにします。
   [**作図グリッドを表示**] と [**スナップモード**] は オフにします。

4. リボン【**ホーム**】タブの【**作成**】パネルにある [**3 点**] の下にある 円弧 を クリックし、
   展開されるメニューより [**始点、中心、角度**] を クリック。

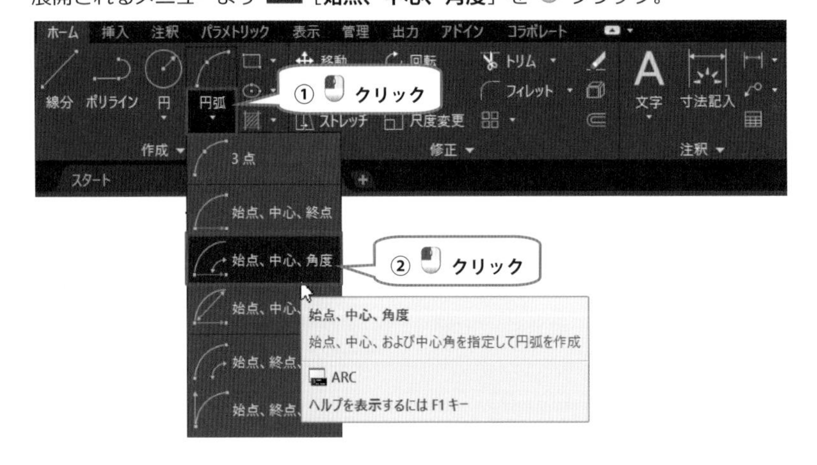

5. ダイナミックプロンプトメッセージに「**円弧の始点を指定 または** 」と表示されます。
作図スペースに描かれている**線分の端点（A）**をスナップさせて クリック。

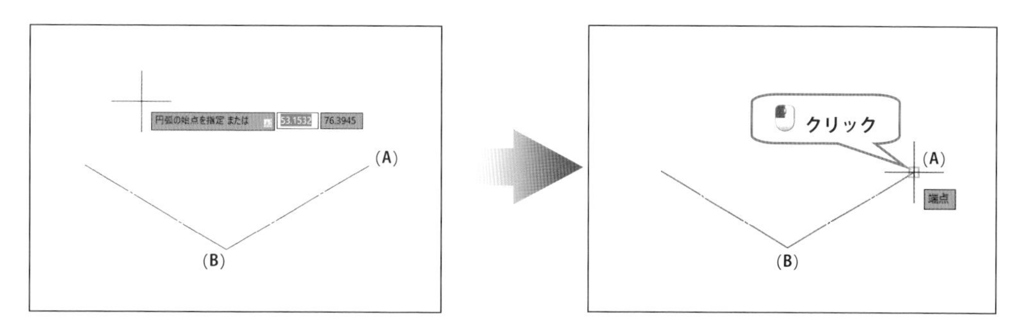

6. ダイナミックプロンプトメッセージに「**円弧の中心点を指定：**」と表示されます。
作図スペースに描かれている**線分の端点（B）**をスナップさせて クリック。

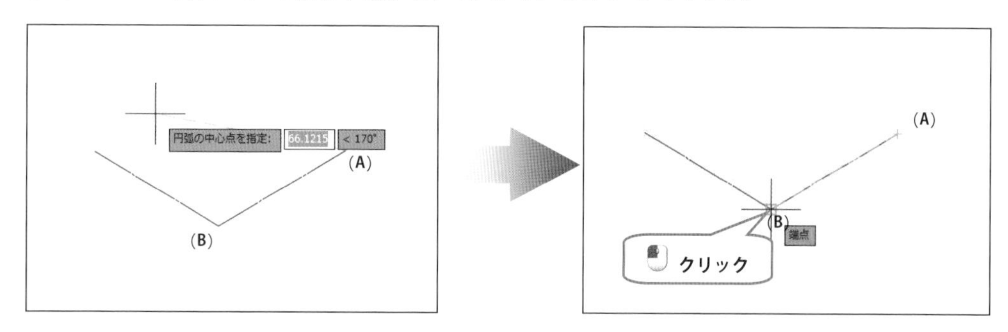

7. ダイナミックプロンプトメッセージに「**中心角を指定（方向を切り替えるには［Ctrl］を押す）：**」と表示されます。CTRL を**押した状態**にすると**円弧が反転**することを確認します。

⚠ CTRL の押した状態では、ダイナミック入力で距離と角度を入力指定できません。

今回は円弧の角度が **120°** とわかっているので数値入力で指定します。
<1 2 0 ENTER>と 入力すると、**120° の角度の円弧**が作成されます。
［**始点、中心、角度**］コマンドは自動終了します。

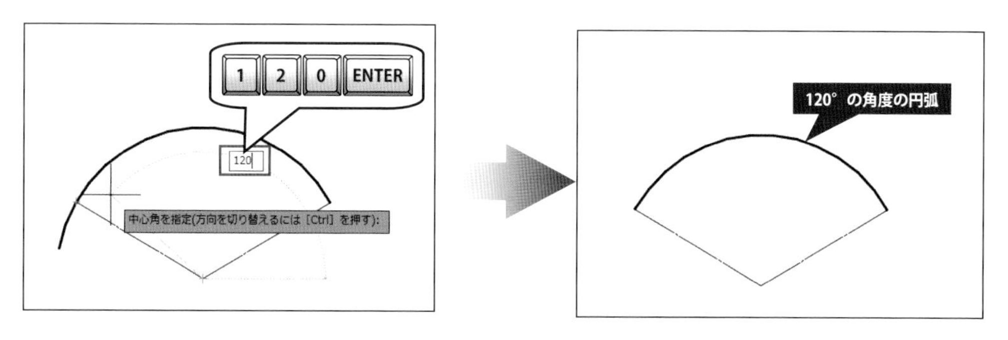

4.4.4 弦の長さを指定した円弧

［始点、中心、長さ］、［中心、始点、長さ］は**弦の長さ**を指定して円弧を作成します。

弦長 80mm の円弧を図枠右下の作図スペースに描いてみましょう。

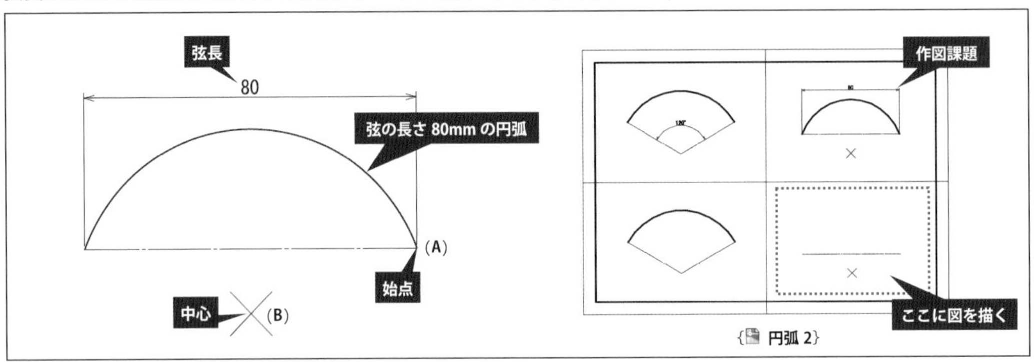

1. リボン【**ホーム**】タブの【**作成**】パネルにある［**3 点**］の下にある 円弧 を クリックし、展開されるメニューより［**始点、中心、長さ**］を クリック。

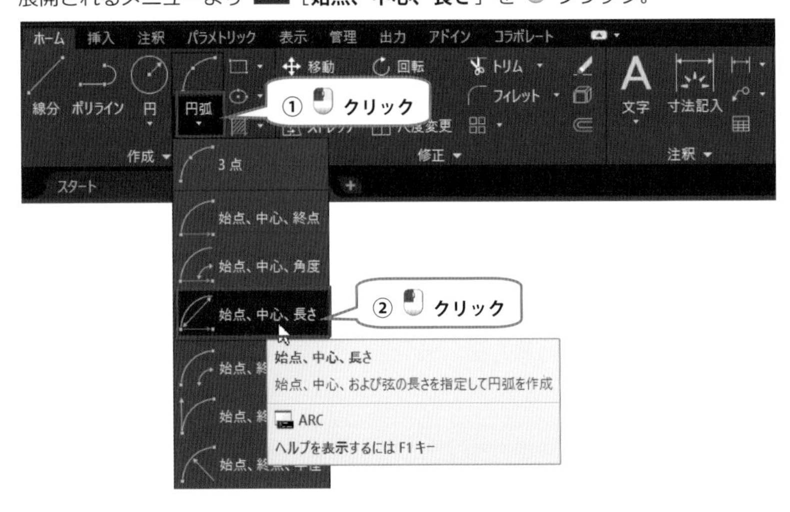

2. ダイナミックプロンプトメッセージに「**円弧の始点を指定 または** 」と表示されます。作図スペースに描かれている**線分の端点（A）**をスナップさせて クリック。

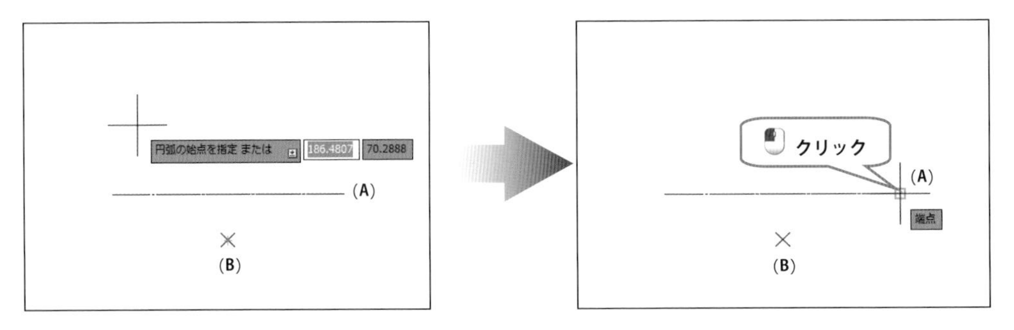

3. ダイナミックプロンプトメッセージに「**円弧の中心点を指定：**」と表示されます。
作図スペースに描かれている**点（B）**をスナップさせて クリック。

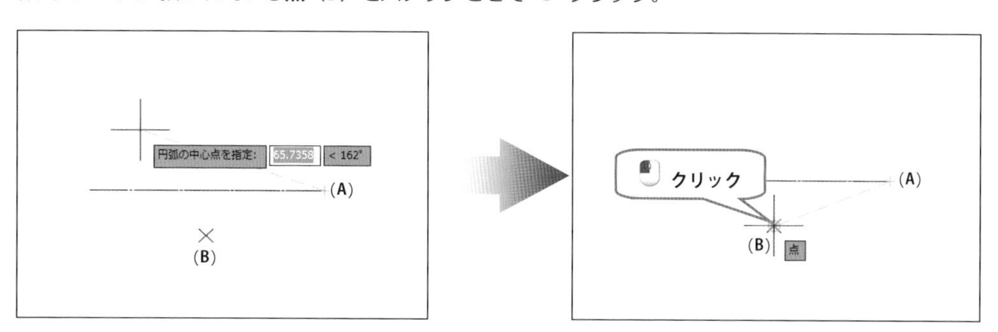

4. ダイナミックプロンプトメッセージに「**弦の長さを指定（方向を切り替えるには［Ctrl］を押す）：**」と表示されます。 CTRL を**押した状態**にすると**円弧が反転**することを確認します。

⚠ CTRL の押した状態では、ダイナミック入力で距離と角度を入力指定できません。

今回は、**円弧の弦の長さ**が **80mm** とわかっているので数値入力で指定します。
<8 0 ENTER> と入力すると、**弦長 80mm の円弧**が作成されます。
［**始点、中心、長さ**］コマンドは自動終了します。

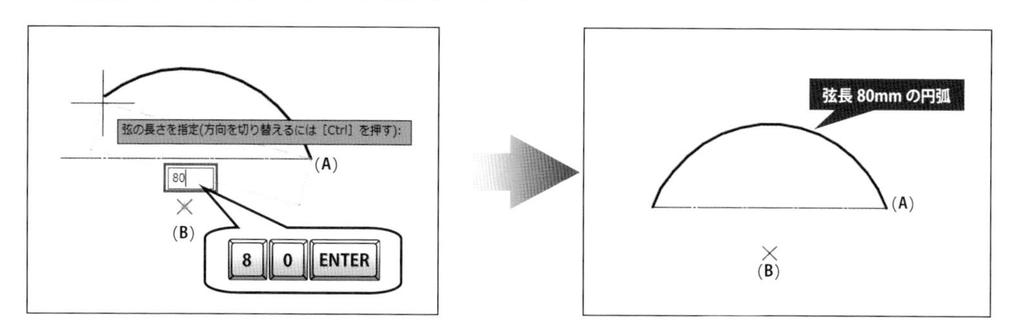

5. クイックアクセスツールバーまたはアプリケーションメニューより ［**上書き保存**］を クリック。

6. ［**クローズボックス**］を クリックして図面を閉じます。

4.4.5 方向を指定した円弧

［**始点、終点、方向**］は、始点を基準として、指定した方向の**直線に接する円弧**を作成します。

1. クイックアクセスツールバーまたはアプリケーションメニューより ［**開く**］を クリック。

2. 『**ファイルを選択**』ダイアログが表示されます。
   ｛ **Chapter 4**｝より図面ファイル｛ **円弧 3**｝を選択し、 **開く(O)** を クリック。
   斜線に接する円弧を図枠左下の作図スペースに描いてみましょう。

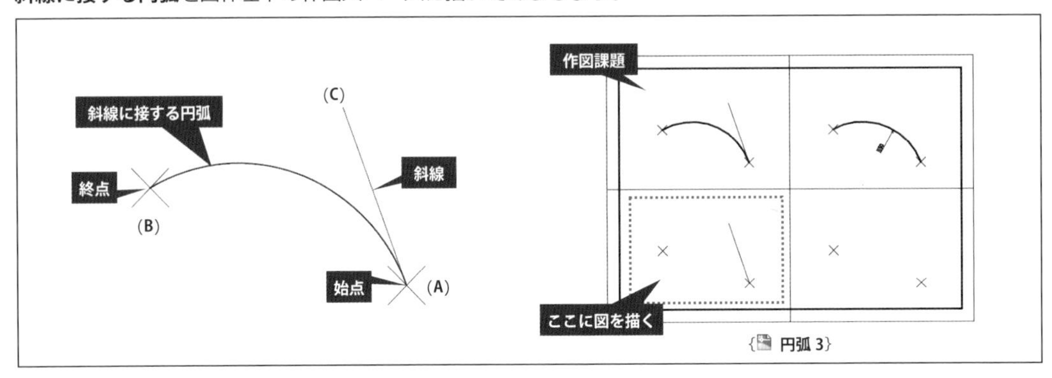

3. ステータスバーの［**ダイナミック入力**］を オンにします。
   ［**作図グリッドを表示**］と［**スナップモード**］は オフにします。

4. リボン【**ホーム**】タブの【**作成**】パネルにある ［**3 点**］の下にある 円弧 を クリックし、
   展開されるメニューより ［**始点、終点、方向**］を クリック。

5. ダイナミックプロンプトメッセージに「**円弧の始点を指定 または** 」と表示されます。
作図スペースに描かれている**線分の端点（A）**をスナップさせて クリック。

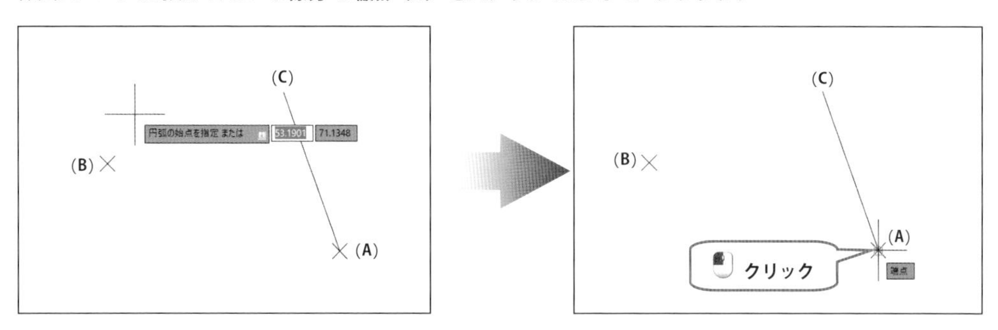

6. ダイナミックプロンプトメッセージに「**円弧の終点を指定：**」と表示されます。
作図スペースに描かれている**線分の端点（B）**をスナップさせて クリック。

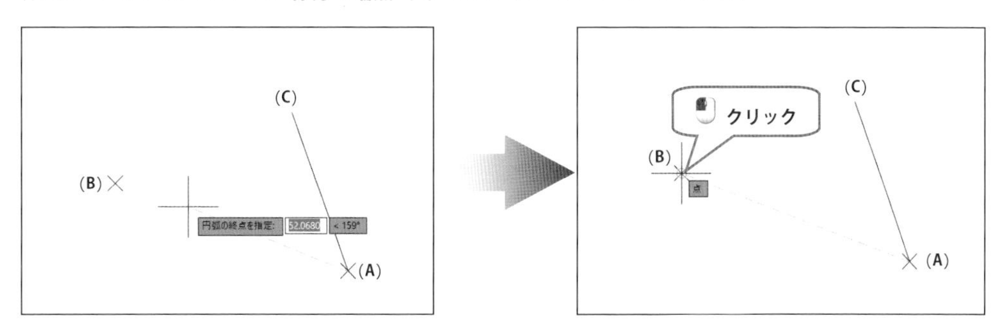

7. ダイナミックプロンプトメッセージに「**円弧の始点の接線方向を指定（方向を切り替えるには［Ctrl］を押す）：**」と表示されます。 CTRL を**押した状態**にすると**円弧が反転**することを確認します。

⚠ CTRL の押した状態では、ダイナミック入力で角度を入力指定できません。

作図スペースに描かれている線分（接線）の**端点（C）**をスナップさせて クリックすると、**線分に正接な円弧**が作成されます。 ［**始点、終点、方向**］コマンドは自動終了します。

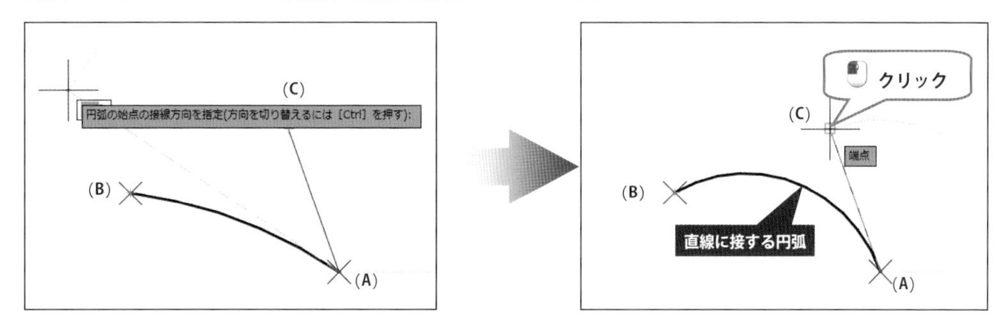

4.4.6　半径を指定した円弧

［**始点、終点、半径**］は「**始点**」「**終点**」「**半径**」を指定して円弧を作成します。

「**始点**」と「**終点**」を**反時計回り**で指定し、**半径 50mm の円弧**を図枠右下の作図スペースに描いてみましょう。

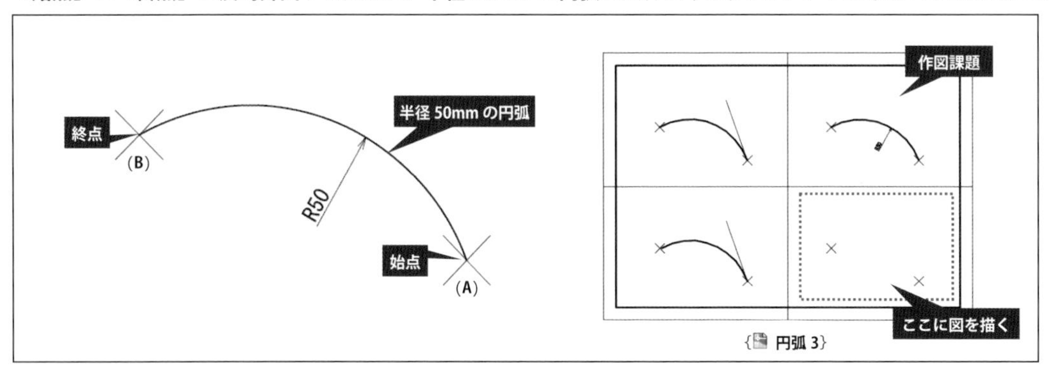

1. リボン【**ホーム**】タブの【**作成**】パネルにある［**3 点**］の下にある 円弧 を クリックし、展開されるメニューより［**始点、終点、半径**］を クリック。

2. ダイナミックプロンプトメッセージに「**円弧の始点を指定 または** 」と表示されます。作図スペースに描かれている**点（A）**をスナップさせて クリック。

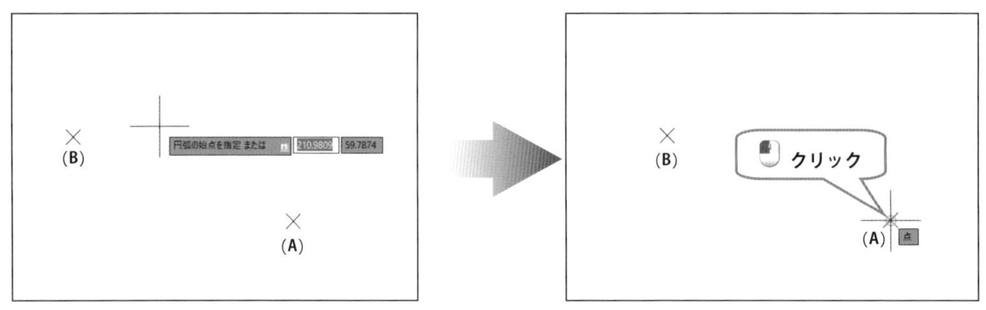

3. ダイナミックプロンプトメッセージに「**円弧の中心点を指定：**」と表示されます。
作図スペースに描かれている**点（B）**をスナップさせて クリック。

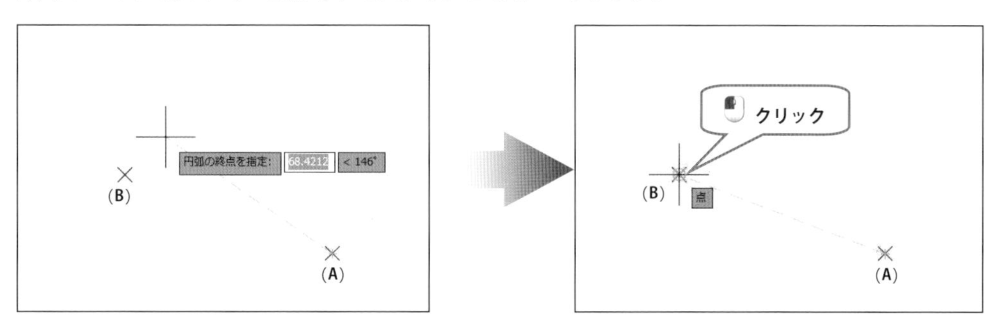

4. ダイナミックプロンプトメッセージに「**弦の長さを指定（方向を切り替えるには［Ctrl］を押す）：**」と表示されます。 CTRL を**押した状態**にすると**円弧が反転**することを確認します。

⚠ CTRL の押した状態では、半径を入力指定できません。

<5 0 ENTER> と 入力すると、**始点と終点を通過する半径 50mm の円弧**が作成されます。
［**始点、終点、半径**］コマンドは自動終了します。

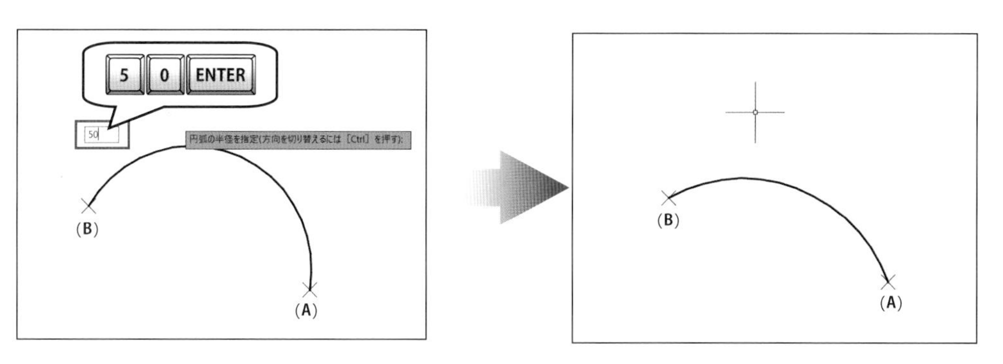

5. クイックアクセスツールバーまたはアプリケーションメニューより ［**上書き保存**］を クリック。

6. ［**クローズボックス**］を クリックして図面を閉じます。

4.4.7 正接につながる円弧

[継続] は、**既存のオブジェクトの終点から正接な円弧**を作成します。

1. クイックアクセスツールバーまたはアプリケーションメニューより [**開く**] を クリック。

2. 『**ファイルを選択**』ダイアログが表示されます。
   {**Chapter 4**} より図面ファイル {**円弧 4**} を選択し、 **開く(O)** を クリック。

正接円弧でつながる閉じた図形を作図スペースに描いてみましょう。

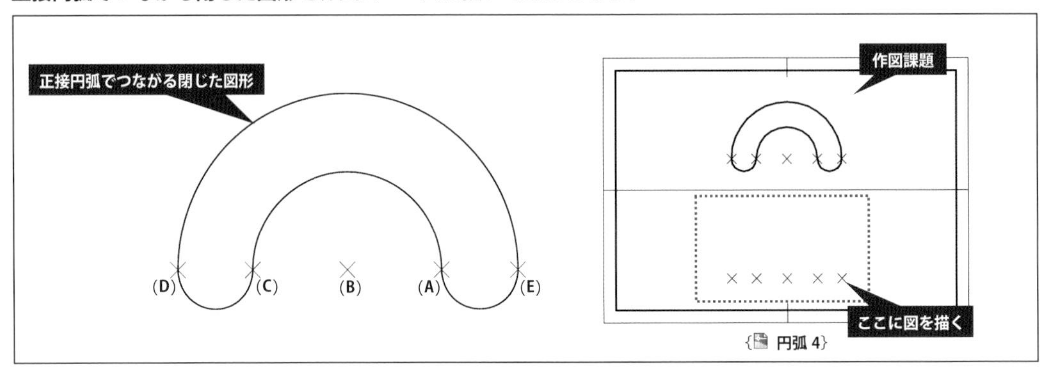

3. ステータスバーの [**ダイナミック入力**] と [**極トラッキング**] を オンにします。
   [**作図グリッドを表示**] と [**スナップモード**] は オフにします。

4. リボン【**ホーム**】タブの【**作成**】パネルにある [**3 点**] の下にある 円弧 を クリックし、
   展開されるメニューより [**始点、中心、終点**] を クリック。

5. 下図に示す**始点** (**A**)、**中心点** (**B**)、**終点** (**C**) の順に クリック。

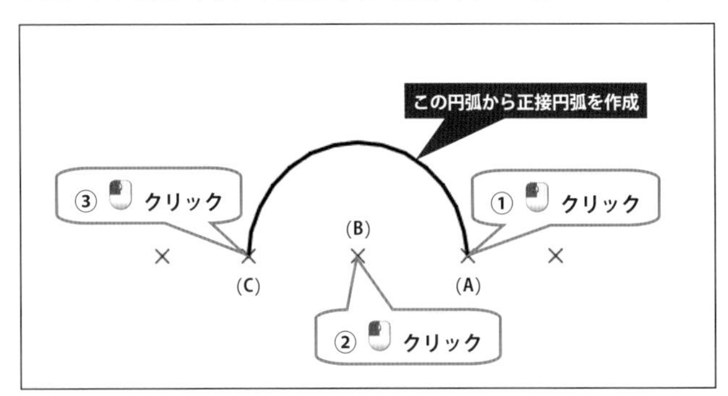

6. リボン【**ホーム**】タブの【**作成**】パネルにある ［**3 点**］の下にある 円弧 を クリックし、展開されるメニューより ［**継続**］を クリック。

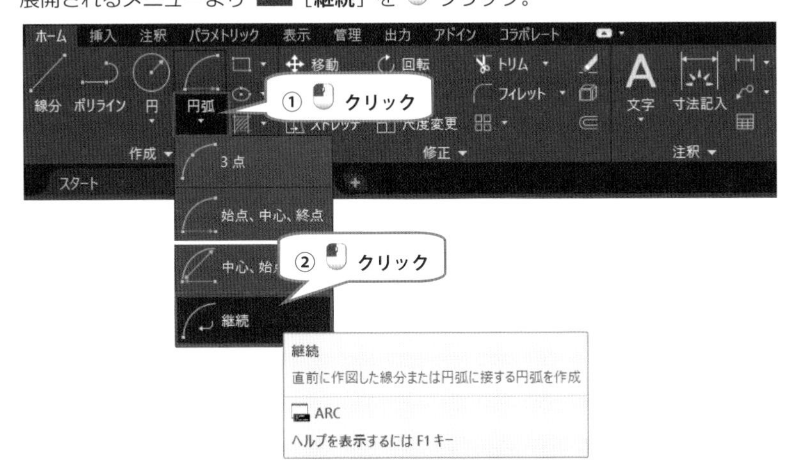

7. ダイナミックプロンプトメッセージに「**円弧の終点を指定（方向を切り替えるには［Ctrl］を押す）：**」と表示されます。**円弧は直前に作成した円弧の終点（C）**から開始します。

点（D）をスナップさせて クリックすると**正接円弧**が作成されます。

［**継続**］コマンドは自動終了します。

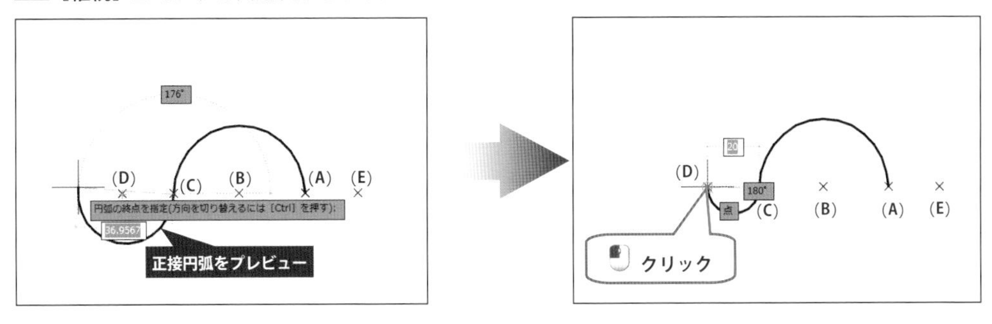

8. 再度 ［**継続**］を実行し、**点（D）**から**点（E）**、**点（E）**から**点（A）**に**正接円弧**を作成します。

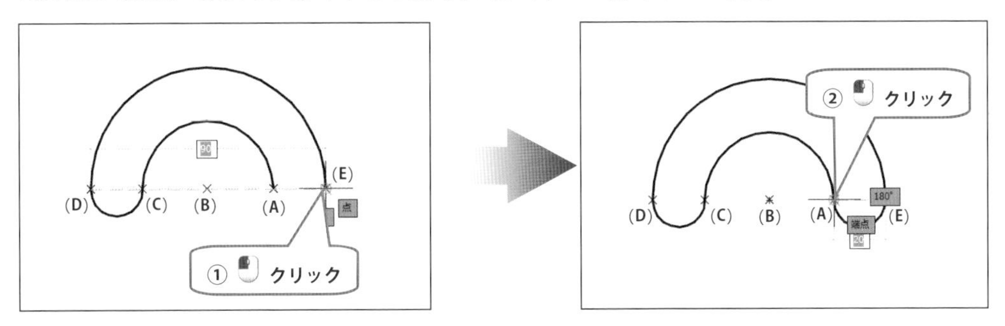

9. クイックアクセスツールバーまたはアプリケーションメニューより ［**上書き保存**］を クリック。

10. ［**クローズボックス**］を クリックして図面を閉じます。

4.5 楕円を作成する

［**楕円**］コマンドは、「**中心**」「**第 1 軸の長さ**」「**第 2 軸の長さ**」「**角度**」など指定して楕円または楕円弧を作成します。

コマンド名	E L L I P S E	エイリアス	E L

コマンドオプションにより作図方法を 3 通りの中から選択できます。次のオプションが使用可能です。

オプション	機　能
［**中心記入**］	中心点、第 1 軸の両端点、第 2 軸の高さを指定して楕円を作成します。
［**軸、端点**］	最初に第 1 軸の長さと角度を指定し、次に第 2 軸の長さを指定します。
［**楕円弧**］	楕円弧を作成します。

4.5.1 中心点を指定した楕円

［**中心記入**］は、「**楕円の中心点**」「**第 1 軸の両端点**」「**第 2 軸の高さ**」を指定して**楕円**を作成します。

1. クイックアクセスツールバーまたはアプリケーションメニューより［**開く**］を クリック。
2. 『**ファイルを選択**』ダイアログが表示されます。

   ｛**Chapter 4**｝より図面ファイル｛**楕円**｝を選択し、 開く(O) を クリック。

   長方形に収まる大きさの楕円を図枠左下の作図スペースに描いてみましょう。

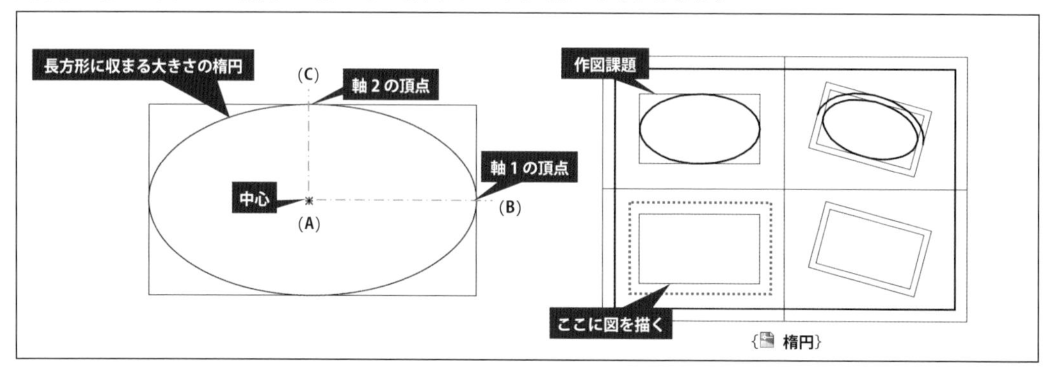

3. ステータスバーの［**ダイナミック入力**］と［**極トラッキング**］を オンにします。

   ［**作図グリッドを表示**］と［**スナップモード**］は オフにします。

4. ［**定常オブジェクトスナップ**］横にある を クリックし、［**図心**］を オンにします。

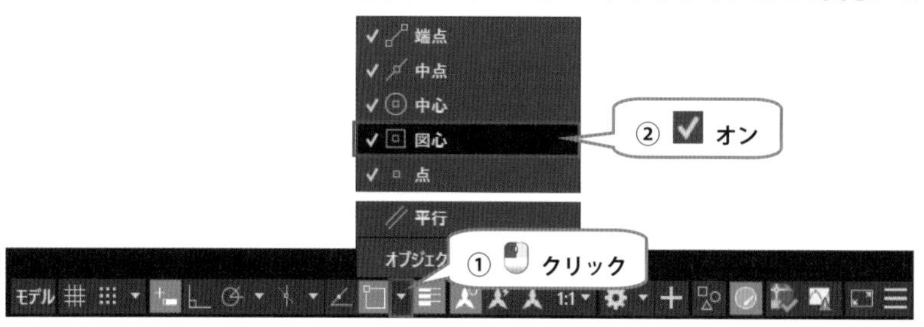

5. リボン【**ホーム**】タブの【**作成**】パネルにある ［**中心記入**］を クリック。

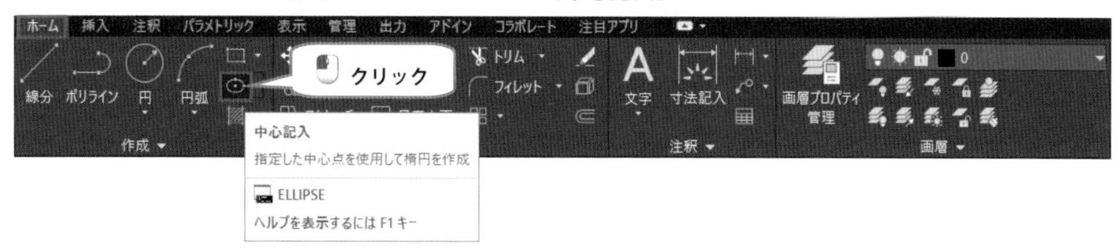

6. ダイナミックプロンプトメッセージに「**楕円の中心を指定：**」と表示されます。
作図スペースに描かれている矩形内にカーソルを移動すると、**図心位置**に「✱」マークが表示されます。
図心（A）をスナップさせて クリック。（※図心は閉じたポリライン図形の中心です。）

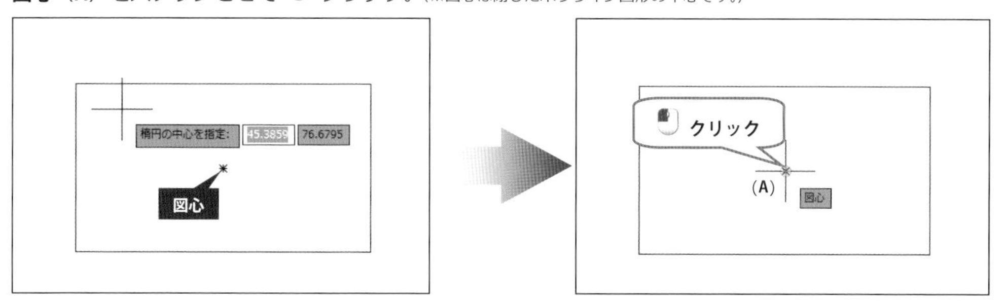

7. ダイナミックプロンプトメッセージに「**軸の端点を指定：**」と表示されます。
作図スペースに描かれている**長方形の右辺の中点（B）**をスナップさせて クリック。
図心（**A**）と点（**B**）を結ぶ**直線の角度が楕円の角度**になります。

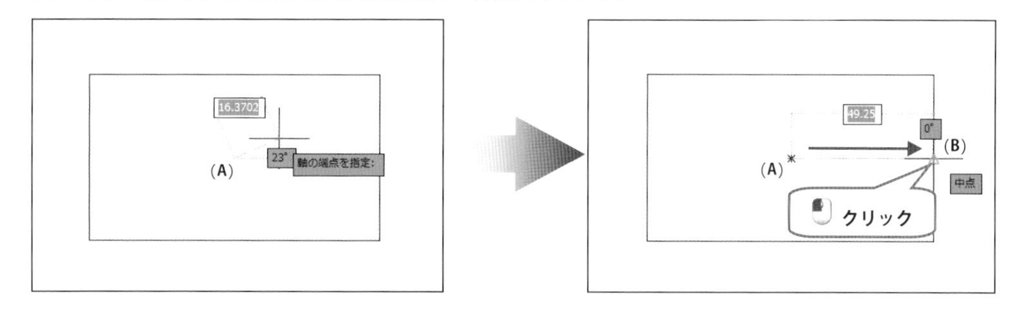

8. ダイナミックプロンプトメッセージに「**もう一方の軸の距離を指定 または** 」と表示されます。
作図スペースに描かれている**長方形の上辺の中点（C）**をスナップさせて クリックすると、**水平に配置された長方形に収まる楕円**が作成されます。 ［**中心記入**］コマンドは自動終了します。

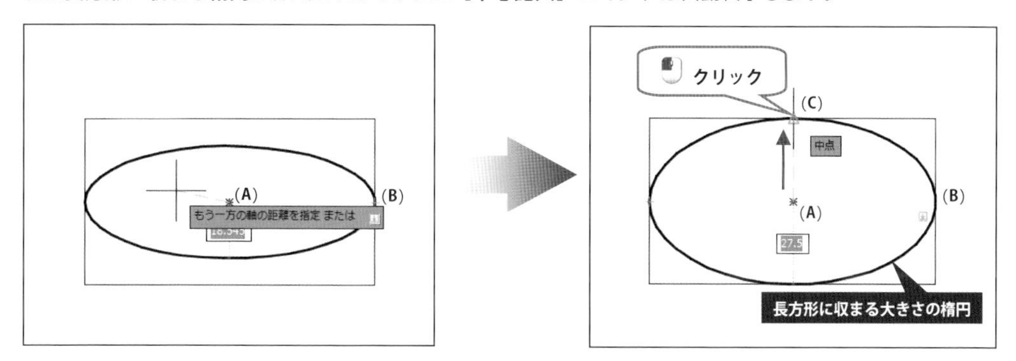

4.5.2 軸の両端点を指定した楕円

［**軸、端点**］は、最初に第 1 軸の両端点を指定し、最後に第 2 軸の高さを指定して楕円を作成します。

角度のついた長方形に収まる楕円を描いてみましょう。

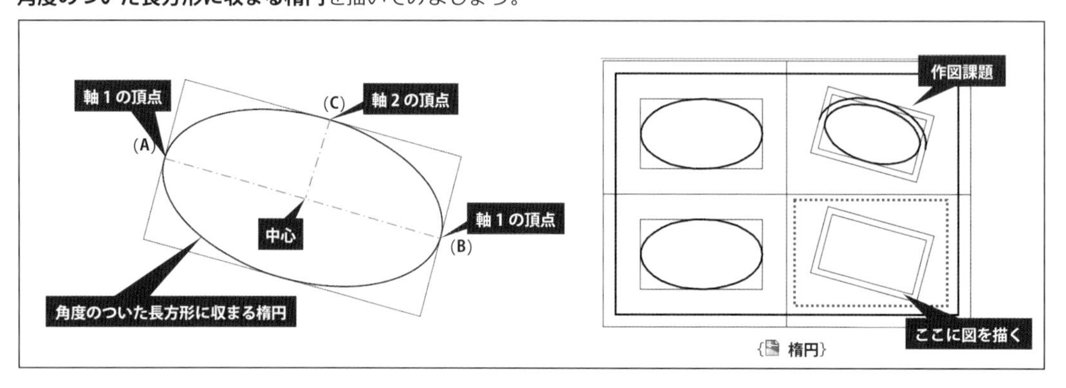

1. リボン【**ホーム**】タブの【**作成**】パネルにある ［**中心記入**］の横にある を クリックし、展開されるメニューより ［**軸、端点**］を クリック。

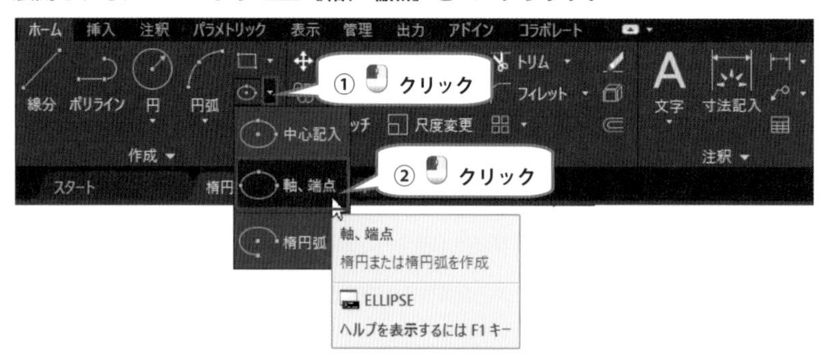

2. ダイナミックプロンプトメッセージに「**楕円の軸の 1 点目を指定 または** 」と表示されます。
   作図スペースに描かれている**長方形の左辺の中点（A）**をスナップさせて クリック。

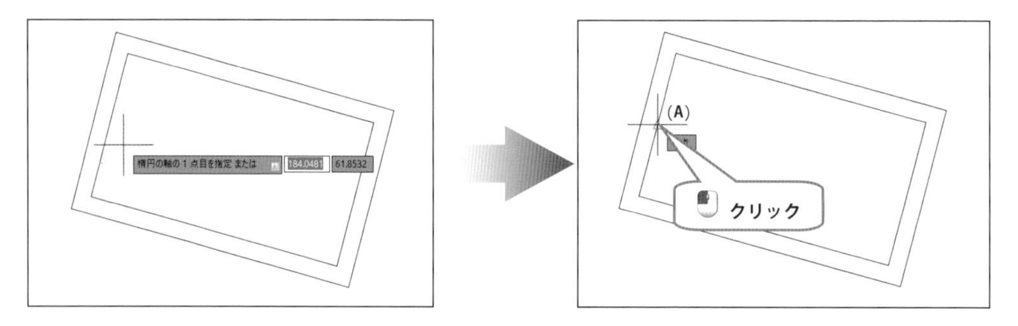

ここではコマンドオプションは使用しませんが、以下の 2 つのオプションが使用できます。

［**円弧（A）**］オプションは、 ［**楕円弧**］に切り替わります。

［**中心（C）**］オプションは、 ［**中心記入**］に切り替わります。

3. ダイナミックプロンプトメッセージに「**軸の 2 目を指定：**」と表示されます。
作図スペースに描かれている**長方形の右辺の中点（B）**をスナップさせて クリック。

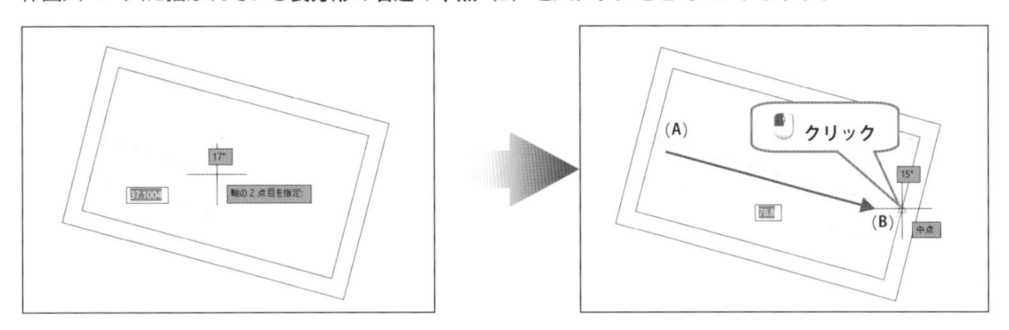

4. ダイナミックプロンプトメッセージに「**もう一方の軸の距離を指定 または** 」と表示されます。
作図スペースに描かれている**長方形の上辺の中点（C）**をスナップさせて クリックすると、**角度のついた長方形に収まる楕円**が作成されます。 ［**軸、端点**］コマンドは自動終了します。

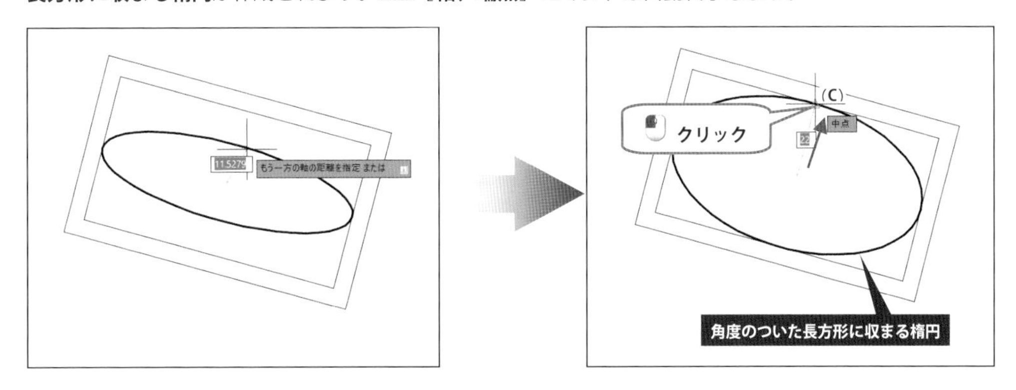

4.5.3 楕円弧

［**楕円弧**］は、［**軸、端点**］と同じ方法で楕円を作成後、楕円弧の開始角度と終了角度を指定します。

角度のついた長方形に収まる楕円弧を描いてみましょう。

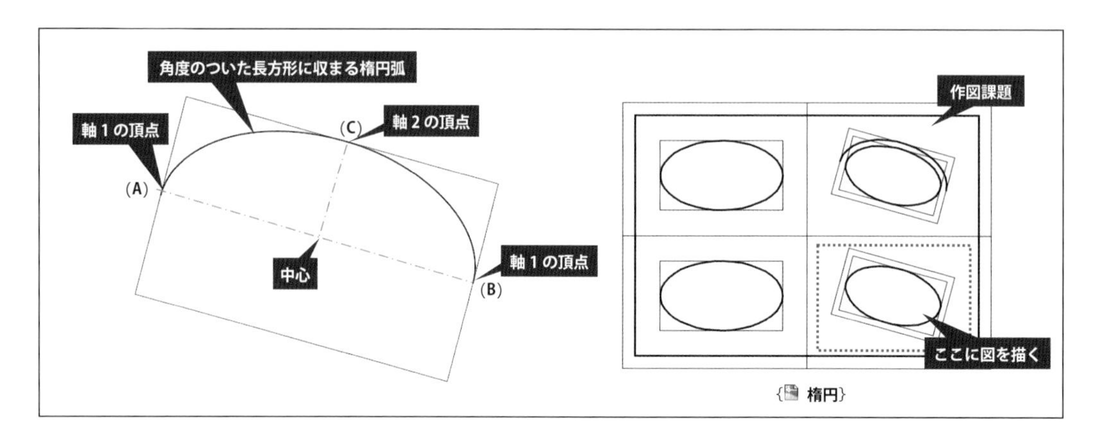

1. リボン【**ホーム**】タブの【**作成**】パネルにある［**中心記入**］の横にあるをクリックし、展開されるメニューより［**楕円弧**］をクリック。

2. ダイナミックプロンプトメッセージに「**楕円弧の軸の 1 点目を指定 または** 」と表示されます。
ここでコマンドオプションの［**中心（C）**］を選択できますが、ここでは使用しません。
［**中心（C）**］オプションは、楕円弧の中心点を指定する場合に選択します。

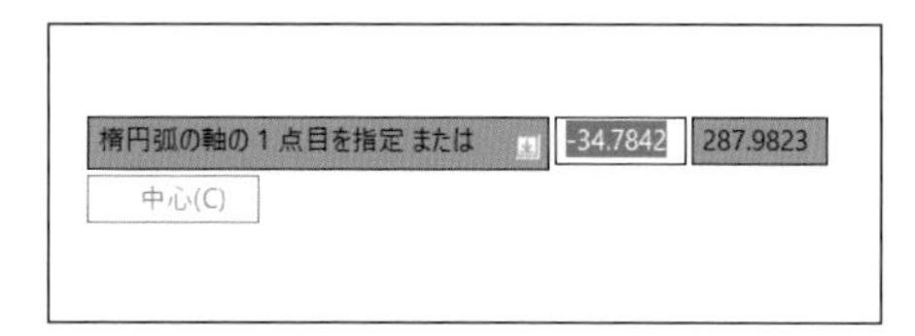

3. **「楕円の軸の 1 点目」**は**左辺の中点（A）**、**「軸の 2 目を指定」**は**右辺の中点（B）**を クリック。

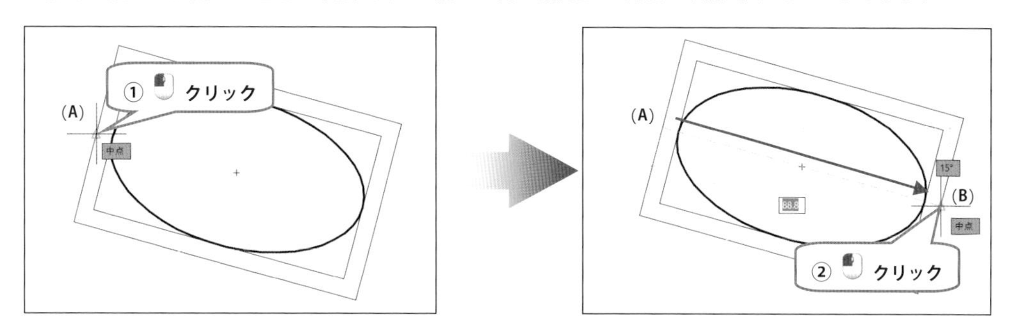

4. **「もう一方の軸の端点」**は上辺の中点（**C**）を クリックして**長方形に収まる楕円を作成**します。

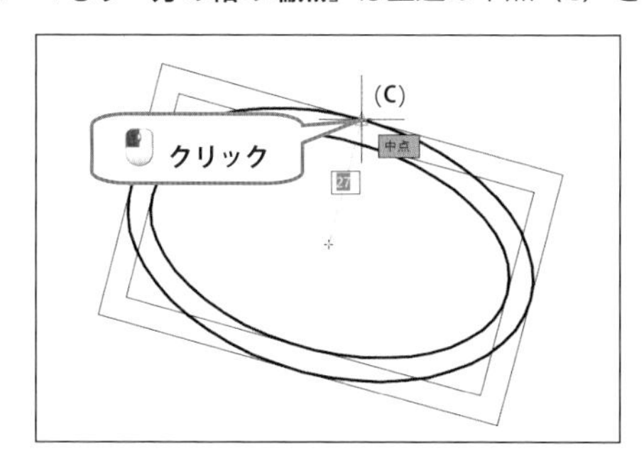

5. ダイナミックプロンプトメッセージに「**始点での角度を指定 または** 」と表示されます。
長方形の右辺の中点（**B**）をスナップさせて クリック。

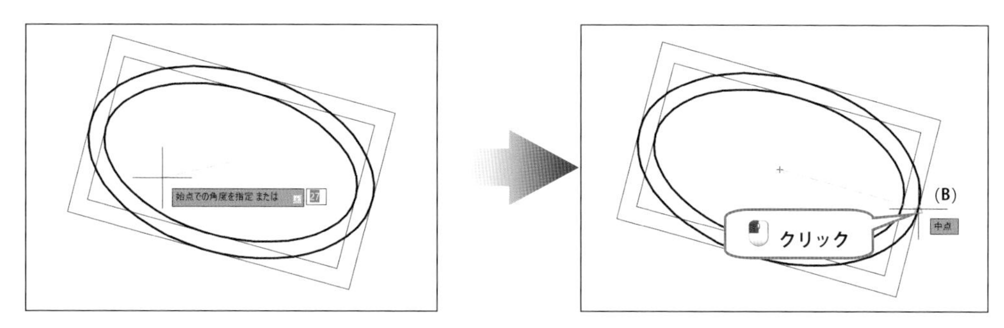

6. ダイナミックプロンプトメッセージに「**終点での角度を指定 または**」と表示されます。

既定ではコマンドオプション［**角度（A）**］が指定されており、終点で クリックまたは角度を 入力して指定します。円弧の中心角を指定する場合は、コマンドオプション［**中心角（I）**］を選択します。

長方形の左辺の中点（A）をスナップさせて クリックすると**楕円弧が作成**されます。

［**楕円弧**］コマンドは自動終了します。

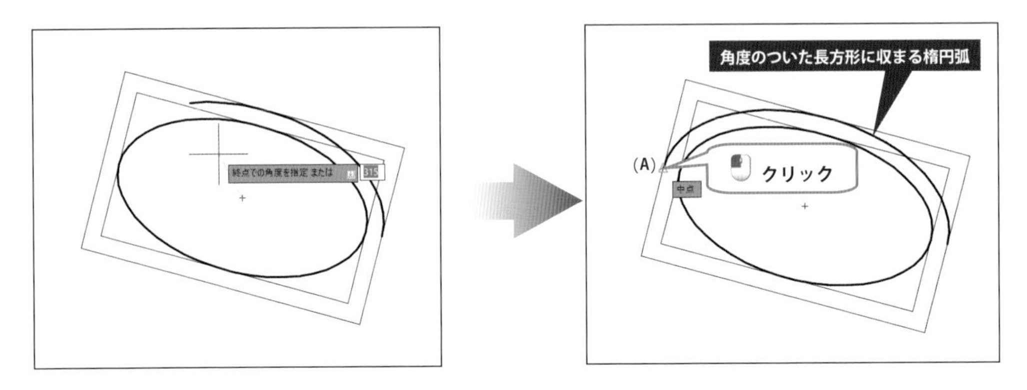

7. クイックアクセスツールバーまたはアプリケーションメニューより ［**上書き保存**］を クリック。

8. ［**クローズボックス**］を クリックして図面を閉じます。

Chapter5

作図コマンド（2）

この章では、補助的に使用することが多い作図コマンドの操作方法について説明します。

境界認識機能

- ハッチング
- グラデーション
- 境界作成
- リージョン
- ワイプアウト

補助的な線

- 構築線
- 放射線

スプライン

- スプラインフィット
- スプライン制御点

雲マーク

- 矩形状雲マーク
- ポリゴン状雲マーク
- フリーハンド雲マーク

5.1 境界認識機能

境界認識機能の「**ハッチング**」「**グラデーション**」「**境界作成**」「**リージョン**」「**ワイプアウト**」ついて説明します。

5.1.1 ハッチング

[ハッチング] コマンドは、指定した**閉じた領域**に斜線などのパターンを使用して**ハッチングを作成**します。

コマンド名	HATCHING	エイリアス	H

次のオプションが使用可能です。

オプション	機能
[**内側の点をクリック（K）**]	領域の内側の点を指定してハッチング境界を決定します。
[**オブジェクトを選択（S）**]	オブジェクトを選択してハッチング境界を決定します。
[**元に戻す（U）**]	コマンド内で操作を元に戻します。
[**設定（T）**]	『**ハッチング編集**』ダイアログを表示します。

1. クイックアクセスツールバーまたはアプリケーションメニューより [**開く**] を クリック。

2. 『**ファイルを選択**』ダイアログが表示されます。
   {**Chapter 5**} より図面ファイル {**境界認識 1**} を選択し、 開く(O) を クリック。

45° で等ピッチのハッチングを作成してみましょう。

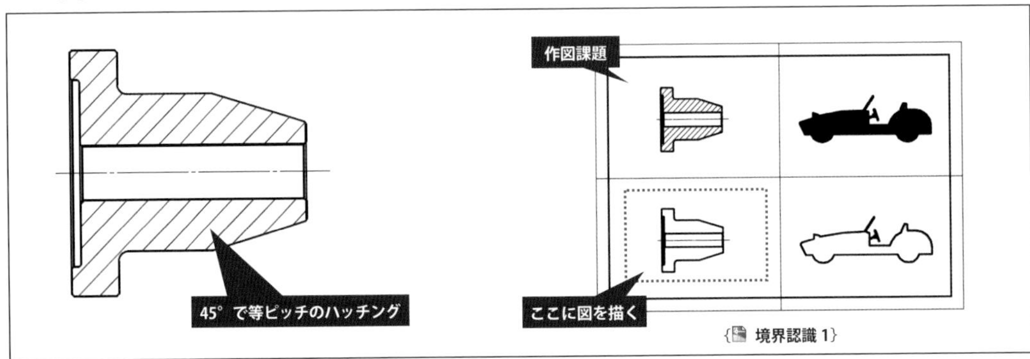

3. リボン【**ホーム**】タブの【**作成**】パネルにある [**ハッチング**] を クリック。

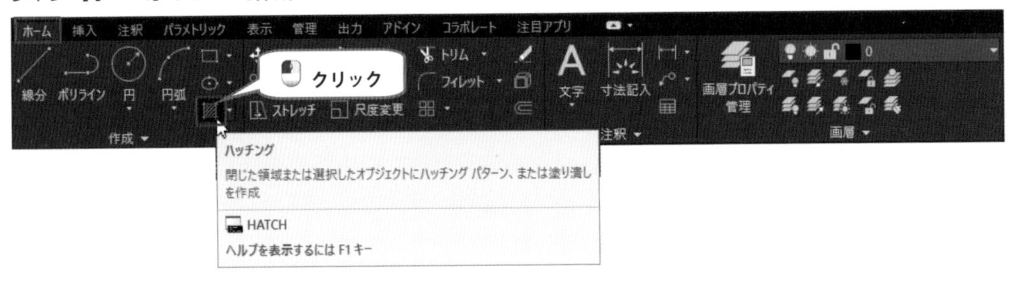

4. リボンに【**ハッチング作成**】タブが表示されます。

ハッチングのパターンには多くの種類がありますが、今回は ［**ANSI31**］を クリック。

5. ダイナミックプロンプトメッセージに「**内側の点をクリック または** 」と表示されます。
下図に示す**2か所の閉じた領域**で クリックすると、**45° で等ピッチのハッチング**が**表示**されます。

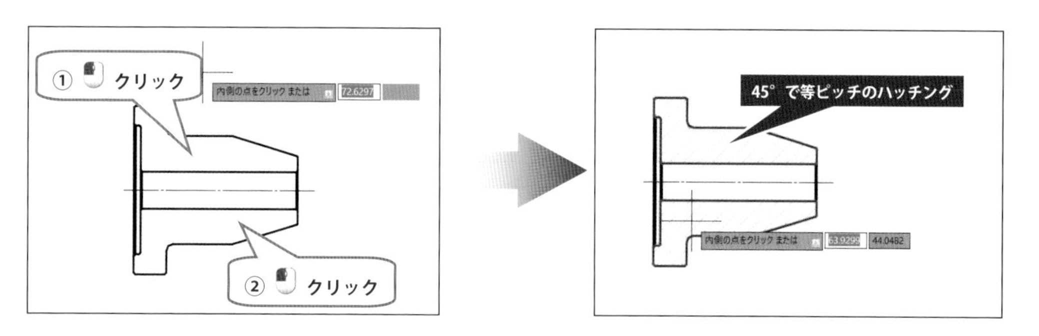

6. を押して［**設定(T)**］を クリックすると、『**ハッチングとグラーデション**』ダイアログが表示されます。ここではハッチングの**角度**や**尺度**、**透過性**などの設定ができます。
一部の設定は【**リボン**】タブの【**プロパティ**】パネルで可能です。
既定の設定のまま OK を クリックしてダイアログを閉じます。

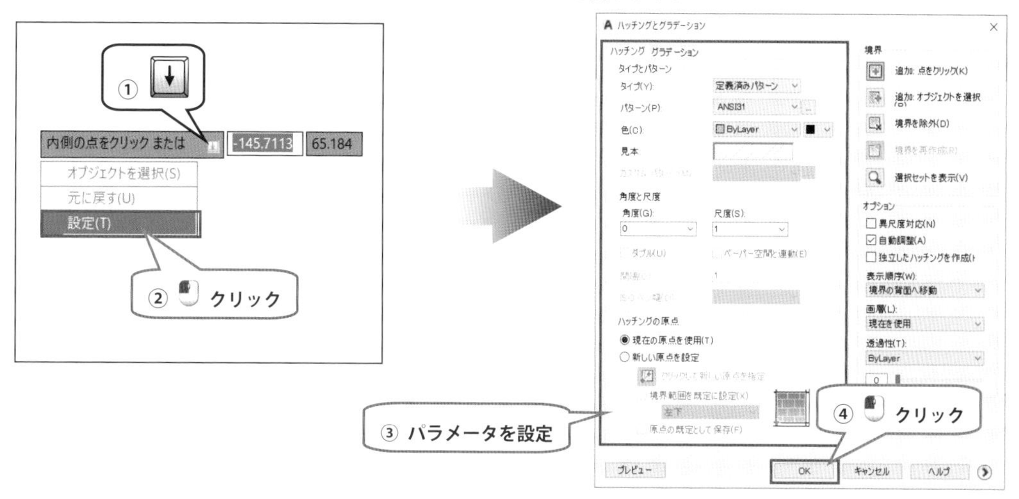

7. リボン一番右の ［**ハッチング作成を閉じる**］を クリック、または ENTER を押します。

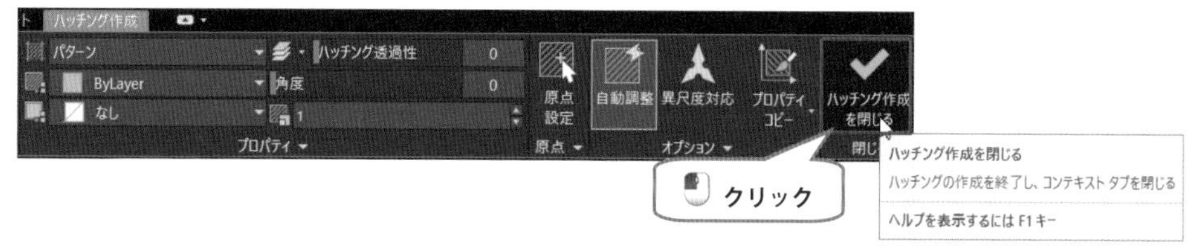

8. **ハッチングオブジェクト**を クリックすると、リボンの【**ハッチング作成**】タブが表示されます。
ここで**パターン**や**プロパティ**などが編集できます。
ハッチングオブジェクトを選択後に CTRL + 1ぬ で表示される『**プロパティ**』パレットでもパラメータの編集が可能です。

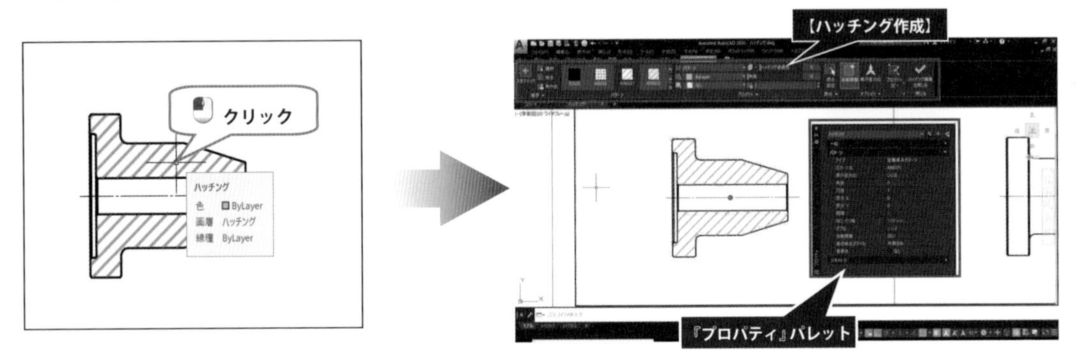

9. リボン一番右の [**ハッチング編集を閉じる**] を クリック、または ENTER を押します。

10. **ソリッドパターン**を使用すると、閉じた領域を**塗り潰し**ます。
クルマのシルエットラインの中を黒で塗り潰してみましょう。
リボン【**ホーム**】タブの【**作成**】パネルにある [**ハッチング**] を クリック。

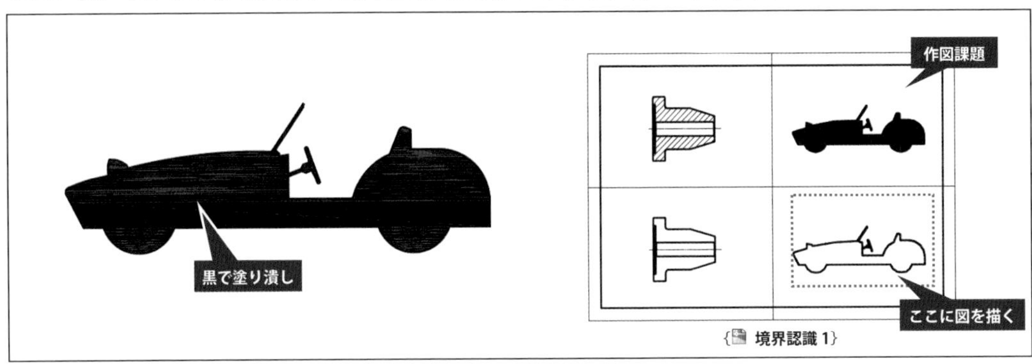

11. 【**パターン**】パネルより [**SOLID**] を クリック。

12. ダイナミックプロンプトメッセージに「**内側の点をクリック または** 」と表示されます。
下図に示す**閉じた領域**で クリック。

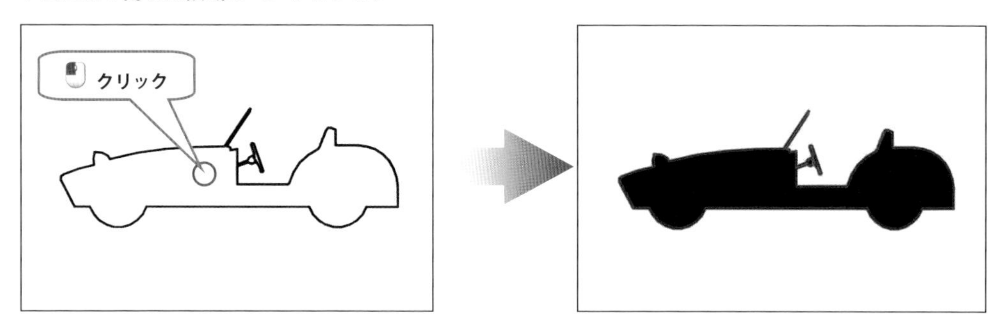

13. [**ハッチング作成を閉じる**] を クリック、または ENTER を押してハッチングを終了します。

14. クイックアクセスツールバーまたはアプリケーションメニューより [**上書き保存**] を クリック。

15. [**クローズボックス**] を クリックして図面を閉じます。

5.1.2 グラデーション

[**グラデーション**] コマンドは、**指定した閉じた領域をグラデーションで塗り潰し**ます。
指定した 1 色または 2 色で滑らかなグラデーションを表現します。

コマンド名	GRADIENT	エイリアス	GRA

1. クイックアクセスツールバーまたはアプリケーションメニューより [**開く**] を クリック。

2. 『**ファイルを選択**』ダイアログが表示されます。
{ **Chapter 5**} より図面ファイル { **境界認識 2**} を選択し、 開く(O) を クリック。

2 色のグラデーションを作成してみましょう。

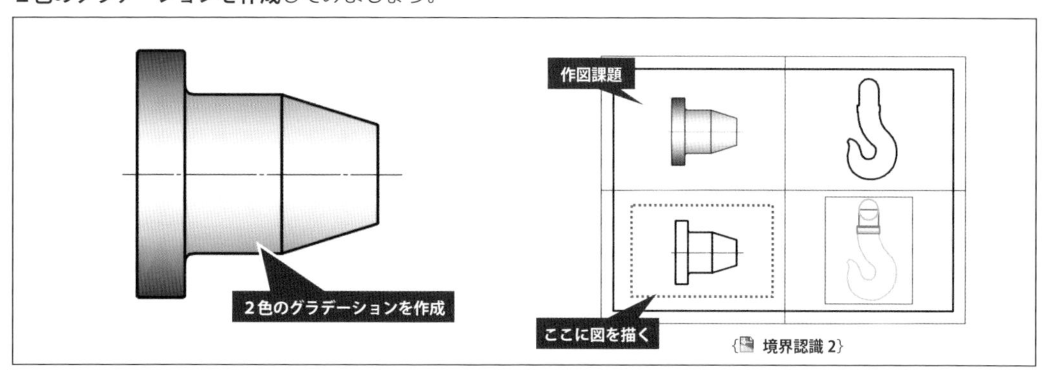

3. リボン【ホーム】タブの【作成】パネルにある ［ハッチング］の横にある を クリックし、展開されるメニューよりを ［グラデーション］を クリック。

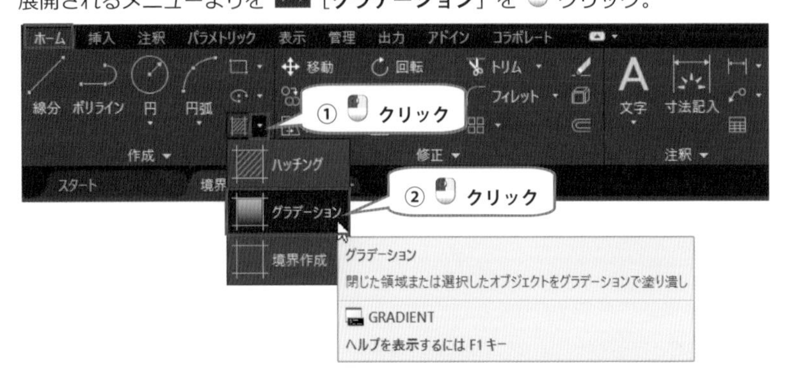

4. リボンに【ハッチング作成】タブが表示されます。【パターン】パネルの ［GR_CYLIN］を クリック。

5. 「**グラデーションの色 1**」を指定します。【**プロパティ**】パネルの Blue を クリックし、表示される色メニューより**任意の色**を クリックして選択します。

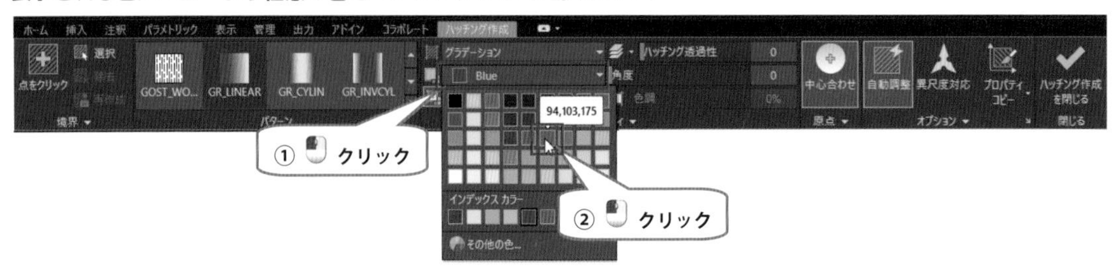

6. 「**グラデーションの色 2**」を指定します。【**プロパティ**】パネルの Yellow を クリックし、表示される色メニューより**任意の色**を クリックして選択します。

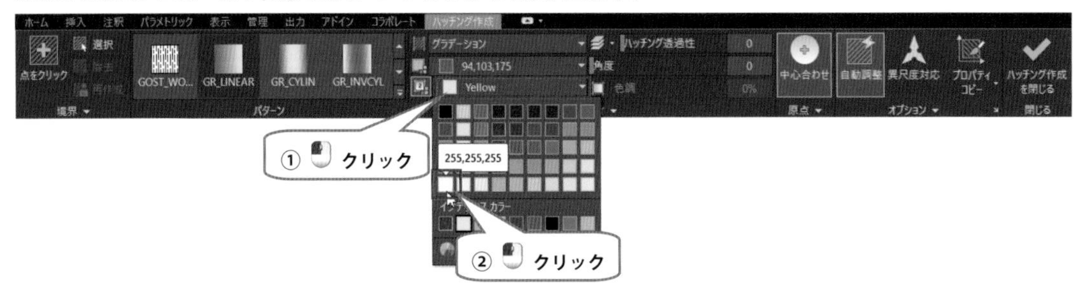

7. 「**グラデーションの角度**」を調整します。

スライダーバー「|」を クリック ドラッグ、または キー入力により<9 0>に設定します。

8. ダイナミックプロンプトメッセージに「**内側の点をクリック または** 」と表示されます。
下図に示す**閉じた領域**で クリックすると、**閉じた領域にグラデーションが作成**されます。

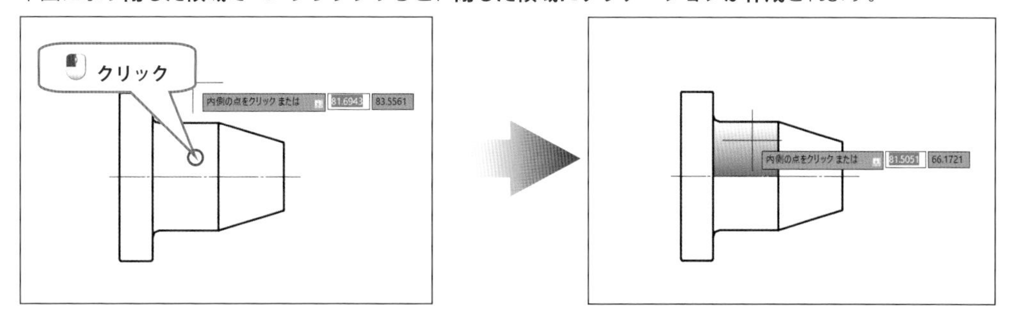

9. 下図に示す個所をクリックして**グラデーションを追加**します。

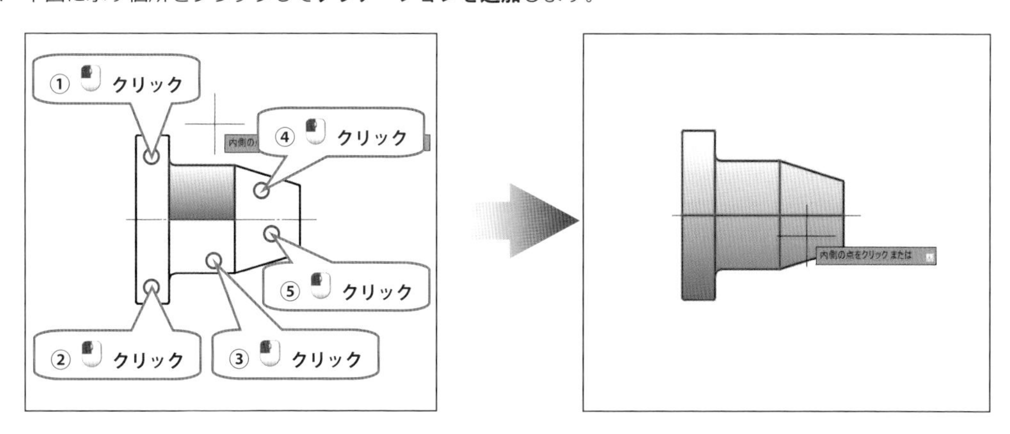

10. ［**ハッチング作成を閉じる**］を クリック、または ENTER を押してハッチングを終了します。

5.1.3 境界作成

［**境界作成**］コマンドは、**複数図形から境界を抽出**して**ポリライン図形**または**リージョン**を**作成**します。

コマンド名	BOUNDARY	エイリアス	BO

交差した複数の図形から境界を抽出し、**ポリライン図形**を作成してみましょう。

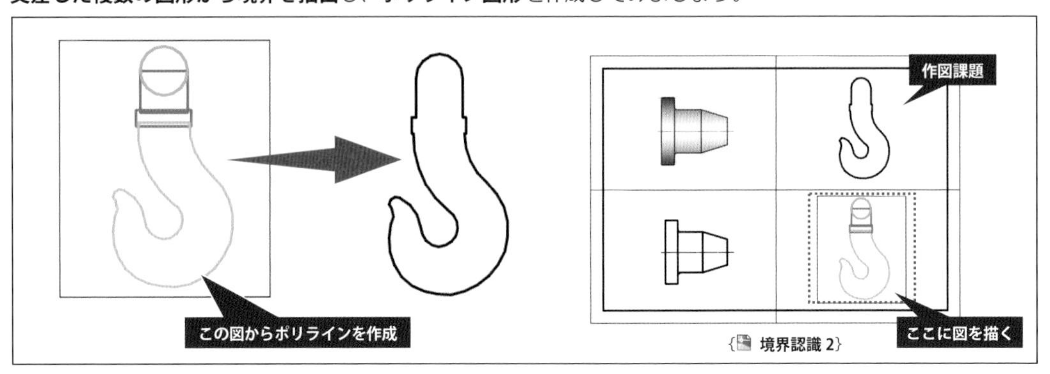

{境界認識 2}

1. リボン【**ホーム**】タブの【**作成**】パネルにある［**ハッチング**］の横にある ▼ を クリックし、展開されるメニューよりを［**境界作成**］を クリック。

2. 『**境界作成**』ダイアログが表示されます。
「**島の検出（D）**」をチェック ON（☑）、「**オブジェクトタイプ（O）**」はリストより［**ポリライン**］を選択します。［**点をクリック（P）**］を クリック。

「**オブジェクトタイプ（O）**」を［**リージョン**］に選択するとリージョンが作成できます。

参照 STEP1　Chapter5　5.1.4 リージョン（P162）

3. 『**境界作成**』ダイアログが消え、ダイナミックプロンプトメッセージに「**内側の点をクリック**」と表示されます。**下図に示す位置**で クリックし、 右クリックまたは ENTER を押して確定します。

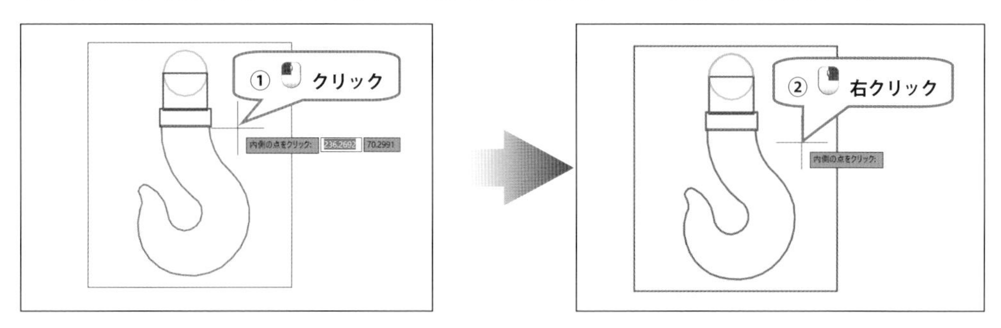

4. 作成された**境界はポリライン図形化**されています。カーソルをオブジェクト上に移動して**属性を表示**、または クリックして**ポリライン化**されたことを確認します。

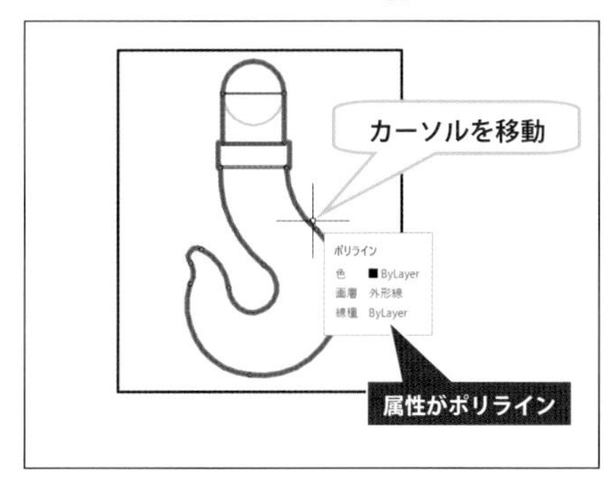

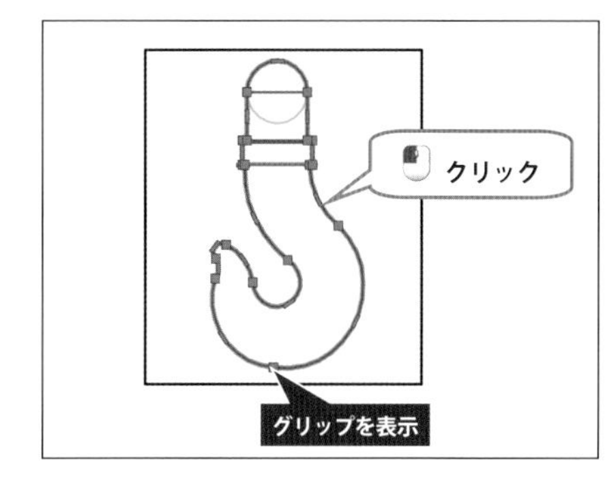

5. クイックアクセスツールバーまたはアプリケーションメニューより [**上書き保存**] を クリック。

6. [**クローズボックス**] を クリックして図面を閉じます。

5.1.4 リージョン

［**リージョン**］コマンドは、**リージョン**という**面情報を持った 2D オブジェクト**を作成します。
リージョンは**オブジェクト間で図形の演算**ができるのが特徴です。

3D CAD には**ブーリアン演算**（ブーリエ演算、集合演算ともいう）という機能がありますが、これに相当します。
一般的には 3D 形状のソリッドを使用して演算を行いますが、AutoCAD では 2D オブジェクトでも演算可能です。
（※「**ソリッド**」は中身の詰まった立体のことです。）

ここでは 2D オブジェクトの「**リージョン化**」「**プロパティの確認**」「**演算機能**」について説明します。

1. クイックアクセスツールバーまたはアプリケーションメニューより ［**開く**］を クリック。

2. 『**ファイルを選択**』ダイアログが表示されます。
   {**Chapter 5**} より図面ファイル {**境界認識 3**} を選択し、 開く(O) を クリック。
   オブジェクトを**リージョン化して演算**をしてみましょう。

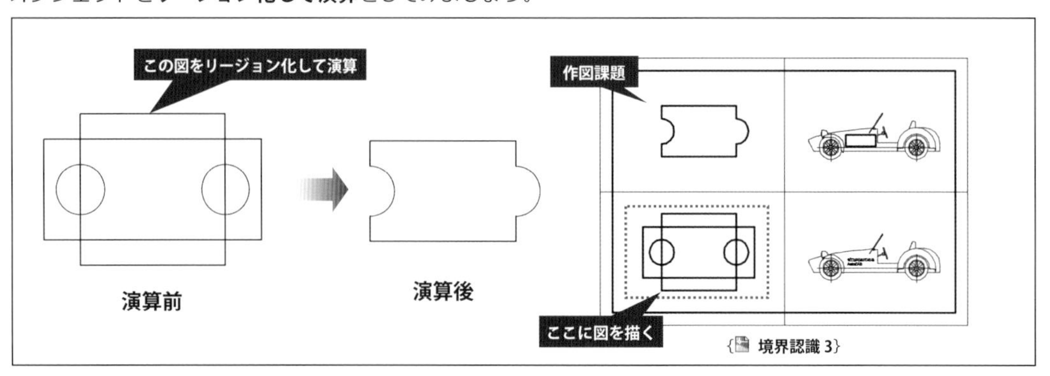

3. リボン【**ホーム**】タブの 作成▼ を クリックして展開し、 ［**リージョン**］を クリック。

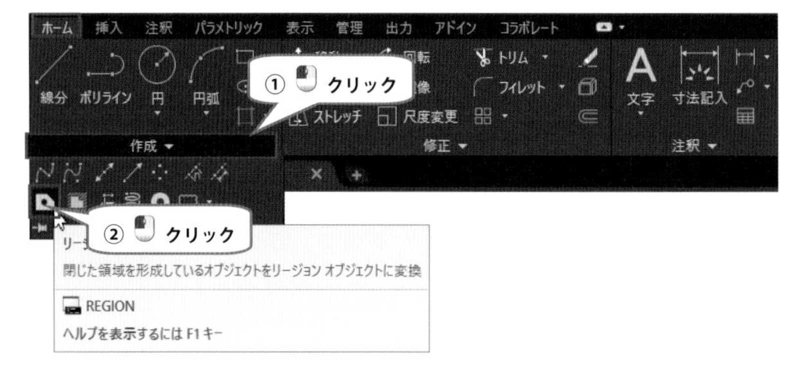

4. ダイナミックプロンプトメッセージに「**オブジェクトを選択：**」と表示されます。
リージョン化するオブジェクトを範囲選択し、右クリックにて確定します。
カーソルをリージョン化したオブジェクトに合わせ、属性に「**リージョン**」と表示されることを確認します。
ポリライン図形は変形できますが、リージョンではそれができません。
（※リージョンの解除にはポリライン図形と同様に［**分解**］を使用します。）

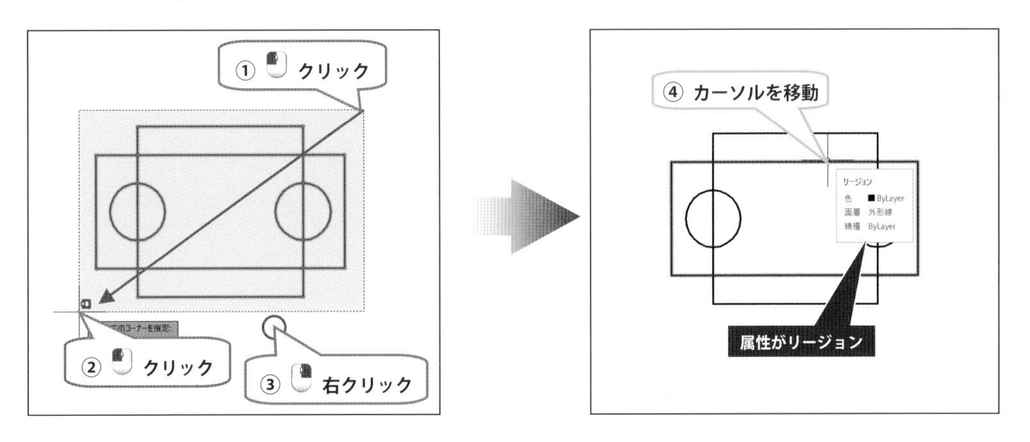

5. リージョン化したオブジェクトは、面積や周長などのプロパティをダイアログで確認できます。
メニューバー［**ツール（T）**］＞［**情報（Q）**］＞［**オブジェクト情報（L）**］をクリック。

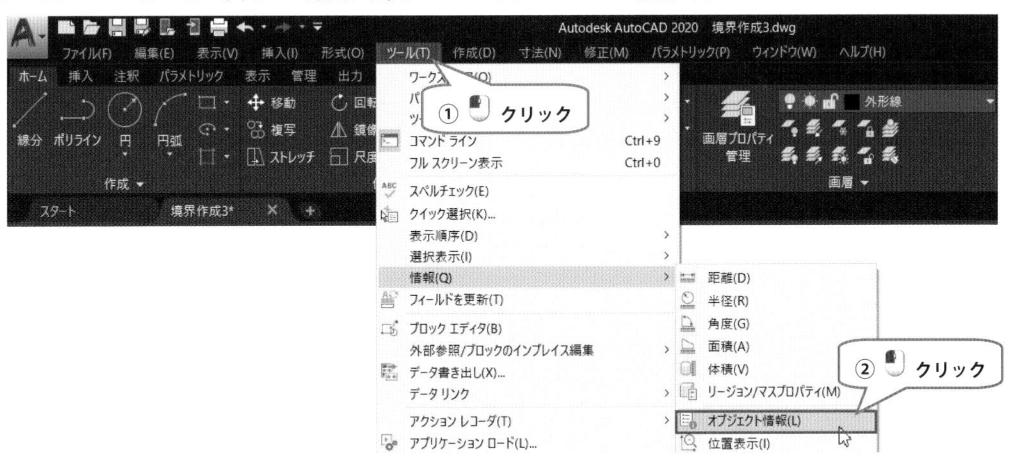

6. **リージョン化したオブジェクト**（任意）をクリックして選択し、右クリックにて確定します。

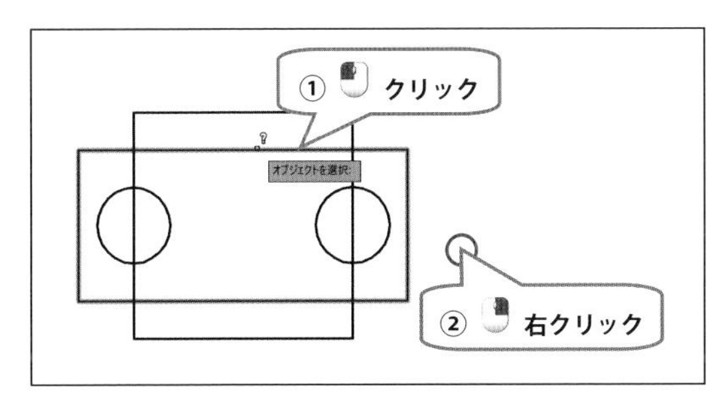

7. **テキストウィンドウが表示**され、**リージョンのプロパティ**（画層、面積、周囲、境界ボックスの座標など）を確認できます。マスプロパティをファイルに書き出すと、メモ帳などのテキストエディタで開けます。

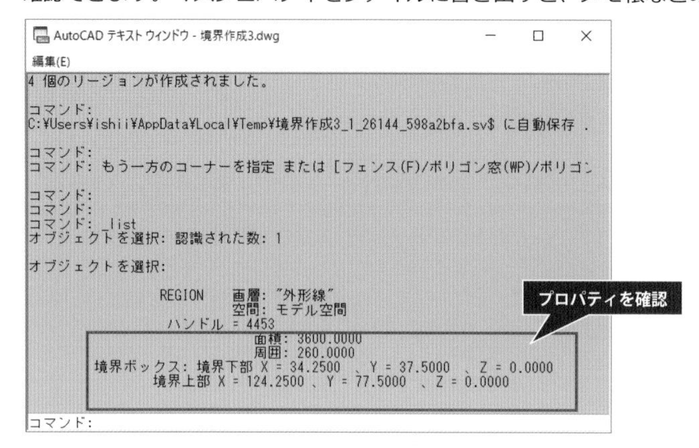

8. ✕［**閉じる**］を クリックしてテキストウィンドウを閉じます。

9. リージョン化したオブジェクトは**交差演算**（加算する和、減算する差、乗算する積）に使用できます。

メニューバー［**修正（M）**］＞［**ソリッド編集（N）**］＞ ［**和（U）**］を クリック。

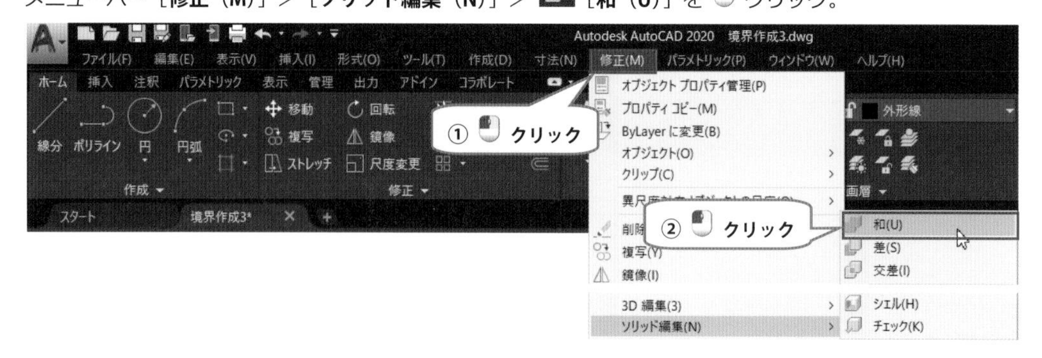

10. ダイナミックプロンプトメッセージに「**オブジェクトを選択：**」と表示されます。

下図に示す**長方形**と**円**を クリックし、 右クリックにて確定すると**2つの図形が加算**されます。

（※オブジェクト同士が交差しない場合でも加算され、１つのリージョンに統合されます。）

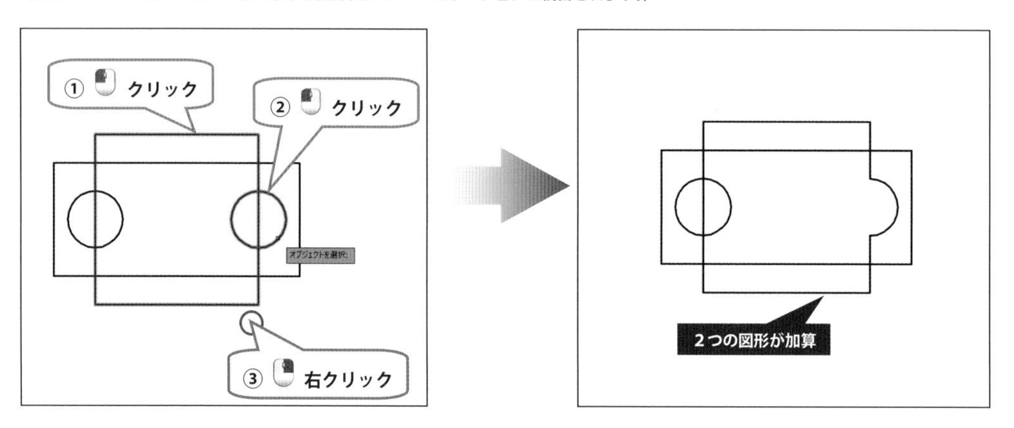

11. メニューバー［**修正（M）**］＞［**ソリッド編集（N）**］＞ ［**差（S）**］を クリック。

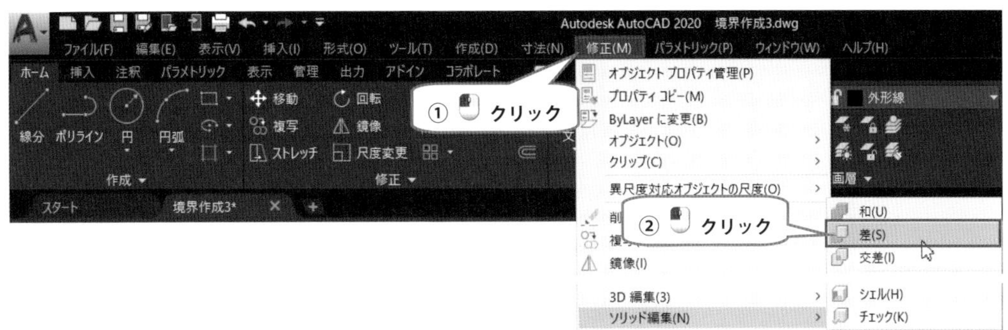

12. ダイナミックプロンプトメッセージに「**オブジェクトを選択：**」と表示されます。
下図に示すオブジェクトを クリックし、 右クリックにて確定します。

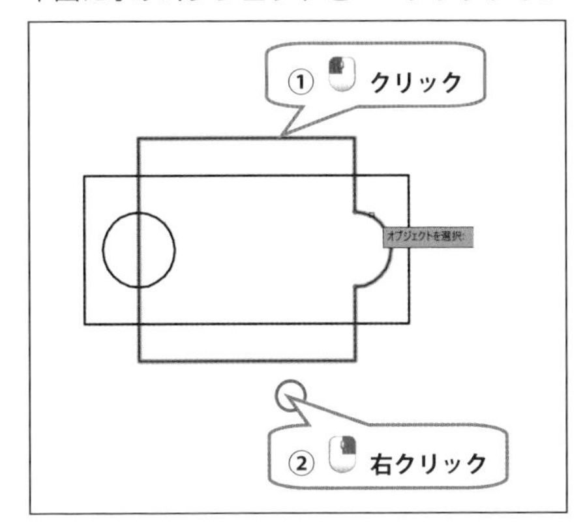

13. ダイナミックプロンプトメッセージに「**オブジェクトを選択：**」と表示されます。
下図に示すオブジェクト（**円**）を クリックし、 右クリックにて確定すると**2つの図形が減算**されます。
（※差し引くオブジェクトが交差しない場合、オブジェクトは削除されます。）

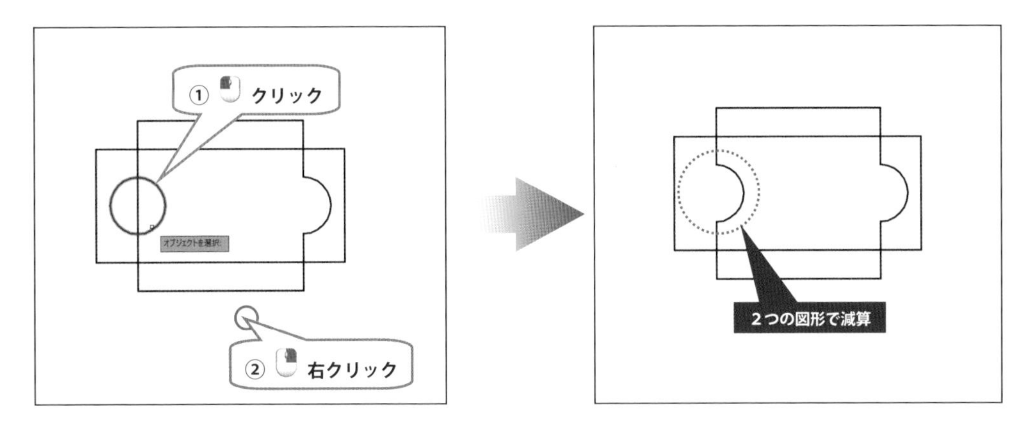

14. メニューバー［**修正（M）**］>［**ソリッド編集（N）**］> ［**交差（I）**］を クリック。

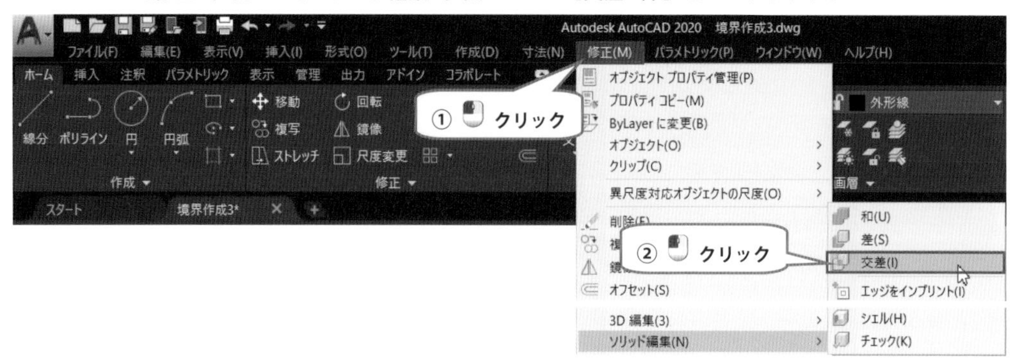

15. ダイナミックプロンプトメッセージに「**オブジェクトを選択：**」と表示されます。

2つのオブジェクトを範囲選択し、 右クリックにて確定すると**2つの図形が乗算**されます。

（※オブジェクト同士が交差しない場合、オブジェクトは削除されます。）

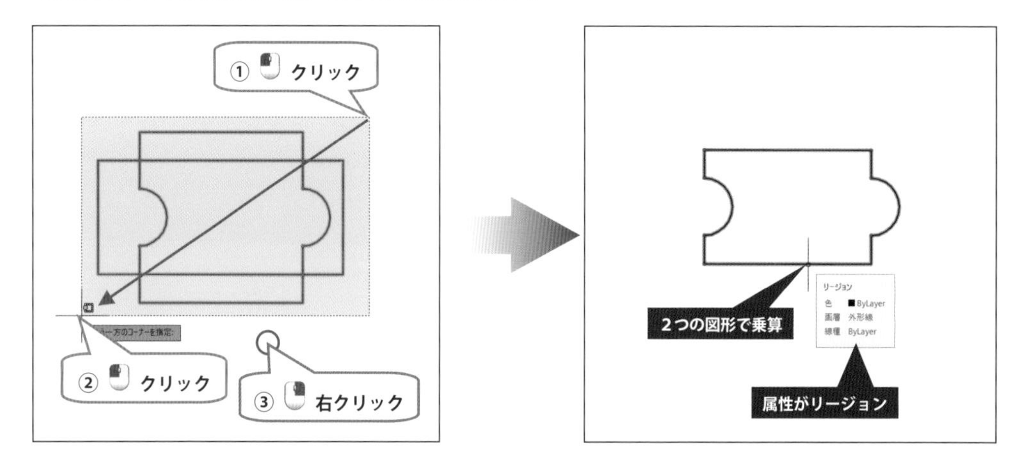

 POINT

ブーリアン演算

ブーリアン演算（ブーリエ演算、集合演算などともいう）は、**複数のソリッドボディ**を足したり、引いたり、交差させたりして**ソリッドボディ**を作成する手法です。
下表は直方体と球を組み合わせた例です。

演算方法	説　明
和	「**和**」は、ソリッドボディのすべてのボリュームを**足算**することにより、単一のソリッドボディにします。 ＋
差	「**差**」は、メインボディに指定されたソリッドボディから、除去するソリッドボディを**引算**することで単一のソリッドボディにします。 −
積 （交差）	「**積**」は、組み合わせるボディリストにあるソリッドボディの中からすべてのソリッドボディに**共通**するボリュームだけを残すことで単一のソリッドボディにします。 ×

5.1.5 ワイプアウト

[**ワイプアウト**] コマンドは、**オブジェクトを背景色で隠すフレーム**を作成します。

コマンド名	W I P E O U T

下図で示す**文字をワイプアウト**してみましょう。

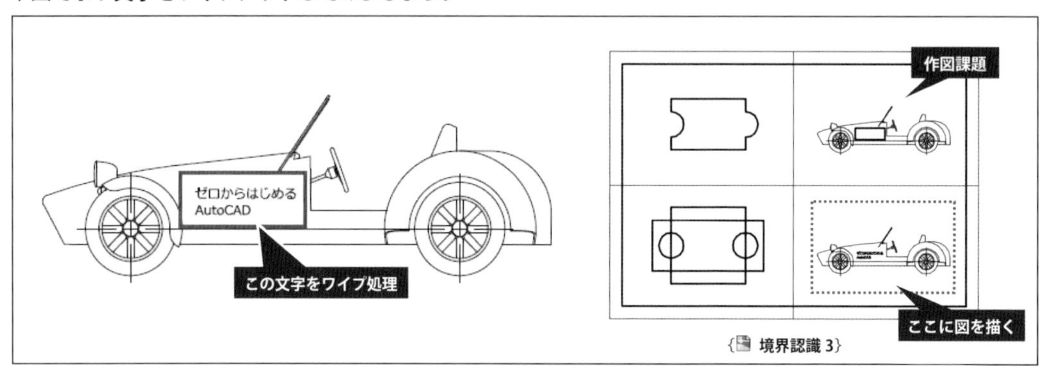

{境界認識 3}

1. リボン【**ホーム**】タブの **作成 ▼** を クリックして展開し、 [**ワイプアウト**] を クリック。

2. ダイナミックプロンプトメッセージに「**1 点目を指定 または**」と表示されます。
   ↓ を押してメニューより [**フレーム (F)**] を クリック、または<F ENTER>と入力。
   既存のポリラインを使用する場合には、オプションの [**ポリライン (P)**] を使用します。

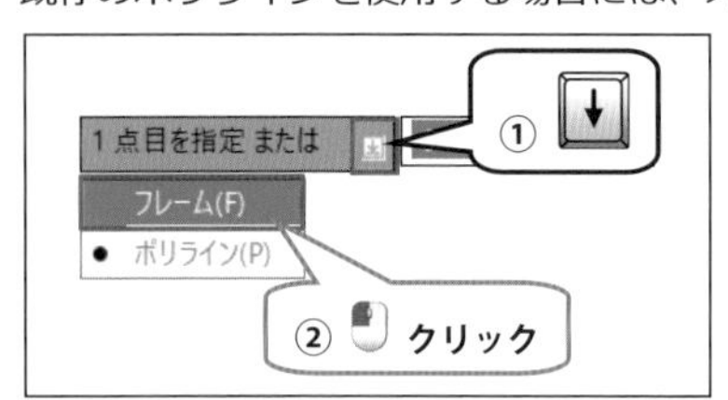

3. ダイナミックプロンプトメッセージに「**モードを入力**」と表示されます。
   [**表示 (ON)**] [**非表示 (OFF)**] [**表示するが印刷しない (D)**] のどれかを選択します。

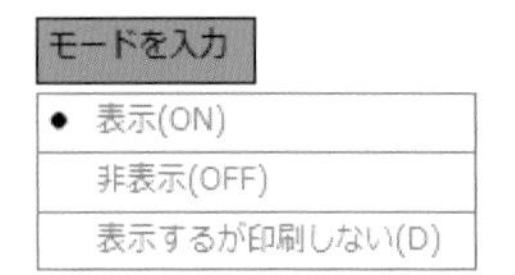

- **表示 (ON)**：フレームを表示し、印刷をします。(既定)
- **非表示 (OFF)**：フレームは非表示ですが印刷はします。
- **表示するが印刷しない (D)**：フレームは表示しますが印刷はしません。

4. [**ワイプアウト**] コマンドは自動終了するので、ENTER を押して [**ワイプアウト**] コマンドを**再実行**します。

5. フレームはポリラインで事前に作成しておくか、コマンド実行後に線分やポリラインと同じ要領で閉じた領域を指定します。

   ダイナミックプロンプトメッセージに「**1 点目を指定 または**」と表示されます。

   下図に示す位置で クリックして**フレーム（閉じたポリライン）を作成**します。

   [**線分**] や [**ポリライン**] 同様に [**閉じる（C）**] オプションが使用できます。

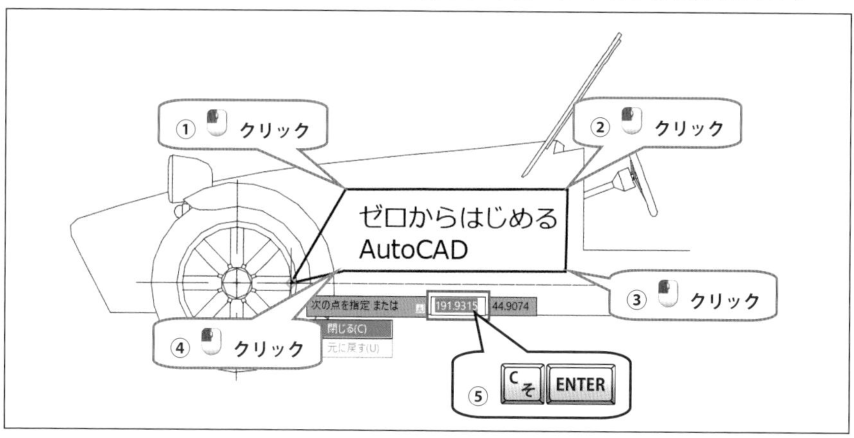

6. 指定した**領域**が**ワイプアウト**されます。

   ワイプアウトを**解除**するには、ワイプアウトオブジェクトを [**削除**] します。

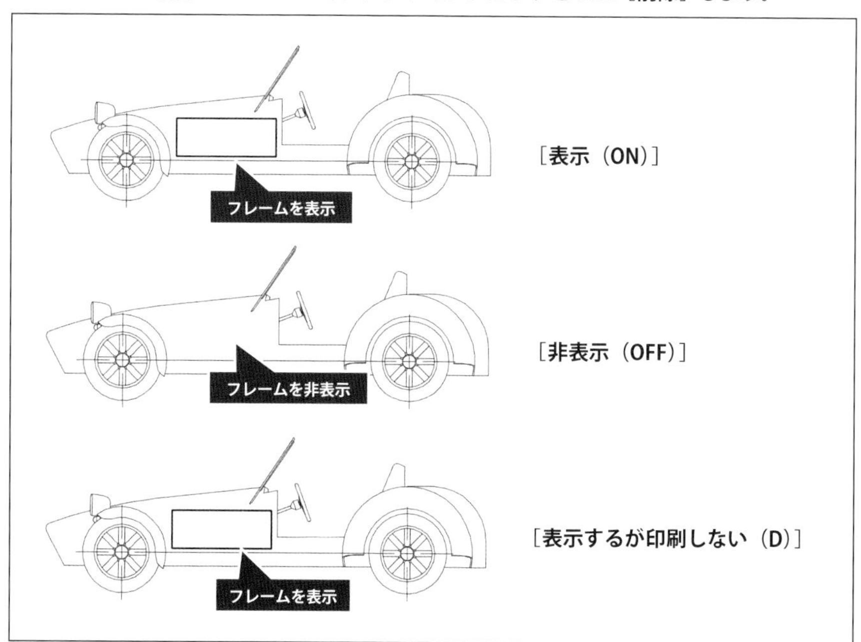

7. クイックアクセスツールバーまたはアプリケーションメニューより [**上書き保存**] を クリック。

8. [**クローズボックス**] を クリックして図面を閉じます。

5.2 補助的な線

ここでは補助的な線を作成する ［**構築線**］と ［**放射線**］コマンドについて説明します。

5.2.1 構築線

AutoCAD では**無限の長さを持つ直線**を**構築線**と呼んでおり、［**構築線**］コマンドを使用して作成します。
補助線や参照線の作成に使用したり、トリムの境界として使用できます。

コマンド名	X L I N E	エイリアス	X L

次のオプションが使用可能です。

オプション	機　能
［**水平（H）**］	指定した点を通る水平な構築線を作成します。
［**垂直（V）**］	指定した点を通る垂直な構築線を作成します。
［**角度（A）**］	指定した角度で構築線を作成します。 ［**参照（R）**］オプションを使用すると、指定した基準線からの角度を指定します。
［**2 等分（B）**］	指定した角度の頂点を通り、指定した 2 線分を等分する構築線を作成します。
［**オフセット（O）**］	他のオブジェクトに平行な構築線を作成します。［**通過点（T）**］オプションを使用できます。

1. クイックアクセスツールバーまたはアプリケーションメニューより ［**開く**］を クリック。

2. 『**ファイルを選択**』ダイアログが表示されます。
   ｛**Chapter 5**｝より図面ファイル｛**補助的な線**｝を選択し、 開く(O) を クリック。
   ［**構築線**］を使用して補助線（車の最大外形より 5mm 外側にオフセットした線）を作成し、それを利用して長方形を描いてみましょう。

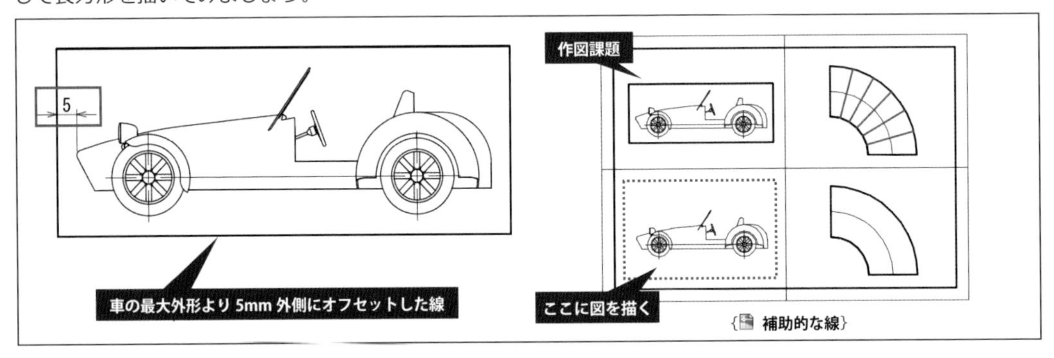

3. 【**画層**】パネルを確認します。［**補助線**］を表示していますが、ここは**現在層**といわれるものです。
   作図ウィンドウには**画層**といわれる**透明な紙**のようなものがあり、これを**重ねて画面に表示**しています。
   画層ごとに描く線の種類や色を設定でき、［**補助線**］には**細い二点鎖線**で図を描きます。

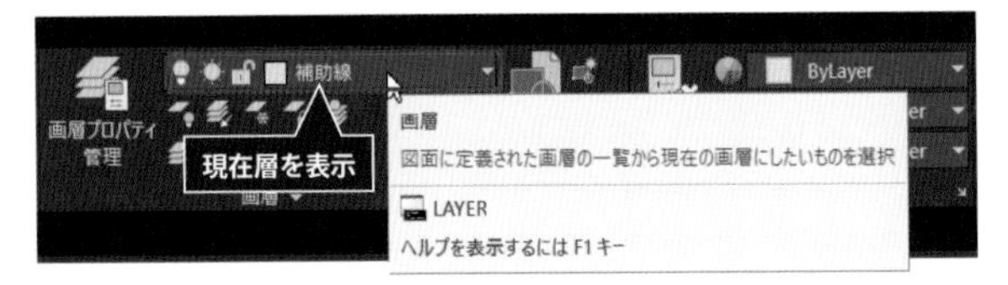

4. リボン【ホーム】タブの 作成▼ を クリックして展開し、 [構築線] を クリック。
またはコマンドのエイリアス<X L ENTER>を入力して実行します。

5. ダイナミックプロンプトメッセージに「**点を指定 または** 」と表示されます。
↓ を押してメニューより [**水平 (H)**] を クリック、または<H ENTER>と入力。
下図に示す**点**を クリックすると、**指定した点を通過する無限長の水平な線分**が作成されます。

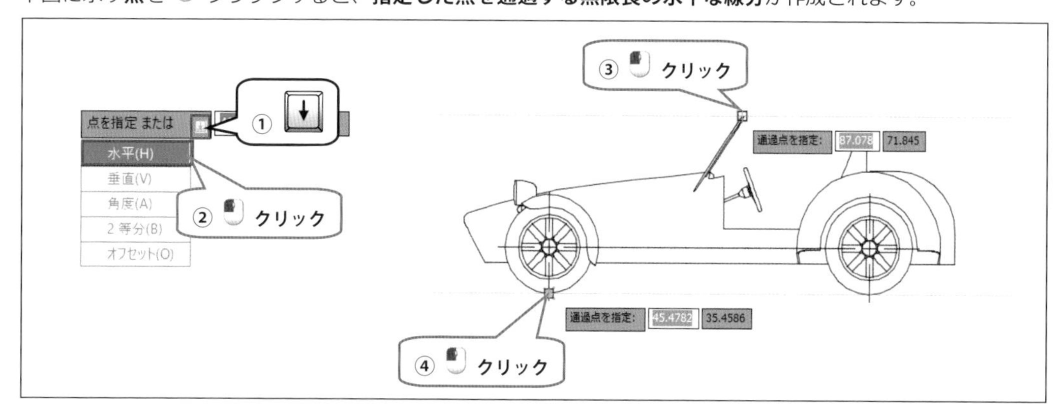

6. ENTER を 2 回押して [**構築線**] コマンドを**再実行**します。

7. ↓ を押してオプションを表示し、[**垂直 (V)**] を クリック、または<V ENTER>と入力。
下図に示す**点**を クリックすると、**指定した点を通過する無限長の垂直な線分**が作成されます。

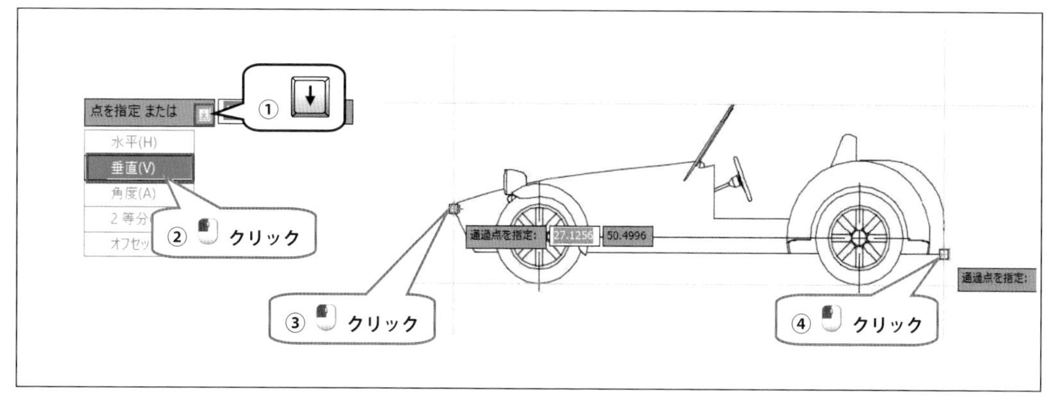

8. ENTER を 2 回押して [**構築線**] コマンドを**再実行**します。

9. ↓ を押してオプションを表示し、[**オフセット (O)**] を クリック、または<O ENTER>と入力。

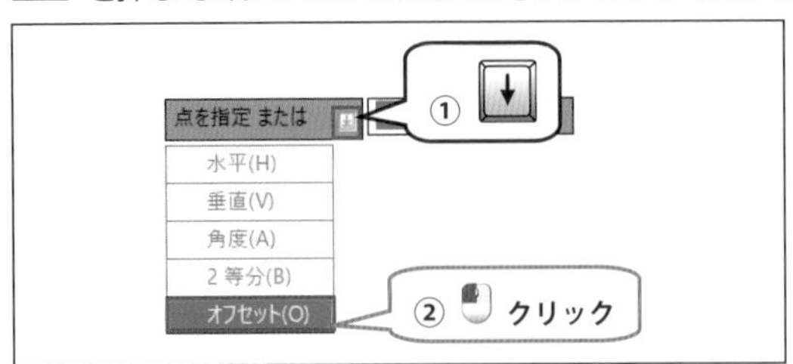

10. ダイナミックプロンプトメッセージに「**オフセット距離を指定 または** 」と表示されます。

オフセット距離を<5 ENTER>と入力。

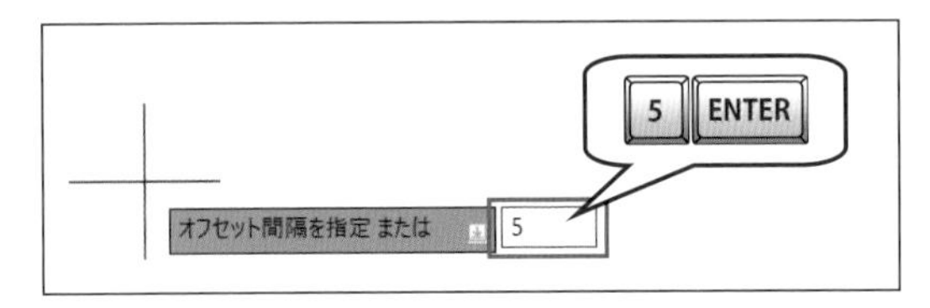

11. ダイナミックプロンプトメッセージに「**線分オブジェクトを選択：**」と表示されます。

オフセットの基準線として**水平な構築線**を クリックすると、ダイナミックプロンプトメッセージに「**オフセットする側を指定：**」と表示されます。**下側にカーソル移動**して クリック。

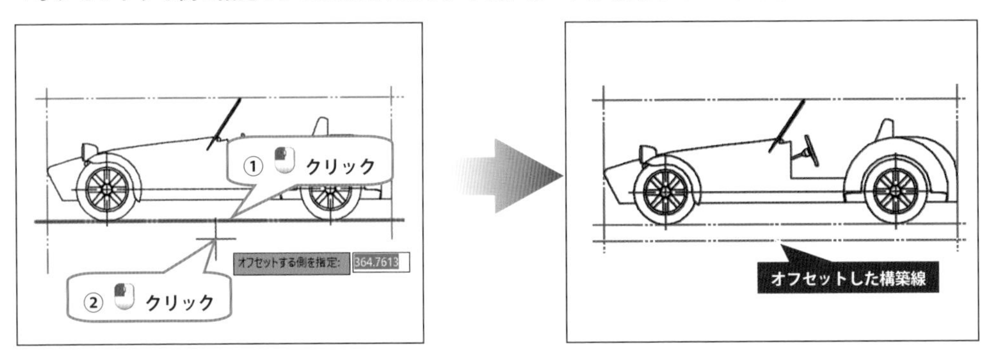

12. 上側、左側、右側にも外側に 5mm オフセットした構築線を作成し、 ENTER を押してコマンドを終了。

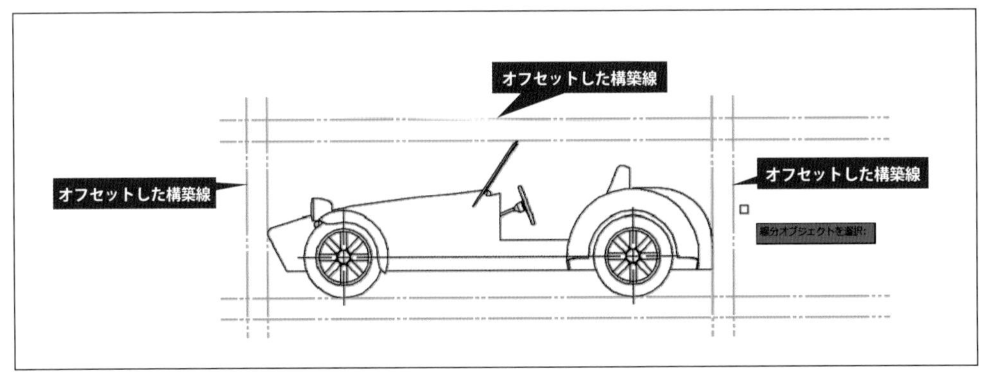

13. 【**画層**】パネルの［補助線］を クリックすると、**画層の一覧**を**プルダウン表示**します。

［外形線］を クリックして選択すると、現在層が切り替わります。

この画層では、オブジェクトは**太い実線**で描かれます。

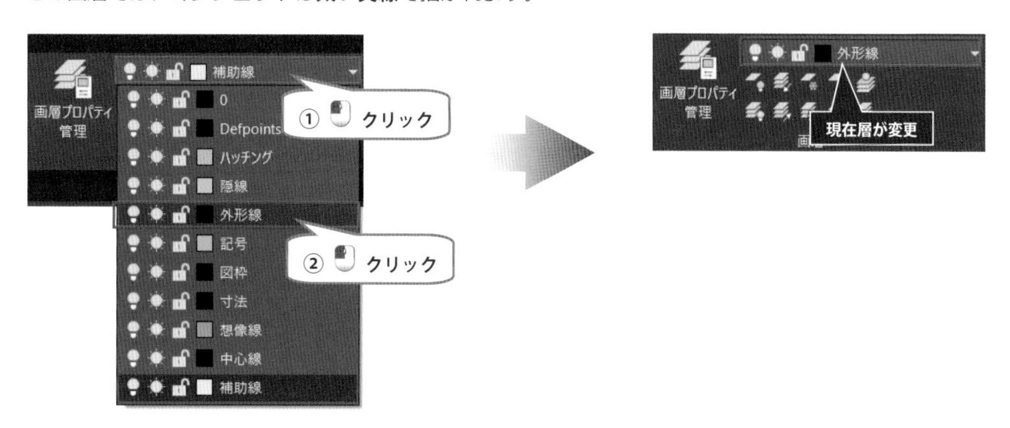

14. ［**長方形**］を使用して**構築線をトレースして長方形を作成**します。

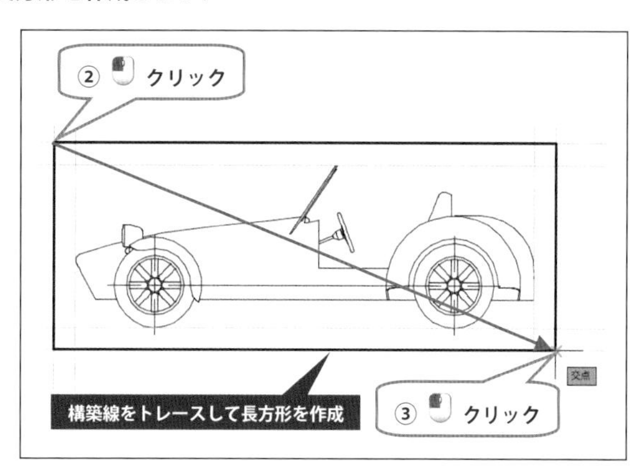

5.2.2 放射線

［**放射線**］コマンドは、**指定した点から無限に延びる直線**を作成します。

コマンド名	R A Y

下図に**赤色の線分**を ［**放射線**］コマンドを使用して描いてみましょう。

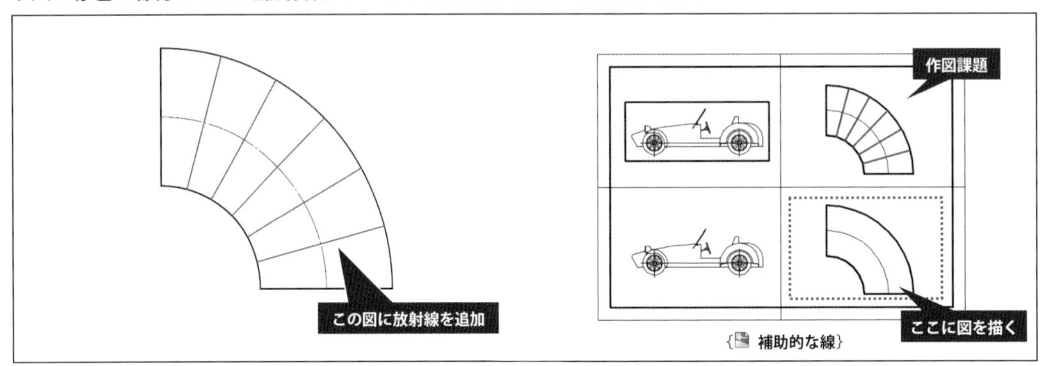

1. 外形線 を クリックすると、画層の一覧をプルダウン表示します。
   補助線 を クリックすると、現在層が切り替わります。

2. リボン【**ホーム**】タブの 作成 ▼ を クリックして展開し、 ［**放射線**］を クリック。

3. ［**定常オブジェクトスナップ**］横にある を クリックし、 ［**中心**］に オンにします。

4. ダイナミックプロンプトメッセージに「**始点を指定：**」と表示されるので、始点となる位置（**円弧の中心**）を クリック。ダイナミックプロンプトメッセージに「**通過点を指定：**」と表示されるので、直線が通る位置を指示します。角度指示をする場合は、TAB を押して**角度入力ボックス**を**アクティブ**にして角度を入力します。<1 5 ENTER>と入力。

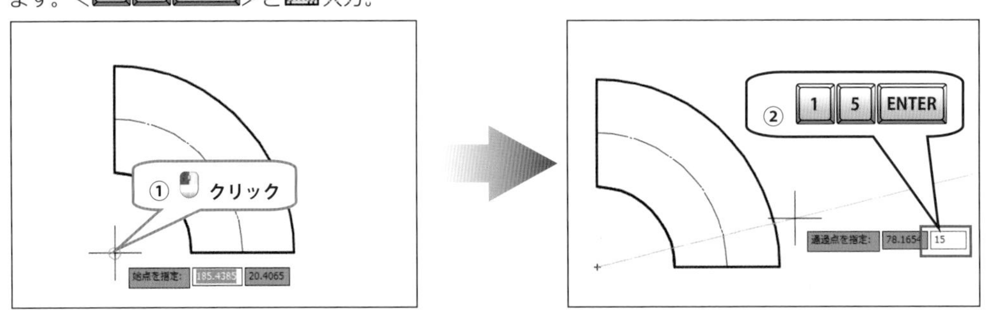

5. ［**放射線**］コマンドは継続します。
同様の方法で **30**°、**45**°、**60**°、**75**°の放射線を描きます。

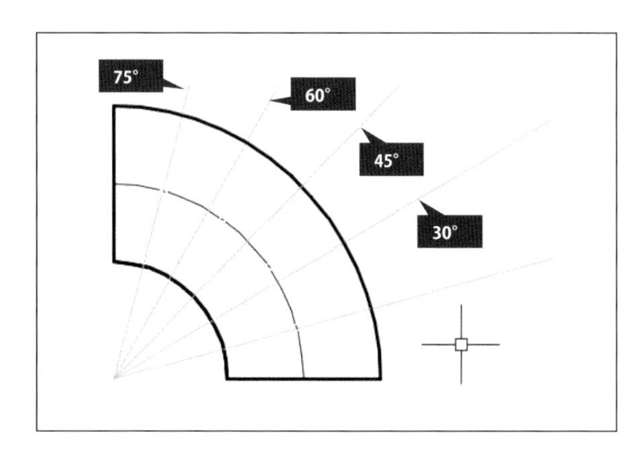

6. ENTER を押す、または 右クリックをしてコマンドを終了します。

7. 補助線 を クリックすると、画層の一覧をプルダウン表示します。
外形線 を クリックすると、現在層が切り替わります。

8. ［**線分**］を使用して下図のように**放射線をトレース**して**太い実線**を描き、放射線を ［**削除**］します。

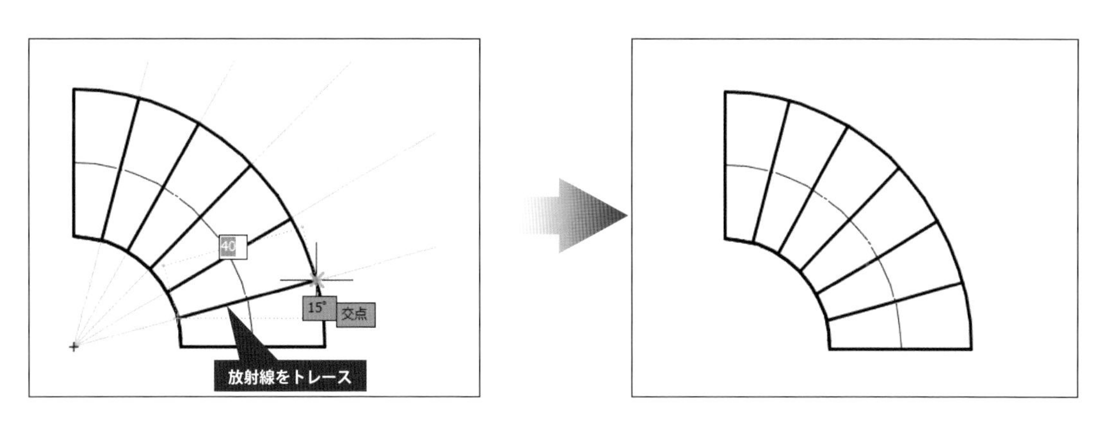

参照 STEP1　Chapter2　2.10 マウス右ボタンの使い方（削除）（P43）

9. クイックアクセスツールバーまたはアプリケーションメニューより ［**上書き保存**］を クリック。

10. ［**クローズボックス**］を クリックして図面を閉じます。

5.3 スプライン

スプラインは、**NURBS**（ナーブス、別名：非均一有理 B-スプライン）という曲線を作成します。

［**スプラインフィット**］と ［**スプライン制御点**］という 2 つの方法があります。

コマンド名	S P L I N E	エイリアス	S P L

次のオプションが使用可能です。

オプション	機　能
［**方法（M）**］	フィット点を使用して作成するか、制御点を使用して作成するか選択します。
［**ノット（K）**］	方法で［**スプラインフィット**］を選択すると指定できます。フィット点間の要素曲線の合成方法を決定する計算方法を［**弦**］、［**平方根**］、［**均一**］から選択します。既定は［**弦**］です。
［**次数（D）**］	方法で［**スプライン制御点**］を選択すると指定できます。 生成されるスプラインの多項式の次数（1 次から 10 次）を設定します。
［**オブジェクト（O）**］	スプラインフィットポリライン（曲線化されたポリライン）をスプラインに変換します。
［**許容差（L）**］	方法で［**スプラインフィット**］を選択すると指定できます。 スプラインが指定した点から離れることが許される距離を指定します。 値が 0(ゼロ)の場合、曲線は点を必ず通過します。
［**開始接線方向（T）**］	方法で［**スプラインフィット**］を選択すると指定できます。 スプラインの始点での接線方向を指定します。
［**終了接線方向（T）**］	方法で［**スプラインフィット**］を選択すると指定できます。 スプラインの終点での接線方向を指定します。
［**閉じる（C）**］	最後の点を最初の点と一致するようにして閉じたスプラインを作成します。
［**元に戻す（U）**］	直前に指定した点を除去します。

5.3.1 スプラインフィット

［**スプラインフィット**］は、通過する点を指定することにより**自由曲線**を作成します。

1. クイックアクセスツールバーまたはアプリケーションメニューより ［**開く**］を クリック。

2. 『**ファイルを選択**』ダイアログが表示されます。

   ｛**Chapter 5**｝より図面ファイル｛**スプライン**｝を選択し、**開く(O)** を クリック。

   ［**スプラインフィット**］を使用して**軸部品の破断線**を描いてみましょう。

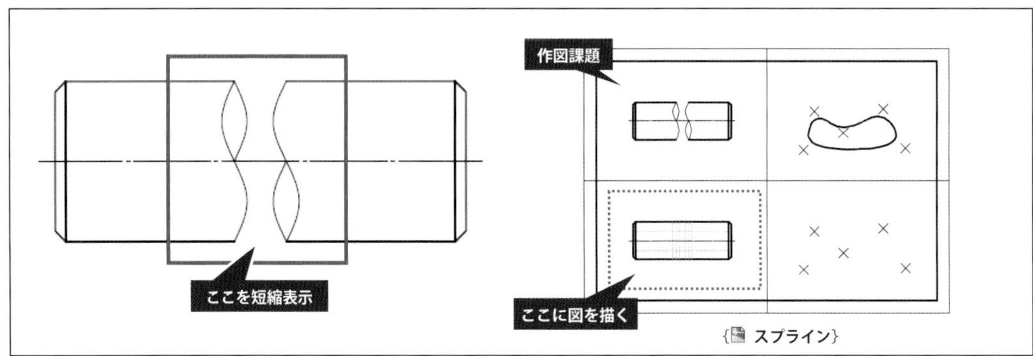

3. リボン【**ホーム**】タブの 作成 ▼ を クリックして展開します。
[**スプラインフィット**] を クリック。

4. ダイナミックプロンプトメッセージに「**1 点目を指定 または**」と表示されます。
曲線が通過する点を指定します。下図に示す**点（A）**から**点（E）**を クリック。

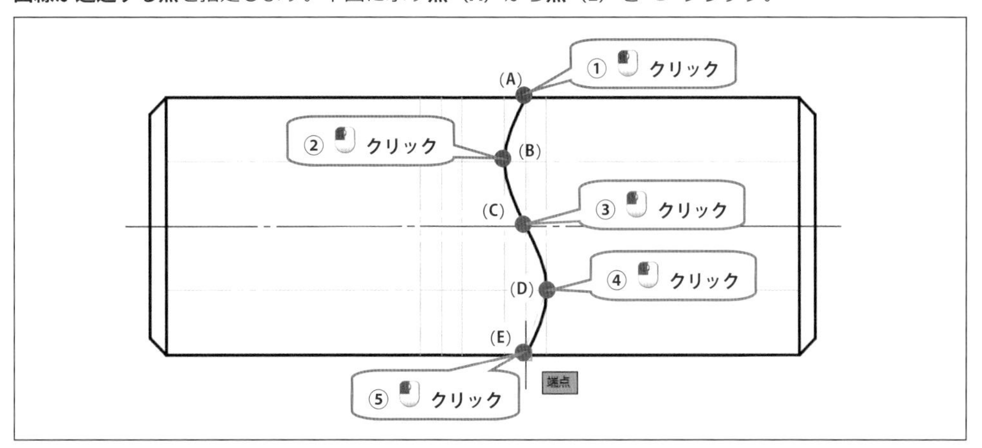

5. ENTER（または SPACE ）を押してコマンドを終了します。

6. 同様の方法で下図に示す箇所にもスプラインを作成します。

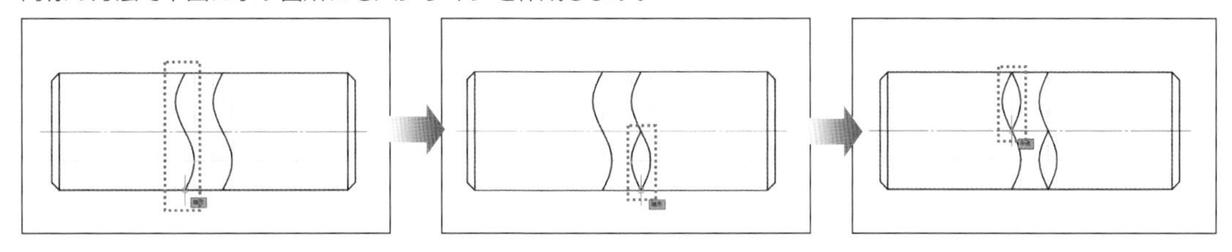

7. 図を仕上げます。スプラインを作成するために使用した**補助線**を [**削除**] します。
破断線間の直線を**部分削除**し、**破断線**は**細い実線**に**変更**します。（※「**部分削除**」に関しては STEP2 で説明します。）

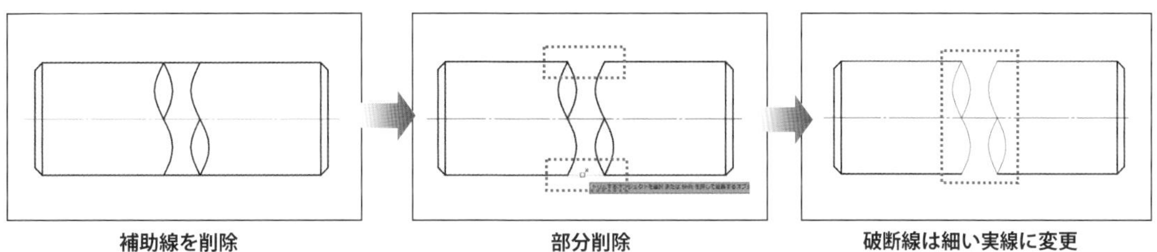

補助線を削除　　**部分削除**　　**破断線は細い実線に変更**

5.3.2 スプライン制御点

［**スプライン制御点**］コマンドは、**制御フレームの頂点で定義された滑らかな曲線**を作成します。

オプションでスプラインの次数（1 次から 10 次まで）を指定できます。

下図のような**閉じたスプライン**を描いてみましょう。

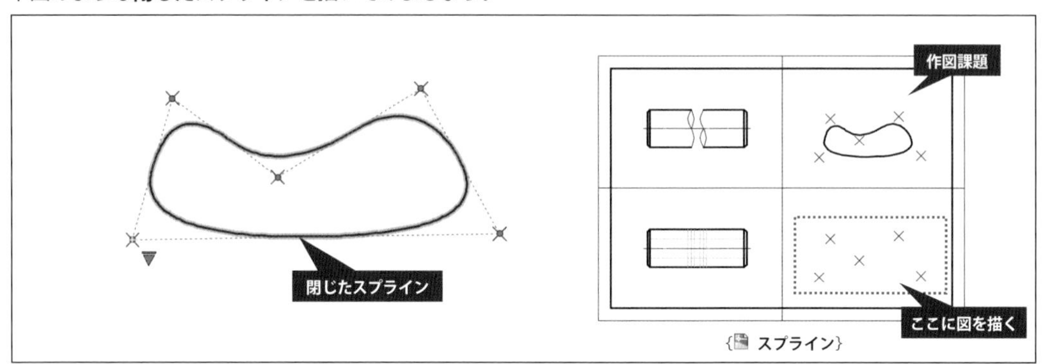

1. リボン【**ホーム**】タブの 作成 ▼ を クリックして展開します。

   ［**スプラインフ制御点**］を クリック。

2. ダイナミックプロンプトメッセージに「**1 点目を指定 または** 」と表示されます。

   ↓ を押してオプションを表示し、［**次数（D）**］を クリック、または<D ENTER>と 入力。

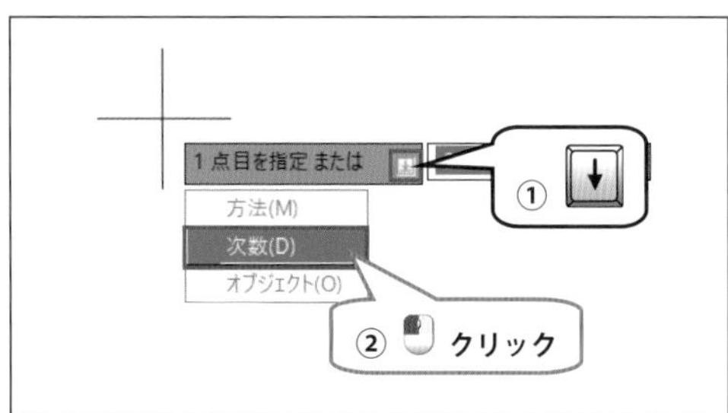

3. ダイナミックプロンプトメッセージに「**スプラインの次数を入力<*>**」と表示されます。

   次数 <2 ENTER>を 入力。

4. 作図スペースの**点（A）**から**点（E）**までを順番に クリック。

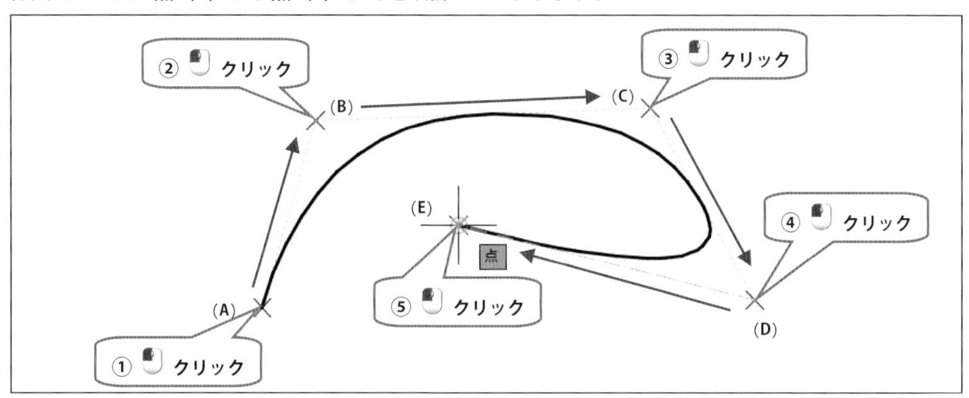

5. を押してオプションを表示し、［**閉じる（C）**］を クリック、または<C ENTER>と入力。

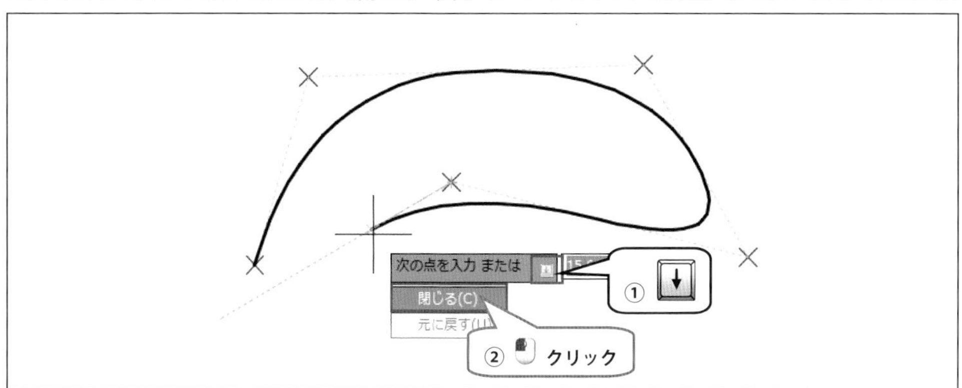

6. **閉じたスプライン**が作成され、［**スプライン制御点**］コマンドは自動終了します。
スプラインを クリックして選択すると、**制御フレーム**が破線で表示されます。
選択した点には制御フレームの**グリップ**が表示されており、これを移動してスプライン形状をコントロールできます。グリップを移動して形状を変形させる操作を**ストレッチ**と呼びます。

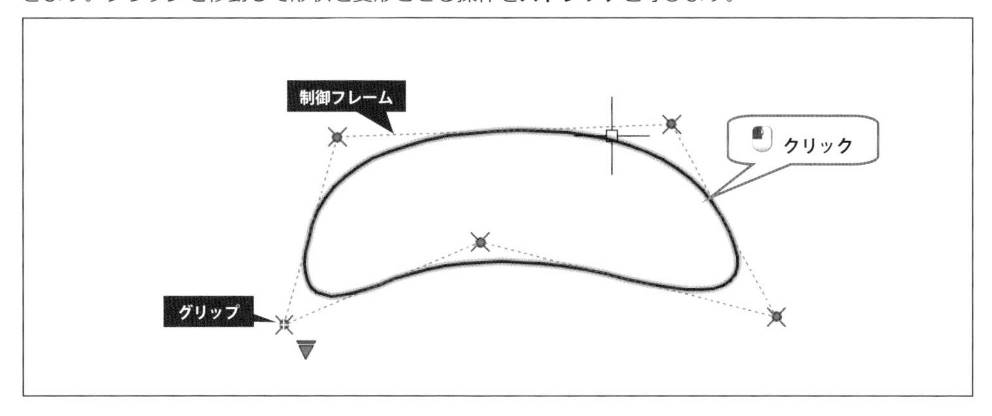

7. クイックアクセスツールバーまたはアプリケーションメニューより ［**上書き保存**］を クリック。

8. ［**クローズボックス**］を クリックして図面を閉じます。

5.4 雲マーク

雲マークは図面の変更箇所を示すためのものです。

［**雲マーク**］コマンドは、ポリラインによって雲マークを作成します。

次のオプションが使用可能です。

オプション	機能
［**円弧の長さ（A）**］	雲マークの円弧の長さを指定します。
［**オブジェクト（O）**］	オブジェクト（円や四角形など）を指定して雲マークに変換します。
［**矩形状（R）**］	対角点を指定して雲マークを作成します。
［**ポリゴン状（P）**］	3つ以上の点を指定して雲マークを作成します。
［**フリーハンド（F）**］	フリーハンド雲マークを作成します。
［**スタイル（S）**］	雲マークのスタイルを指定します。標準とカリグラフの2種類があります。
［**修正（M）**］	既存の雲マークの辺を追加または削除します。

5.4.1 矩形状雲マーク

［**矩形状雲マーク**］は、**矩形で範囲指定した雲マーク**を作成します。

1. クイックアクセスツールバーまたはアプリケーションメニューより ［**開く**］を クリック。
2. 『**ファイルを選択**』ダイアログが表示されます。
   ｛**Chapter 5**｝より図面ファイル｛**雲マーク**｝を選択し、**開く(O)** を クリック。

   下図に示す部分に**矩形状の雲マーク**を描いてみましょう。

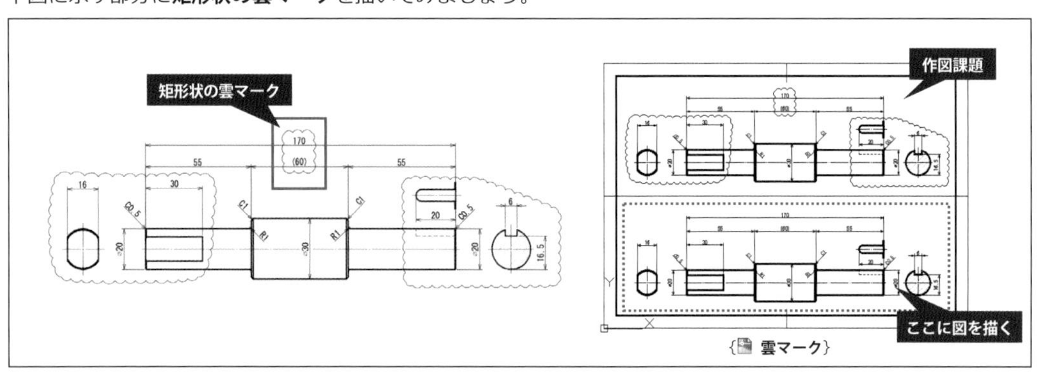

｛雲マーク｝

3. リボン【ホーム】タブの 作成▼ を クリックして展開し、 [矩形状雲マーク] を クリック。

4. ダイナミックプロンプトメッセージに「**一方のコーナーを指定 または** 」と表示されます。

↓ を押してオプションを表示し、[**円弧の長さ（A）**] を クリック、または<A ENTER>と 入力。

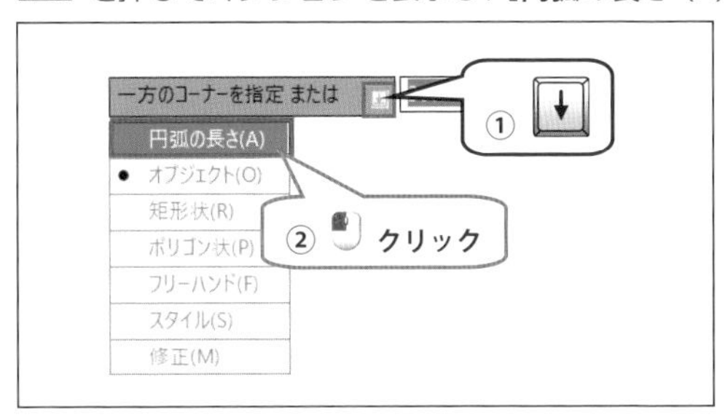

5. ダイナミックプロンプトメッセージに「**円弧の最短の長さを指定<*>**」と表示されます。

<5 ENTER>を 入力。

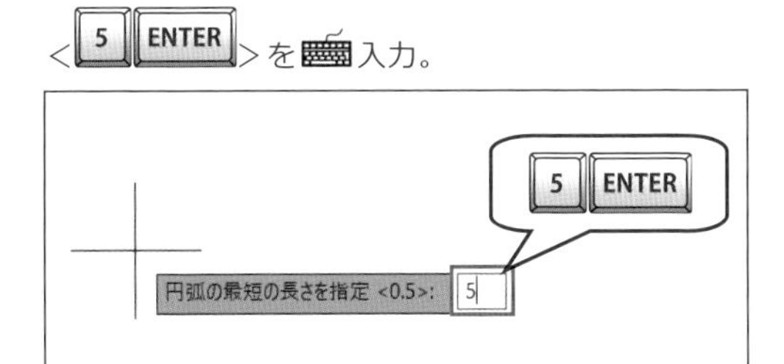

6. ダイナミックプロンプトメッセージに「**円弧の最大の長さを指定<*>**」と表示されます。

<ENTER>を 入力して**最短と同じ長さ**<5>にします。

7. 下図に示す**対角点**を クリックすると、**矩形状の雲マーク**が作成されます。

[**雲マーク**] コマンドは自動終了します。

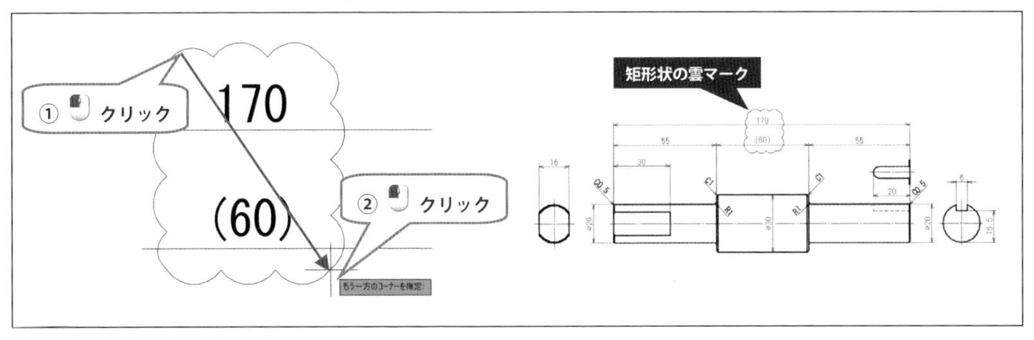

5.4.2 ポリゴン状雲マーク

［**ポリゴン状雲マーク**］は、**3つ以上の点を指定して雲マーク**を作成します。

下図に示す部分に雲マークを描いてみましょう。

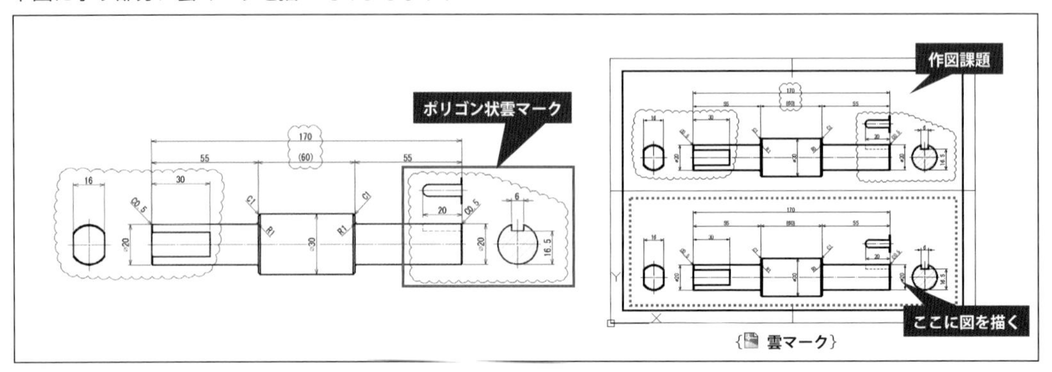

1. リボン【**ホーム**】タブの 作成▼ を クリックして展開します。

   ［**ポリゴン状雲マーク**］を クリック。

2. ダイナミックプロンプトメッセージに「**始点を指定 または** 」と表示されます。

   雲マークで囲う範囲の**始点**を クリック。

   ダイナミックプロンプトメッセージに「**次の点を指定：**」と表示されます。

   カーソルを動かすと雲マークが表示されます。

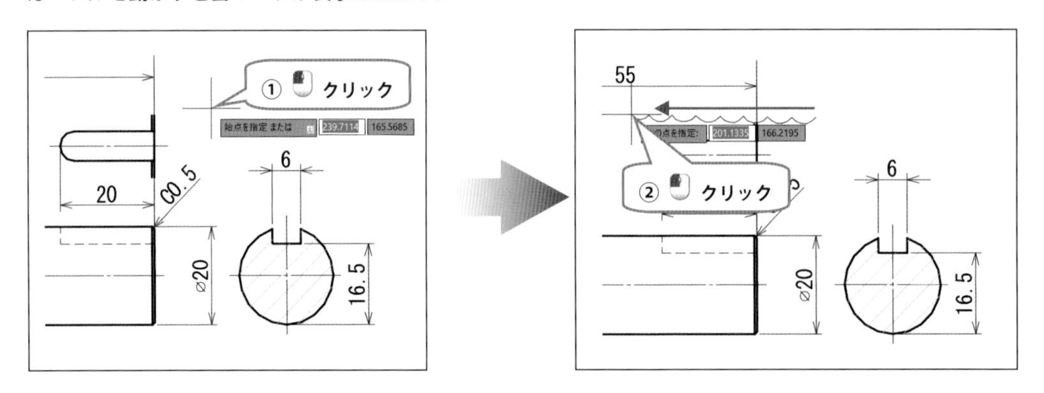

3. 下図に示す位置を クリックして雲マークを作成します。

ENTER（または SPACE ）を押して ［**雲マーク**］コマンドを終了します。

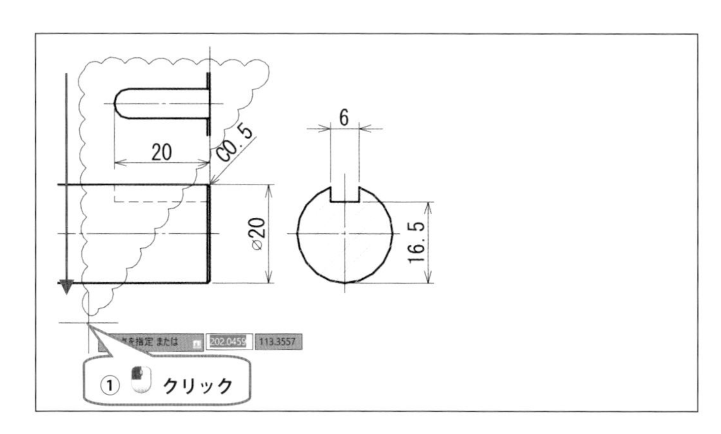

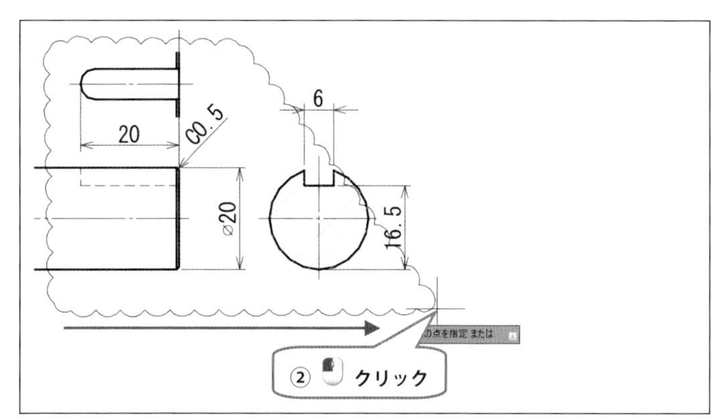

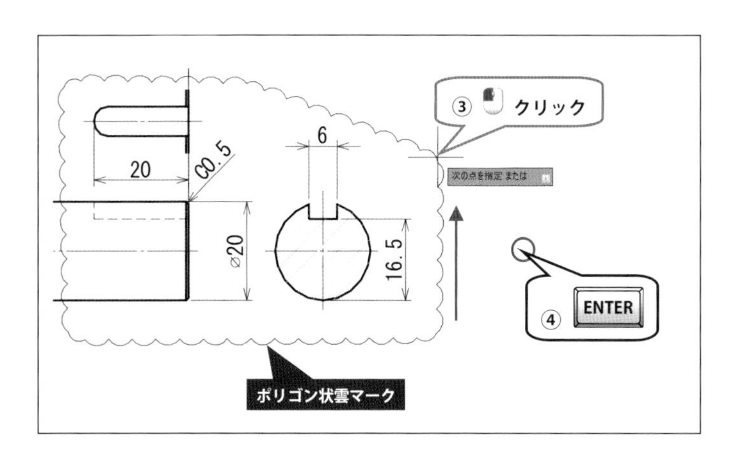

5.4.3　フリーハンド雲マーク

［**フリーハンド雲マーク**］は、**カーソルが通過した経路上に雲マーク**を作成します。

下図に示す部分に雲マークを描いてみましょう。

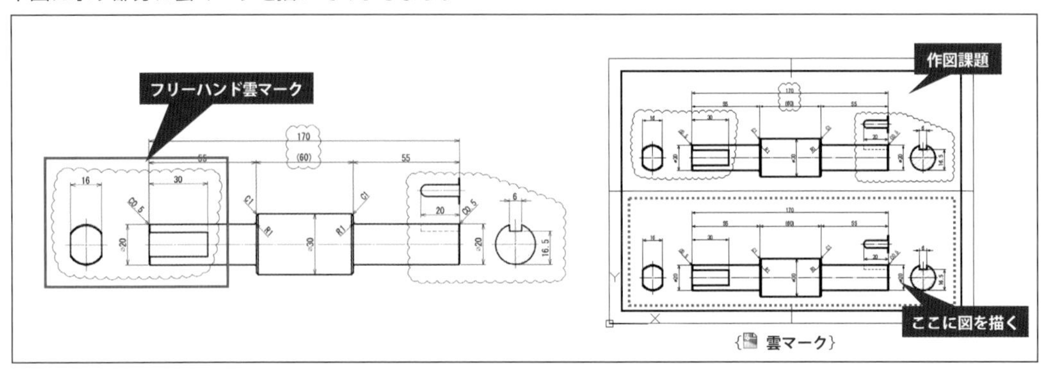

1. リボン【**ホーム**】タブの **作成 ▼** を クリックして展開します。
   ［**フリーハンド雲マーク**］を クリック。

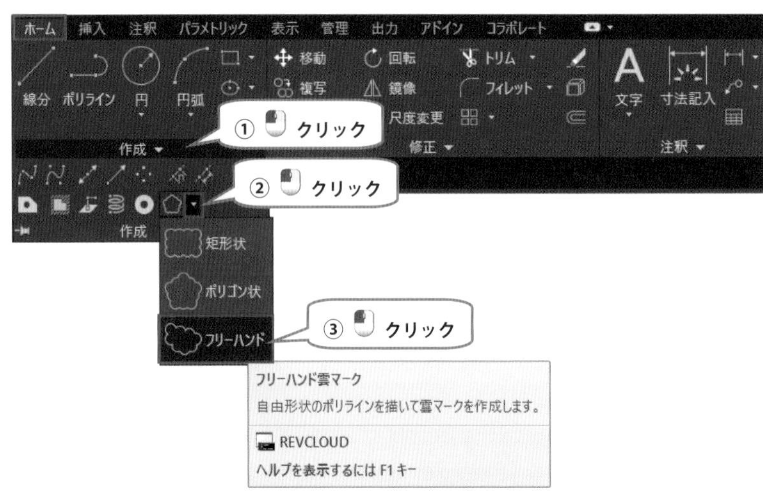

2. ダイナミックプロンプトメッセージに「**1 点目を指定　または**」と表示されます。
   雲マークで囲う範囲の**始点**を クリックします。
   ダイナミックプロンプトメッセージに「**雲のパスに沿ってカーソルを移動してください...**」と表示されます。
   カーソルを動かすと雲マークが表示されます。

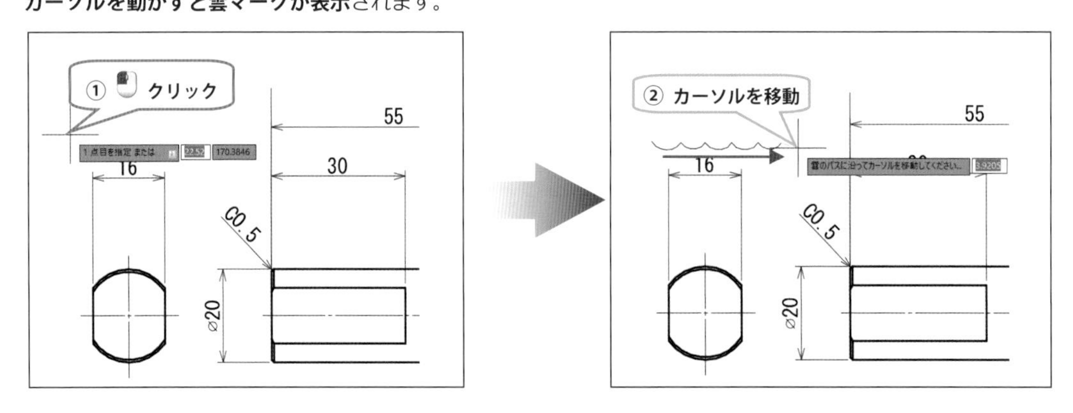

3. 雲マークで囲う範囲を移動し、始点に近づけると雲マークが閉じられます。
［**雲マーク**］コマンドは自動終了します。

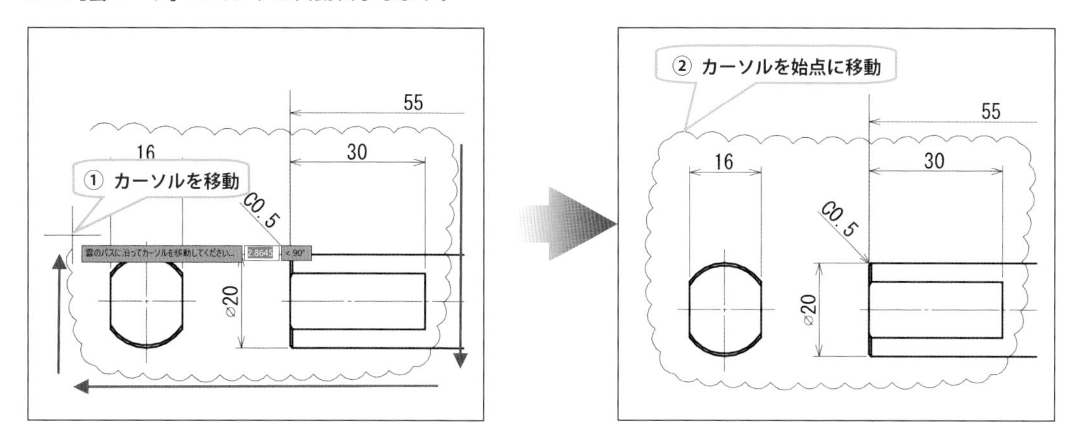

4. クイックアクセスツールバーまたはアプリケーションメニューより［**上書き保存**］を クリック。

5. ［**クローズボックス**］を クリックして図面を閉じます。

POINT オブジェクトを雲マークに変換

［**オブジェクト（O）**］オプションは、円や四角形などのオブジェクトを**雲マークに変換**します。

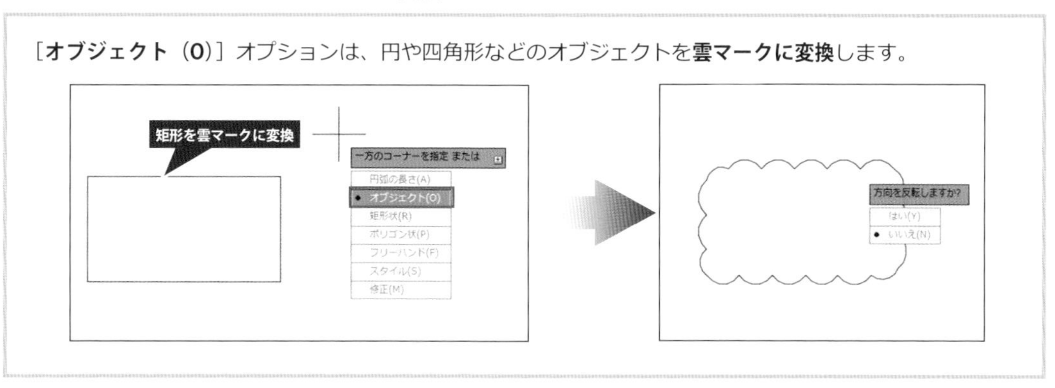

POINT 雲マークのスタイル

［**スタイル（S）**］オプションは、雲マークのスタイルを［**標準（N）**］と［**カリグラフ（C）**］から選択します。

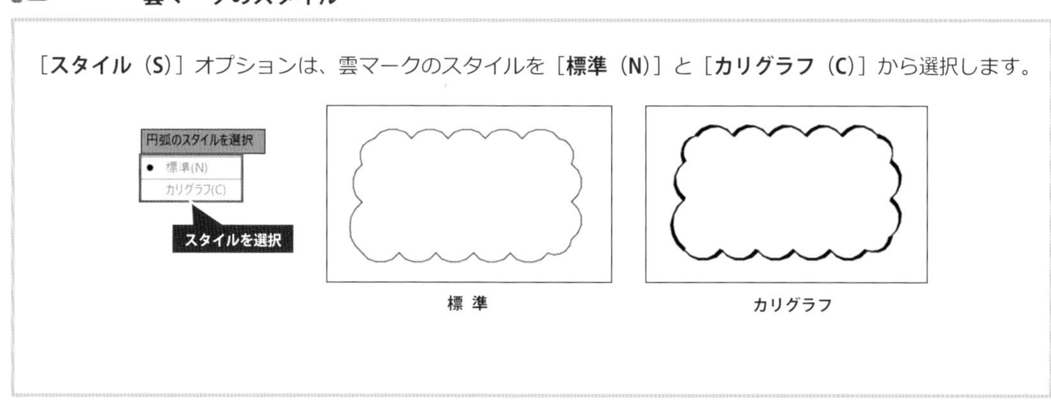

ゼロからはじめる AutoCAD STEP2 修正・寸法編 へ続く

索 引

2

3

A

U

V

W

あ

い

う

え

お

か

き

く

け

こ

さ

し

す

せ

そ

た

ち

つ

ゼロからはじめるAutoCAD
STEP1 作図・基本編

2020年　8月　1日　第1版第1刷発行

編　者　株　式　会　社
　　　　オズクリエイション
発行者　田　中　聡

発 行 所
株式会社　電　気　書　院
ホームページ　www.denkishoin.co.jp
（振替口座　00190-5-18837）
〒101-0051　東京都千代田区神田神保町1-3ミヤタビル2F
電話（03）5259-9160／FAX（03）5259-9162

印刷　株式会社シナノパブリッシングプレス
Printed in Japan／ISBN978-4-485-30312-2

• 落丁・乱丁の際は，送料弊社負担にてお取り替えいたします．